本教材由国务院侨务办公室和暨南大学共同资助出版

DAXUE WULI SHIYAN

大学物理实验

（第二版）

突出原理

简化实验步骤

内容循序渐进

紧贴高校本科物理实验要求

主　编：杨　燕
编　者：张　伟　孟庆霞　胡翠英

暨南大学出版社
JINAN UNIVERSITY PRESS
中国·广州

图书在版编目（CIP）数据

大学物理实验/杨燕主编．—2 版．—广州：暨南大学出版社，2010. 3
(2022. 3 重印)
ISBN 978 - 7 - 81079 - 728 - 3

Ⅰ. 大…　Ⅱ. 杨…　Ⅲ. 物理学—实验—高等学校—教材　Ⅳ. O4 - 33

中国版本图书馆 CIP 数据核字(2007)第 121393 号

大学物理实验（第二版）
DAXUE WULI SHIYAN（DI-ER BAN）
主　编：杨　燕

出 版 人：张晋升
责任编辑：暨　南　周玉宏
责任校对：吴彩珍　刘慧玲
责任印制：周一丹　郑玉婷

出版发行：暨南大学出版社（510630）
电　　话：总编室（8620）85221601
　　　　　营销部（8620）85225284　85228291　85228292　85226712
传　　真：（8620）85221583（办公室）　85223774（营销部）
网　　址：http：//www. jnupress. com
排　　版：暨南大学出版社照排中心
印　　刷：广东虎彩云印刷有限公司
开　　本：787mm × 960mm　1/16
印　　张：18
字　　数：350 千
版　　次：2007 年 8 月第 1 版　2010 年 3 月第 2 版
印　　次：2022 年 3 月第 5 次
印　　数：8001—8600 册
定　　价：28. 80 元

前　言

为了培养创新型人才，提高学生的科学素质，近年来学校十分重视实验教学。实验室得到了翻新、改造，尤其是教学仪器不断更新，在大大丰富了教学内容的同时，也对实验教材提出了新的要求。

编写一本既符合教学需要，又具有本校特色，还不受制于实验仪器的教材，一直是我们的心愿。本书就是在此思想指导下，根据高等学校本科物理实验的基本教学要求，在总结了实验物理多年教学经验的基础上，针对我校的教学实际编写而成的。其主要特点如下：

1. 突出实验原理

实验原理是理解实验内容、实现实验目的的基础。在教材中尽可能将实验原理、实验设计思路讲清楚，有利于培养学生在理论指导下进行实验操作，知其然也知其所以然。

2. 简化实验步骤

完成同一实验内容，在不违背操作规程的前提下，可以有不同的实验步骤。本教材提出了实验的注意事项，却没有专列实验步骤。培养学生根据实验室提供的实验仪器的使用说明书，学习归纳总结、进而自己设计实验步骤完成实验，这不仅可以提高学生自主实验的能力，还可以拓展教材的使用空间。

3. 内容循序渐进

教材从物理实验常用仪器的使用开始，既与高中物理接轨，又逐步深入、扩展。实验内容或强调物理理论的理解，或着力于实验方法的训练，既自成体系又有较强的层次感，尤其是增加了设计性内容的选做部分，更有利于学生实验知识的贯通和动手能力的不断提高。

本书是在以往教材的基础上，经过了多次的讨论、修改、试用和征求意见后形成的。目前的版本由杨燕、胡翠英、孟庆霞、张伟等分工编写。杨燕统稿。孙旺典教授审阅了教材第四版的全部书稿，并提出了宝贵意见。刘彭义教授及使用过本教材的部分教师、学生也对教材提出过中肯的修改建议。

在编写本书的过程中，尽管我们十分努力，还参考了诸多高校的物理理论和物理实验方面的书籍，但毕竟水平有限，教材中的缺点、错误在所难免。恳请使用本教材的学生、教师、实验技术人员以及阅读过本教材的专家、读者批评指正。

实验教学是一项系统工程，它不仅涉及教师、学生，更离不开实验设备和实验技术人员的合作。衷心感谢学校各级领导对物理实验教学的重视和投入，衷心感谢多年来曾经和正在为物理实验教学水平的提高而付出辛勤劳动的广大教职员工。

本教材的出版得到了暨南大学教材审稿专家组、教务处及暨南大学出版社的大力支持，在此一并致谢！

编　者

2007 年 6 月

目　录

前　言 …………………………………………………………………………… (1)

绪　论 …………………………………………………………………………… (1)

1　测量误差及数据处理的基础知识 ………………………………………… (1)
1.1　测量和测量误差 ……………………………………………………… (1)
1.2　测量的不确定度 ……………………………………………………… (5)
1.3　有效数字及其运算规则 ……………………………………………… (9)
1.4　数据处理的基本方法 ………………………………………………… (15)

2　常用仪器的使用 ………………………………………………………… (21)
2.1　落球法测量液体黏滞系数 …………………………………………… (21)
附录　游标卡尺和螺旋测微器的使用 …………………………………… (24)
2.2　用气垫导轨研究力学现象 …………………………………………… (27)
2.3　数字万用表的使用 …………………………………………………… (31)
附录　电磁学实验的基础知识 …………………………………………… (37)
2.4　滑线变阻器及对电路的控制 ………………………………………… (42)
2.5　示波器的使用 ………………………………………………………… (49)
附录　CS－4125 双踪示波器操作面板说明（标号与图 8 对应） ……
……………………………………………………………………………… (57)
2.6　单臂电桥测电阻 ……………………………………………………… (60)
附录　电阻箱和 QJ23A 型箱式电桥的仪器误差 ………………………… (65)
2.7　冲击电流计测电容 …………………………………………………… (66)
2.8　薄透镜焦距的测定 …………………………………………………… (71)
附录　光学实验的特点和要求 …………………………………………… (77)
2.9　分光计的调节与光栅常数的测定 …………………………………… (78)
附录　测角仪器的读数方法 ……………………………………………… (86)
2.10　旋光物质浓度的测定 ………………………………………………… (90)
2.11　等厚干涉实验 ………………………………………………………… (95)

附录　读数显微镜 …… (99)
2.12　迈克尔逊干涉仪测激光波长 …… (101)

3　**参数测定** …… (108)
3.1　冰的熔解热的测定 …… (108)
3.2　弦振动实验 …… (113)
3.3　重力加速度的测定 …… (117)
附录　等效摆长的证明 …… (122)
3.4　伸长法测杨氏模量 …… (123)
3.5　固体线膨胀系数的测定 …… (126)
3.6　不良导体导热系数的测量 …… (130)
附录　铜—康铜热电偶分度表 …… (135)
3.7　刚体转动惯量的测定 …… (136)
3.8　声速的测量 …… (140)
3.9　霍尔效应法测磁场 …… (146)
3.10　四端接法测低电阻 …… (154)
3.11　交流电桥 …… (159)
3.12　单缝及多缝衍射实验 …… (166)
3.13　玻璃折射率的测量 …… (172)
3.14　双棱镜测量光波长 …… (178)
3.15　密立根油滴实验 …… (183)
3.16　弗朗克—赫兹实验 …… (188)

4　**物性研究** …… (193)
4.1　简谐振动的研究 …… (193)
4.2　受迫振动的研究 …… (198)
4.3　热敏电阻特性的研究 …… (205)
4.4　温度传感器的温度特性 …… (209)
4.5　非线性元件的伏安特性 …… (213)
附录　半导体器件的型号 …… (220)
4.6　*RLC* 电路谐振特性研究 …… (221)
4.7　铁磁材料的研究 …… (227)
4.8　电学黑盒子实验 …… (234)
4.9　光敏电阻特性研究 …… (237)

4.10 光偏振特性的研究 …………………………………………… (243)
4.11 阿贝成像原理和空间滤波 ……………………………………… (250)
4.12 光电效应实验 ………………………………………………… (257)
4.13 核磁共振 ……………………………………………………… (262)
4.14 非线性电路的混沌现象 ………………………………………… (268)
4.15 多普勒效应实验 ……………………………………………… (272)

附 录 …………………………………………………………………… (276)
表1 与国际单位制并用的我国部分法定计量单位…………………… (276)
表2 用于构成十进倍数和分数单位的词头…………………………… (276)
表3 部分物理常数……………………………………………………… (276)

参考文献 ………………………………………………………………… (277)

绪　论

物理学是一门实验科学。物理概念的建立、物理规律的发现无不以严格的科学实验为基础，并不断受到科学实验的检验，先于实验的物理理论最终也必须由物理实验来验证，才会得到科学界的认可。实验可以创造高温、低温、高压、高真空等一些特殊的条件来研究物质在特殊环境下的各种属性，还可以对产生各种现象的条件进行严格、精密的控制，实验中出现的现象不仅可借助各种仪器进行观测，而且实验具有复现性的特点。因此，物理实验成为物理学在认识物质世界的进程中发现新的事实、总结新的规律、检验新的理论的重要工具。

实验物理是物理学的基础，物理学是自然科学的基础。不论是医学、化学、生物学，还是材料科学、信息或能源技术，其发展都与物理实验密切相关。从光学、电子、X 光、原子力等各类显微镜的应用，到激光、放射性、核磁共振等诸多测量手段，无不显示出物理实验从物理基础理论到其他应用学科的桥梁作用。物理实验的理论、方法、手段是所有各类实验中最基本、最普遍的理论、方法和手段，这也是为什么物理实验课程是理、工、医等各专业的学生必须先修的根本原因。

一、物理实验课程的目的与任务

大学物理实验是继物理理论课后单独开设的一门基础实验课程。它和物理理论课有着密切的关系，但又自成体系。物理实验课程的内容不同于一般的探索性的科学实验研究，课程中开设的必修实验题目，每一个都经过了精心的设计和安排。该课程的主要目的是通过物理实验的基本理论、基本方法和基本技能的训练，使同学们从理论和实际的结合上加深对物理理论的理解；通过在实验中不断地分析、解决实际问题，培养学生实事求是、严谨踏实、勇于探索、善于钻研的科学品质和从事科学实验的初步能力。

大学物理实验课程的主要任务是使学生：

（1）通过对物理实验现象的观测和分析，加深对一些重要的物理概念、物理规律的认识和理解，学习运用理论指导实验。

（2）掌握基本物理量的测量方法和实验操作的基本技能。通过阅读教材或资料，了解基本测量仪器的构造原理和性能，熟悉其用途和使用方法；能抓住实验原理和实验方法的要点，正确地进行实验操作和数据记录。

（3）学会使用常用的数据处理方法来研究物理现象、总结物理规律和检验物理理论，分析、判断和评价实验结果，撰写合格的实验报告。

(4) 初步学会根据实验目的和要求确定实验的思路与方案，正确选择和使用仪器，设计和完成一些不太复杂的实验任务。

(5) 细心观察、认真思考，养成实事求是、一丝不苟、积极创新的学习习惯和工作作风。

二、物理实验课程的重要环节和要求

在物理实验课程中，每一个实验项目的完成都要经过课前预习、实验操作和撰写报告三个环节，其基本要求如下：

1. 认真地做好实验预习

为了保证实验的顺利进行并达到预期效果，实验前必须仔细阅读实验教材或相关资料（可上网观看该实验的教学课件，或去实验室熟悉仪器设备的使用状况等），了解实验的目的和要求。在基本弄懂实验原理、实验方法和仪器设备的基础上，写出预习报告。预习报告是实验报告的重要组成部分，应当在统一印制的实验报告纸上书写。

预习报告应包括：

(1) 实验目的。

(2) 实验原理（包括原理图、实验的电路图或光路图、测量和计算所依据的公式等）应在理解的基础上用自己的语言简明扼要地阐述，切勿不加思考地照抄教材。

(3) 用于记录测量数据的表格（格间距不可太密、太窄，要留有估计不到的情况发生时能够记录的余地）。

2. 正确地进行实验操作

(1) 进入实验室前必须详细了解实验室的各项规章制度。

(2) 实验开始前应先记录所用主要仪器的编号和规格，并按实验要求对仪器进行安装和调试。

(3) 在使用任何仪器前，必须先看注意事项或说明书；对于精密贵重的仪器或元件，特别要稳拿妥放，防止损坏；电学仪器务必检查无误后才可通电。

(4) 在实验过程中，应该认真、仔细地观察现象，及时、正确地读取数据，并用有效数字正确地记录数据。实验中的原始数据是实验过程的真实反映，必须如实地记录在预习报告上，不要先记在书或草稿纸上；原始数据不要用铅笔记录。

(5) 实验中要实事求是，决不允许篡改或编造实验数据，也不允许任意涂改或抛弃测量数据。若实验数据确需更正时，应在错误数据上画一道线，在旁边写上更正后的数据，切勿使用橡皮或涂改液。保留错误数据的笔迹，以便于实验后的结果分析。

（6）在实验过程中要耐心，不能急于求成。特别是出现问题和遇到困难时，不要害怕和急躁。认真分析后仍解决不了的问题，要及时报告指导教师，不要擅自更换实验仪器。

（7）在完成全部测量后，应保留最后的测量现场，待指导教师检查确认、在原始数据上签字以后，再将实验装置和桌椅恢复到实验前的状态。如有损坏或丢失，要及时报告老师。

3. 独立地完成实验报告

实验测量之后，应在预习报告的基础上，应用误差理论及数据处理等方面的知识，及时对实验数据进行分析和处理，计算出测量结果，完成实验报告。

实验数据采集以后续写的实验报告内容主要包括以下几个方面：

（1）实验的测量内容和完成实验的主要步骤。

（2）实验中使用的仪器设备（包括型号、主要规格和编号等）、实验条件（包括室温、气压等与实验有关的外部条件、实验环境等）、实验对象（样品名称、来源及其编号等）。

（3）数据处理与结果（包括对测量数据及图表的整理、根据公式计算的测量结果及不确定度和实验结果的完整表达。计算要写出公式和代入原始数据的计算过程，结果要注意有效数字和单位，图要绘制在坐标纸上）。

（4）对实验的分析和讨论（包括对实验原理的新认识、实验中观察到的现象分析、对实验结果的评论、误差原因分析，针对实验中、教材里或教师教学上存在的问题而提出的改进建议，实验后的体会，对实验思考题的讨论等）。

1

测量误差及数据处理的基础知识

本章介绍的测量误差估计、实验数据处理和实验结果的表示等内容，是大学物理实验课程的重要组成部分，希望同学们能够在初步学习的基础上，通过每一个实验的具体运用加以掌握。

1.1 测量和测量误差

一、测量的分类

物理实验是以测量为基础的，研究物理现象、了解物质特性、验证物理原理都要进行测量。测量的本质是把被测量和标准量进行比较，从而确定被测物理量的数值和单位。

1. 直接测量和间接测量

按获得测量结果的手段不同，测量分为直接测量和间接测量。

在测定某一物理量时，只需借用预先标定好的仪器便能直接从仪器上读出该量的大小，这种测量叫做直接测量。例如用万用表测量电阻的阻值，就是直接测量。

在测定某一物理量时，不是借助测量仪器读出该量大小，而是先测定一些辅助量，然后利用它们与被测量之间已知的函数关系推算出该量，这种方法叫间接测量。例如测量小球体积时，直接测量的是小球的直径，根据公式计算出来的小球体积就是间接测量量。

2. 等精度测量和非等精度测量

对某一物理量重复地多次测量，按测量条件的不同，测量分为等精度测量和非等精度测量。

假若每次测量的条件都相同，即由同一个同学，按照同一方法，用同一仪器，在同一环境下测量，每次测量的精确程度是相同的，这种测量叫做等精度测量。如果在对某一物理量作多次测量时，有一个测量条件发生了变化，我们称这种测量为非等精度测量。

因为等精度测量的数据处理比较容易，在本课程中对每一个物理量的多次测量，如无特殊说明，都是指等精度测量。

二、测量误差

在具体测量时，由于测量方法、测量仪器、环境条件、人的观察能力等都不能做到绝对严密，使得测量值永远只能是被测物理量真值（客观存在的真实量值）的近似值。这就是说，没有误差的测量结果是不存在的。

由于不存在完美无缺的测量，误差自始至终存在于一切科学实验和测量的过程之中，所以被测物理量的真值是一个理想概念，无法确定。因此，在实际测量中常用约定真值（即被测量的理论计算值、公认的基本常数值或已修正过的算术平均值等）来代替真值。

我们将测量值与真实值之差称为绝对误差，绝对误差与真值的比值称为相对误差。由于真值并不知道，因此定义测量值与约定真值之差为测量误差。

即：

$$\text{绝对误差} = |\text{测量值} - \text{被测量的真值}| \approx \text{测量值} - \text{约定真值}$$

$$\text{相对误差（又称为百分误差）} = \frac{\text{绝对误差}}{\text{真值}} \approx \frac{\text{测量值} - \text{约定真值}}{\text{约定真值}}$$

测量误差的大小反映的是测量结果的准确程度。绝对误差和测量值具有相同的单位，反映测量值偏离真值的大小，它可以给出对同一被测量的测量结果的优劣，但却无法比较出不同测量结果的可靠程度。相对误差的引入弥补了这一缺陷。

例如，用数显卡尺测出两个物体的长度分别为 10.00 mm 和 0.10 mm，两次测量的绝对误差相同，都是 0.01 mm。仅从绝对误差的大小根本看不出两次测量结果的好坏，但算出相对误差后测量结果的好坏则一目了然。前者的相对误差为 0.1%，后者则为 10%，两次测量的相对误差有着一百倍的差别。因此，相对误差可以比较出对不同被测量的测量结果的优劣，反映出绝对误差对测量结果的影响。

三、误差的分类

测量误差据性质和产生原因的不同，主要分为系统误差和随机误差两类。

1. 系统误差

在等精度测量条件下，多次测量同一物理量，保持恒定或按某一确定规律变化的测量误差，称为系统误差。

测量原理本身具有近似性，测量的方法与理论的要求有出入，仪器制造不够精密、安装调节不准确或没有按规定条件使用，实验环境或条件（如温度、湿度、气压、电场、磁场、光照、辐射等）有规则的变化，实验者缺乏经验（如读取仪表示值时眼睛没有对准指针或准线，总是偏向某一方向来读数）等，都会引起系统误差。

在测量过程中，误差的大小和符号始终不变的叫做已定系统误差。如实验前未对仪器进行零点调节，就会使测量结果产生已定系统误差。所以使用电表、天平等仪器时，均要进行零点调节。

只知道其存在的大致范围，而不知道其具体数值的系统误差，称为未定系统误差，如仪器的允差就属于这一类。未定系统误差随实验条件的变化往往具有一定程度的随机性质，可以对它进行概率估计。部分常用实验仪器的允差见表1。

表1　部分常用实验仪器的允差

量具	量程	最小分度值	最大允差
钢板尺	500 mm 1 000 mm	1 mm 1 mm	±0.15 mm ±0.20 mm
游标卡尺	125 mm	0.02 mm 0.05 mm	±0.02 mm ±0.05 mm
螺旋测微器	0～25 mm	0.01 mm	±0.004 mm
电子天平	100 g 500 g	0.1 mg 1 mg	±1 mg ±10 mg
普通温度计 精密温度计	0～100 ℃ 0～100 ℃	1 ℃ 0.1 ℃	1 ℃ 0.1 ℃
指针式电表			量程×准确度等级/100

要找出系统误差，需要对整个实验所依据的原理、方法、测量步骤及所用仪器等可能引起误差的各种因素进行全面分析。由于系统误差的特点是确定性和有规律性，因而不能用增加测量次数的方法使它减小。可以通过校准仪器、改进实验装置和实验方法、稳定实验条件和排除环境影响、提高实验修养、找出修正值、对测量结果进行理论上的修正等，将系统误差减少到最低限度。

2. 随机误差

在等精度测量条件下，多次测量同一被测物时，以不可预知的方式变化着的测量误差称为随机误差。每次对实验装置的调整和操作上的不同、测量仪器指示数值的不同、观测者本人在判断和估计读数上的不同等实验中各种因素的微小变动性，都会引起测量值围绕着测量的平均值发生有涨落的变化，这个变化量就是各次测量的随机误差。

随机误差的出现，就某一测量值来说是没有规律的，其大小和方向都是不能预知的，但对一个量进行足够多次的测量，则会发现它们的随机误差是按一定的统计规律分布的。

实践和理论均可证明，在相同条件下，对一个物理量 x 进行重复测量，测量值总是在其真值 X 附近，越靠近真值 X，测量值出现的概率越大。当测量次数 $n\to\infty$ 时，随机误差服从正态分布（如图 1 所示）。图中横坐标表示测量误差，纵坐标为测量误差出现的概率密度函数。概率密度函数表示在误差值 ΔN 附近，单位误差间隔内误差值 ΔN 出现的概率。按照概率理论，随机误差 ΔN 出现在区间（$-\infty$，∞）范围内的概率为 100%，即曲线与横轴所包围的面积恒等于 1。

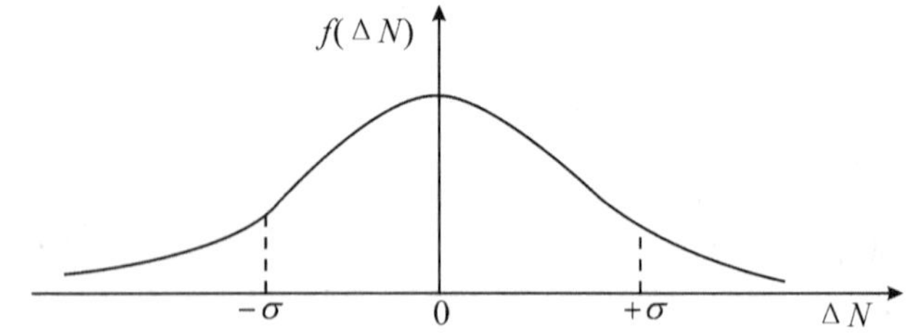

图 1

应用概率论的数学方法可导出概率密度函数的表达式为：

$$f(\Delta N)=\frac{1}{\sigma\sqrt{2\pi}}e^{-\frac{(\Delta N)^2}{2\sigma^2}}\quad（其中\ \Delta N=x-X）\tag{1}$$

（1）式中 σ 是一个与实验条件有关的常数，称为标准差。当 $\Delta N=0$ 时，由（1）式知，$f(0)=\dfrac{1}{\sigma\sqrt{2\pi}}$，若 σ 值越大，则 $f(0)$ 值就越小，由于曲线与横轴所包围的面积恒等于 1，图线就会越平坦（见图 2），这说明测量误差分布的范围大，测量的重复性差。所以，标准差的大小可以表征测量值的分散程度。

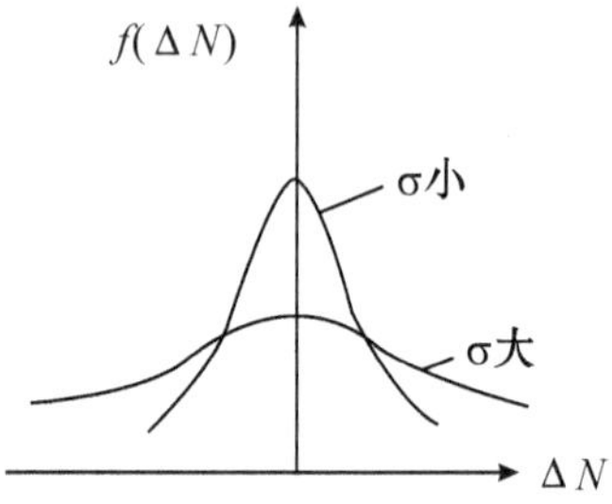

图 2

测量值的标准差，可用下式计算：

$$\sigma=\sqrt{\frac{\sum_{i=1}^{n}(x_i-\bar{x})^2}{n-1}}\tag{2}$$

对于一确定的测量列（重复测量得到的一列数据），如果标准差 σ 已知，对（1）式进行定积分，则可计算出随机误差出现在该区间内的概率：

$$P(\sigma)=\int_{-\sigma}^{\sigma}f(\Delta N)\,\mathrm{d}(\Delta N)=0.683=68.3\%$$

在概率论中，测量误差落在区间（$-\sigma$，$+\sigma$）、（-2σ，$+2\sigma$）、（-3σ，$+3\sigma$）的概率分别为 68.3%、95.4% 和 99.7%。上述区间称为置信区间，其

相应的概率称为置信概率（置信概率一般用字母 P 表示）。显然，置信区间扩大，则置信概率提高。对于一个测量结果，只要给出了置信概率，就可以从其对应的置信区间中知道测量结果的可靠程度。因此在表述测量结果时一般都要注明它的置信概率。

由图 1 可见，服从正态分布的随机误差具有如下特性：

A. 单峰性：绝对值小的误差出现的概率比绝对值大的误差出现的概率大。

B. 对称性：绝对值相等的正负误差出现的概率相同。

C. 有界性：绝对值很大的误差出现的概率接近零。

根据随机误差服从统计规律的特点，实验中可以采用统计的方法，通过增加测量次数去减小随机误差的影响。

1.2 测量的不确定度

为了加强国际的交流和成果的利用，消除各国对于测量结果中的误差、运算规则等表述的不统一，1980 年，国际计量局在《实验不确定度的规定：建议书 INC（1980）》中提出使用“不确定度”表示实验结果的误差后，世界各国普遍采纳。为了与国际接轨，自 1999 年 5 月 1 日起，我国开始执行新的计量技术规范《测量不确定度评定与表示》（JJF 1059－1999），在此计量技术规范中对测量不确定度的量化评定和表示有着严格的要求。作为基础物理实验教学，我们进行了一些必要的简化，主要要求同学们初步了解下列基本知识：

一、测量不确定度的概念

测量不确定度表示由于测量误差的存在而对测量值不能肯定的程度，即测量结果不能肯定的误差范围。每个测量结果都存在不确定度，作为完整的测量结果不仅要标明其量值的大小，还要标出测量的不确定度，以表明该测量结果的可信赖程度。

二、标准不确定度的分类

用标准差表示的测量不确定度，记为 u。

标准不确定度一般分为三类：

（1）A 类不确定度：多次重复测量用统计方法得到的不确定度，记为 u_A。

（2）B 类不确定度：用非统计方法计算的不确定度，记为 u_B。

（3）合成不确定度：指某测量值的 A 类与 B 类不确定度按一定规则算出

的测量结果的标准不确定度。

三、标准不确定度的评定

评定测量的不确定度，就是要决定测量结果的不确定程度及其相应的置信概率，即给出一定置信概率的测量不确定度。

1. 直接测量量不确定度的评定

（1）A 类不确定度。对于由重复性的多次测量引起的不确定度分量进行的评定，称为标准不确定度的 A 类评定。

如果对某一物理量进行 n 次等精度测量，测量值分别为 x_1，x_2，x_3，…，x_n，则它们的平均值为：

$$\bar{x} = \frac{1}{n}\sum_{i=1}^{n} x_i \tag{3}$$

假定测量值中的系统误差已消除或可以忽略不计，只存在随机误差，则随机误差的算术平均值为：

$$\frac{1}{n}\sum_{i=1}^{n}\Delta N_i = \frac{1}{n}\sum_{i=1}^{n}x_i - X = \bar{x} - X$$

当 $n \to \infty$，$\frac{1}{n}\sum_{i=1}^{n}\Delta N_i \to 0$（$\lim\limits_{n\to\infty}\frac{1}{n}\sum_{i=1}^{n}\Delta N_i = 0$）

即随机误差的算术平均值随着测量次数的增加而减小，最后趋于零。此时 $\bar{x} \to X$（真值）。这就是说，多次测量的算术平均值比一次测量值更准确。

由于实际中只能作有限次测量，因此实际测量后得到的平均值只是该测量量的近真值。我们用多次测量的算术平均值作为近真值的最佳值（即测量结果），以算术平均值的标准差 $\frac{\sigma}{\sqrt{n}}$ 作为测量结果的标准不确定度。

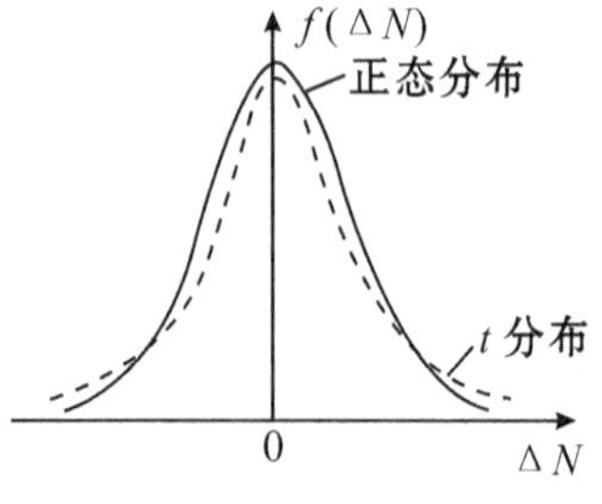

图 3　t 分布与正态分布比较

因为有限次测量的测量误差不完全服从正态分布规律，而是服从 t 分布（也叫做学生分布）规律（如图 3 所示）。当 $n \to \infty$ 时，t 分布趋近于正态分布。所以 A 类标准不确定度的计算公式为：

$$u_A(\bar{x}) = t \times \frac{\sigma}{\sqrt{n}} = t \times \sqrt{\frac{\sum (x_i - \bar{x})^2}{n(n-1)}} \tag{4}$$

(4) 式中的 t 是一个与测量次数和置信概率有关的、当测量次数 n 不满足正态分布时而必须考虑的分布修正因子。表 2 给出的是同一置信概率（$P=0.683$）下 t 与 n 的关系，供计算时查用。

表 2 不同测量次数下 t 因子的值（$P=0.683$）

测量次数 n	2	3	4	5	6	7	8	9	10	20	30	40	∞
$t_{0.683}$	1.84	1.32	1.20	1.14	1.11	1.09	1.08	1.07	1.06	1.03	1.02	1.01	1.00

(2) B 类不确定度。由于仪器误差 $\Delta_{仪}$、测量估计误差 $\Delta_{估}$ 的存在，一个测量量可能有多个用非统计方法计算的 B 类不确定度分量 u_{B1}，u_{B2}，$\cdots u_{Bn}$，如果这些分量相互独立，则 B 类不确定度的计算公式为：

$$u_B = \sqrt{u_{B1}^2 + u_{B2}^2 + \cdots + u_{Bn}^2}$$

仪器误差 $\Delta_{仪}$ 是指在规定条件下正确使用仪器时，仪器的示值与被测量的真值之间可能产生的最大误差。仪器出厂时，在说明书中 $\Delta_{仪}$ 通常采用下列两种方式进行注明：

①直接给出 $\Delta_{仪}$，如一般的螺旋测微器，最大允差为 ±0.004 mm。

②给出仪器的准确度等级，如中华人民共和国国家标准《GB 776－76 电测量指示仪表通用技术条件》中将仪表按准确度分为 0.1、0.2、0.5、1.0、1.5、2.5、5.0 七级。在规定条件下使用时，电表的最大允差根据下式计算：

$$\Delta_{仪} = \frac{\text{准确度等级}}{100} \times \text{量程} \tag{5}$$

同测量误差一样，仪器误差在（$-\Delta_{仪}$，$+\Delta_{仪}$）范围内也是按一定概率分布的。由分布函数的性质可以推出仪器的不确定度为：

$$u_{B仪} = \Delta_{仪}/C$$

式中 C 为与仪器误差的概率分布有关的常数，称为置信因子。对于正态分布 $C=3$，均匀分布 $C=\sqrt{3}$，其他分布也可在相关资料中查到 C 值。

确定 C 取何值，就要先确定仪器误差的分布。但目前人们对某些仪器误差的分布性质还不清楚，对仪器误差分布的认识还不统一，加之仪器误差只有正态分布（$C=3$）时的置信概率才是 $P=0.683$，因此在本课程中采用简化的近似方法，取 $\Delta_{仪}/3$ 代替仪器的不确定度。即：

$$u_{B仪} = \Delta_{仪}/3 \tag{6}$$

测量中估计误差 $\Delta_{估}$ 一般比仪器误差 $\Delta_{仪}$ 小得多，但也有例外。例如，弦振动实验中驻波长度的测量、液体黏度实验中油柱深度的测量等，就存在无法忽略的估计误差。此时的 B 类不确定度的计算公式为：

$$u_B = \sqrt{u_{B仪}^2 + u_{B估}^2}$$

由于测量估计误差 $\Delta_{估}$ 的分布性质也难以确定，故本书中将其视为与仪器误差的分布性质相同，不确定度采用同样的计算方法。为简化运算，当 $\Delta_{估} > 3\Delta_{仪}$ 时，忽略 $\Delta_{仪}$，即：

$$u_B = \Delta_{估}/3$$

（3）合成不确定度。如果 A 类和 B 类不确定度分量互相独立，且置信概率相同，则可按“方和根”的方法合成，得到直接测量值的合成不确定度：

$$u = \sqrt{u_A^2 + u_B^2} \tag{7}$$

合成标准不确定度 u 表示真值 X 在（$\bar{x}-u$，$\bar{x}+u$）内的概率 P 为 68.3%。

在工程技术中，置信概率 P 通常取 95.4%、99.7% 等较大值，此时的不确定度称为扩展不确定度，由合成不确定度的倍数来表示，即 $U = ku$，通常 $P=95.4\%$，k 取 2，$P=99.7\%$，k 取 3。

不确定度的大小表示测量结果可信赖程度的高低，不确定度越小，标志着误差的可能值越小，测量结果可信赖程度越高。

直接测量量不确定度评定的主要步骤可以归结为：

①求测量数据列的平均值 $\bar{x} = \frac{1}{n}\sum_{i=1}^{n} x_i$。

②求标准差 $\sigma = \sqrt{\frac{\sum(x_i-\bar{x})^2}{n-1}}$。

③求算术平均值的 A 类不确定度 $u_A(\bar{x}) = t \times \frac{\sigma}{\sqrt{n}} = t \times \sqrt{\frac{\sum(x_i-\bar{x})^2}{n(n-1)}}$。

④根据测量情况及简化约定得出 B 类不确定度 $u_B = \sqrt{u_{B仪}^2 + u_{B估}^2}$。

⑤求出合成标准不确定度 $u = \sqrt{u_A^2 + u_B^2}$（$P=0.683$）。

2. 间接测量量不确定度的评定

设间接测量量 N 与各独立的直接测量值 x，y，z，…有下列函数关系：

$$N = f(x, y, z, \cdots)$$

由于直接测量量具有不确定度，间接测量量 N 也必然具有不确定度，即直接测量结果的不确定度直接影响到间接测量结果，所以对间接测量量 N 的结果也需要采用不确定度评定。

直接测量时，我们以算术平均值作为最佳值表示测量结果，同样在间接测量中，我们以各直接测量量的算术平均值代入函数关系式得到的 $\overline{N}=f(\bar{x}, \bar{y}, \bar{z}, \cdots)$ 作为间接测量量的最佳值。

间接测量量 N 的不确定度通常采用下面的公式（方和根合成方式）计算：

$$u_N=\sqrt{\left(\frac{\partial f}{\partial x}\right)^2 u_x^2+\left(\frac{\partial f}{\partial y}\right)^2 u_y^2+\cdots} \tag{8}$$

$$E_N=\frac{u_N}{\overline{N}}=\sqrt{\left(\frac{\partial \ln f}{\partial x}\right)^2 u_x^2+\left(\frac{\partial \ln f}{\partial y}\right)^2 u_y^2+\cdots} \tag{9}$$

$$u_N=\overline{N}\cdot E_N \tag{10}$$

（8）、（9）两式中各直接测量量不确定度前面的系数 $\frac{\partial f}{\partial x}$，$\frac{\partial f}{\partial y}$，…及 $\frac{\partial \ln f}{\partial x}$，$\frac{\partial \ln f}{\partial y}$，…称为不确定度传递系数，$E_N$ 称为相对不确定度。

若只需粗略估计不确定度的大小时，不确定度可由算术合成法则得到，此时的值称为最大不确定度。即：

$$u_N=\left|\frac{\partial f}{\partial x}\right| u_x+\left|\frac{\partial f}{\partial y}\right| u_y+\cdots \tag{11}$$

注意：

①当间接测量量 N 为乘除或方幂的函数形式时，先用（9）式计算出相对不确定度后，再利用（10）式计算不确定度会较为简便。

②在实际的不确定度合成计算过程中，当项数较多时，对那些微小项可忽略不计（不确定度相对很小且几小项的平方和小于某一大项平方的1/9）。

求间接测量量不确定度的主要步骤可以归结为：

①求出各直接测量量的不确定度 u_x，u_y，…（根据直接测量量不确定度评定的步骤）；

②求出间接测量量的最佳值 $\overline{N}$（将各直接测量量的算术平均值代入函数关系式得到）；

③用公式（8）、（9）、（10）求出 N 的不确定度 u_N 或相对不确定度 E_N。

1.3 有效数字及其运算规则

一、有效数字的概念

任何测量只能达到一定的精确度，因此，在对包含有误差的测量数据进行处理和运算时，如果对这些数值的尾数任意取舍，将会增加误差。所以，在对测量做数据记录或进行数值运算时，为达到准确迅速的目的，就必须了解有效数字及其运算规则。

如用米尺量一细丝的长度，细丝的末端落在最小分度的刻度线之间，因此在读数时就需要估计最小分度的下一位数值。所读得的数值若是 79.6 mm，“79”是从刻度尺上准确读出的，叫做可靠数字，“6”（即 0.6）是估读出来的，是有误差的，叫做可疑数字。在我们的课程中规定，测量结果中所有的准确数字和一位可疑数字统称为有效数字，有效数字的最后一位是误差所在位。

注意：

（1）有效数字的位数与小数点位置无关。

例如：5.0　0.50　0.050　都是两位有效数字

（2）单位改变时，有效数字的位数不发生变化。

例如：$5.0\ \text{m} = 5.0\times10^3\ \text{mm}$（$\neq 5\ 000\ \text{mm}$）

在把大单位换成小单位时，为保证有效数字位数不变，应用科学记数法书写（在小数点前只写一位数字，用 10 的不同次幂表示）。

二、直接测量的读数方法

在物理实验中，直接测量值应是有效数字。有效数字位数的多少，直接反映测量的准确度，也反映所使用仪器的精度。

（1）用带有标尺的仪器（如螺旋测微器、读数显微镜等）直接测量某一物理量，其测量值应估读到标尺最小刻度的下一位。但有三种情况需要注意：

①测量示值恰为整数（如被测物正好与尺子的最小刻度对齐，见图 4），则应在末位补“0”（读为 15.0 mm）。

图 4

②若使用指针式仪表，应先计算出所用量程的最大允差后，再读到仪器误差所在的那一位（如图 5 的读数为 82 mA）。

③对于标尺最小刻度值是 0.2 或 0.5 的仪器（如示波器荧屏等），0.3、0.7 等数字就是估计的，此时就不必再估读到下一位。

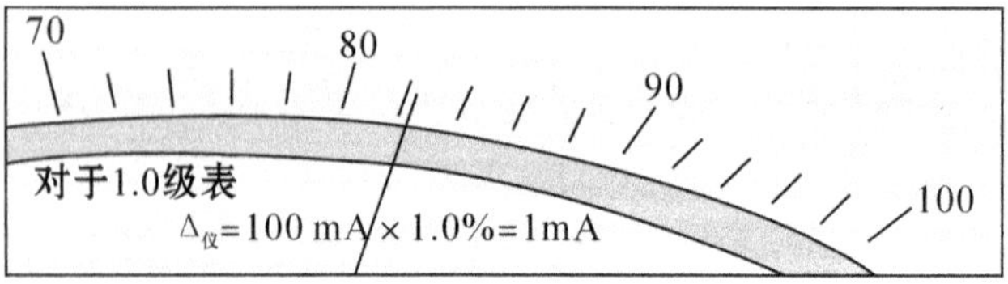

图 5

（2）数字式仪表及有十步进式标度盘的仪器（如数字电表、信号发生器、电阻箱、电桥等）显示的数字是有效数字，应直接读取仪表的示值，不需要估读。但有两种情况需要注意：

①若数字式仪表的末位总在跳动，具体读数由变化数字出现的频繁程度决定。如3、4交替出现，3出现的次数多于4，则读3。

②十步进式标度盘的仪器其读数与仪器的灵敏度相关。如在电桥细调的过程中，提高电桥灵敏度后，若旋转电阻箱的低位转盘（×0.1挡）一个步进值检流计的数字不发生变化，旋转其前一位的转盘（×1挡）一个步进值检流计则有反应，此时的测量值应读到调节转盘起作用的那一位（×1挡，此时图6的示值应读为1 032 Ω）。

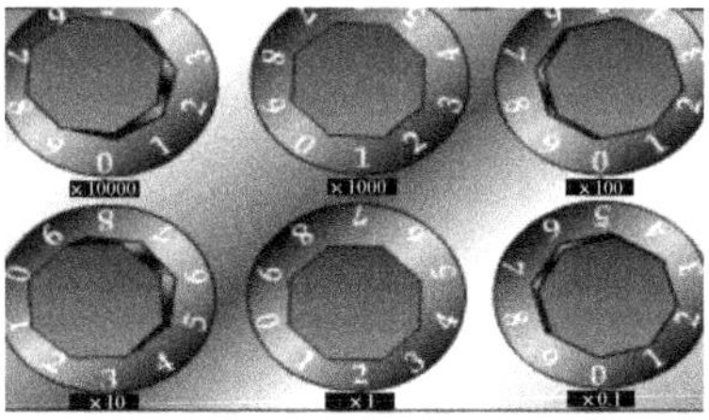

图6

（3）对于游标类仪器（如分光计、旋光仪等）一般不估读，主尺最小刻度后面的读数，通过游标与主尺对齐的刻线读出（见实验2.1和2.9附录）。

三、有效数字的取舍规则

1. 不确定度的有效数字

在本课程中不确定度的有效数字采用简化约定，只取一位。相对不确定度取两位有效数字。测量结果的不确定度均采用“只入不舍”的原则。

例如：
$$u = 0.548\ \text{mm} \approx 0.6\ \text{mm}$$
$$\frac{u_N}{N} = 1.13\% \approx 1.2\%$$

2. 测量值最后结果的有效数字

测量值最后结果的有效数字位数与不确定度的位数取齐（即末位取齐），取舍原则为“四舍六入五凑偶”。即尾数小于五则舍，大于五则入，等于五则留下数字的末位凑成最接近的偶数，从而使尾数“入”与“舍”的几率相等。

例如：间接测得某金属环的体积的不确定度 $u_v = 0.033\ 2 \approx 0.04\ (\text{cm}^3)$，

若 $\overline{V} = 8.225\ 0\ \text{cm}^3$，则最终结果为 $V = (8.22 \pm 0.04)\ \text{cm}^3$；

若 $\overline{V} = 8.225\ 1\ \text{cm}^3$，则最终结果为 $V = (8.23 \pm 0.04)\ \text{cm}^3$；

若 $\overline{V} = 8.215\ 0\ \text{cm}^3$，则最终结果为 $V = (8.22 \pm 0.04)\ \text{cm}^3$。

四、有效数字的运算规则

测量值最后结果的有效数字位数由不确定度的有效数字位数决定。在不知道不确定度的有效数字位数的情况下，通过有效数字位数不同的几个直接测量数据之间的运算得出的间接测量结果也不能任意书写。

有效数字运算的一般规则是：

(1) 准确数与准确数的运算结果仍为准确数。

(2) 可疑数与任何数运算，结果仍为可疑数，但进位数为准确数。

(3) 运算过程中至少要保留两位可疑数，但最后的运算结果只保留一位可疑数。

考虑到参与运算的物理量一般有多个，有效数字常不一致，运算中还有进位、除不尽等情况发生，作为基础课程，我们规定采用如下简化规则：

加减运算 结果的有效数字的末位，与参与运算的各直接测量量中精度最差的末位对齐。

例如：$2.0+3.12=5.1$

乘除运算 结果的有效数字位数跟参与运算的各直接测量量中有效数字位数最少的相同。

例如：$2.0\times3.12=6.2$

乘方、开方运算 结果的有效数字位数跟被乘方、开方数的有效数字位数相同。

例如：$11^2=1.2\times10^2$ （$\neq121$）

三角函数运算 采用试探法，即计算结果的有效数字的位数由自变量的末位增加或减少1个单位后得到的函数值相比较确定。

例如：求 $\sin 56°53'$的函数值

用计算器得到 $\sin 56°53'=0.837\,56$、$\sin 56°54'=0.837\,72$，比较两值，找到最先出现差异的那一位，就是有效数字的末位，从而确定 $\sin 56°53'=0.837\,6$，有效数字为4位。

物理常数或纯数学数字不是测量量，参与运算均不影响测量结果的有效数字位数。

五、测量结果的表示

要完整地表示一个测量量，必须有数值、单位和不确定度这三个要素。

1. 直接测量结果的表示

根据所用的置信概率，测量结果的最终表达式为：

$$x=\bar{x}\pm u_x$$

$$E=\frac{u_x}{\bar{x}}\times100\% \quad (P=0.683)$$

式中：

$\bar{x}$ 为不含系统误差的测量结果，通常就是测量列的平均值，对单次测量即为测量值；

u_x 为不确定度，取一位有效数字，平均值或单次测量值的最后一位与之对齐；

E 为相对不确定度，取两位有效数字；

P 为置信概率，对于合成标准不确定度取 68.3%。

2. 间接测量结果的表示

间接测量结果的表示与直接测量结果的表示相同，即：

$$N=\overline{N}\pm u_N$$

$$E=\frac{u_N}{\overline{N}}\times 100\% \quad (P=0.683)$$

间接测量结果的有效数字位数也由不确定度决定，不确定度只保留一位，测量值运算结果的最后一位与不确定度所在位对齐。

[例题] 为测某圆柱体体积，用游标卡尺（125 mm，0.02 mm）测得其外径和高度的数据如下表所示，试求圆柱体体积 V 及相对不确定度 E_V。

测量次数	1	2	3	4	5	6	7	8	9	10
外径 D（cm）	6.004	6.002	6.006	6.000	6.000	6.000	6.006	6.004	6.000	6.000
高度 H（cm）	8.096	8.094	8.092	8.096	8.096	8.094	8.094	8.098	8.094	8.096

[解] 圆柱体体积为间接测量量，其计算公式为 $V=\frac{1}{4}\pi D^2 H$

1）直接测量量为外径 D 和高度 H，先计算它们的不确定度。

$$\begin{aligned}\overline{D} &= \frac{1}{n}\sum_{i=1}^{n} x_i \\ &= \frac{1}{10}(6.004+6.002+6.006+6.000+6.000+6.000+6.006+6.004+\\ &\quad 6.000+6.000) \\ &= 6.0022\ (\text{cm})\end{aligned}$$

$$\sigma_D=\sqrt{\frac{\sum(D_i-\overline{D})^2}{n-1}}=\sqrt{\frac{(6.004-6.0022)^2+\cdots+(6.000-6.0022)^2}{10-1}}$$

$=0.002\,6$ （cm）

$$u_{DA}=t\times\frac{\sigma_D}{\sqrt{n}}=1.06\times\frac{0.002\,6}{\sqrt{10}}=0.000\,86\ (\text{cm})$$

$$\overline{H}=\frac{1}{n}\sum_{i=1}^{n}x_i=\frac{1}{10}\ (8.096+8.094+8.092+8.096+\cdots)\ =8.095\,0\ (\text{cm})$$

$$\sigma_H=\sqrt{\frac{\sum\ (H_i-\overline{H})^2}{n-1}}=\sqrt{\frac{(8.096-8.095\,0)^2+\cdots+\ (8.096-8.095\,0)^2}{10-1}}$$

$=0.001\,7$ （cm）

$$u_{HA}=t\times\frac{\sigma_H}{\sqrt{n}}=1.06\times\frac{0.001\,7}{\sqrt{10}}=0.000\,57\ (\text{cm})$$

外径 D 和高度 H 均使用游标卡尺测得，根据 $u_B=\Delta_{仪}/3$ 得：

$u_{DB}=u_{HB}=0.000\,67$ （cm）

因此外径 D 和高度 H 的合成不确定度分别为：

$$u_D=\sqrt{u_{DA}^2+u_{DB}^2}=\sqrt{0.000\,86^2+0.000\,67^2}=0.001\,1\ (\text{cm})$$

$$u_H=\sqrt{u_{HA}^2+u_{HB}^2}=\sqrt{0.000\,57^2+0.000\,67^2}=0.001\,0\ (\text{cm})$$

2）计算体积的最佳值。

$$\overline{V}=\frac{1}{4}\pi\,\overline{D}^2\overline{H}=\frac{1}{4}\times3.141\,6\times\ (6.002)^2\times8.095=229.03\ (\text{cm}^3)$$

3）V 为积商形式的运算，选用公式（9）计算相对不确定度。

①对 V 的计算公式取对数。

$$\ln V=\ln\frac{\pi}{4}+2\ln D+\ln H$$

②算出各直接测量量不确定度传递系数：$\frac{\partial\ln V}{\partial D}=\frac{2}{D}$，$\frac{\partial\ln V}{\partial H}=\frac{1}{H}$。

③代入（9）式整理得到相对不确定度的计算公式。

$$\frac{u_V}{V}=\sqrt{(2\frac{u_D}{D})^2+\ (\frac{u_H}{H})^2}$$

④将数据代入得出体积的相对不确定度。

$$\frac{u_V}{V}=\sqrt{\left(2\times\frac{0.001\ 1}{6.002}\right)^2+\left(\frac{0.001\ 0}{8.095}\right)^2}=3.8\times10^{-4}$$

由此得到体积的不确定度为：

$$u_V=V\cdot\frac{u_V}{V}=229.03\times0.000\ 38=0.089\ (\mathrm{cm}^3)$$

圆柱体体积的结果表达式为：

$$V=\overline{V}\pm u_V=(229.03\pm0.09)\ \mathrm{cm}^3\qquad(P=0.683)$$

相对不确定度为 $E_V=\frac{u_V}{\overline{V}}\times100\%=3.8\times10^{-4}\times100\%=0.038\%$。

1.4　数据处理的基本方法

实验中得到许多测量数据，这些数据说明了什么？是揭示了事物的内在规律性，还是验证了某种理论的正确性，或是可为以后的进一步实验研究提供依据？结论只有在对实验数据进行正确的处理后才能得到。因此，数据处理是物理实验报告的重要组成部分。

数据处理是指从获得数据起到得出结论为止的整个加工过程。包括记录、整理、计算、作图、分析等多个方面。下面介绍的是几种常用的数据处理方法。

一、列表法

在记录和处理数据时，将数据排列成栏目清楚、行列分明的表格形式，简明醒目。既有助于表示物理量之间的对应关系，又有助于检查测量过程和发现实验中的问题，还可为作图等数据处理方法提供方便。

数据在列表处理时，应该遵循简明、齐全、有条理的原则：

（1）栏目均应标明物理量的名称及单位，表中各符号所代表的意义都应有相应的说明，必要时还应加上一个表名。

（2）列入表中的数据主要应是测量时记录的原始数据。

（3）确定各待测量在表格中的位置时，应充分注意数据间的联系和测量的顺序。若是函数测量关系的数据表，应让自变量在上面、因变量在下面，两者在表中一一对应（见表3）。

表 3　铜丝电阻与温度关系的测量表格

测量次数 / 测量量	1	2	3	4	5	6	7
t/℃	10. 5	26. 0	38. 3	51. 0	62. 8	75. 5	85. 7
R/Ω	10. 423	10. 892	11. 201	11. 586	12. 025	12. 344	12. 679

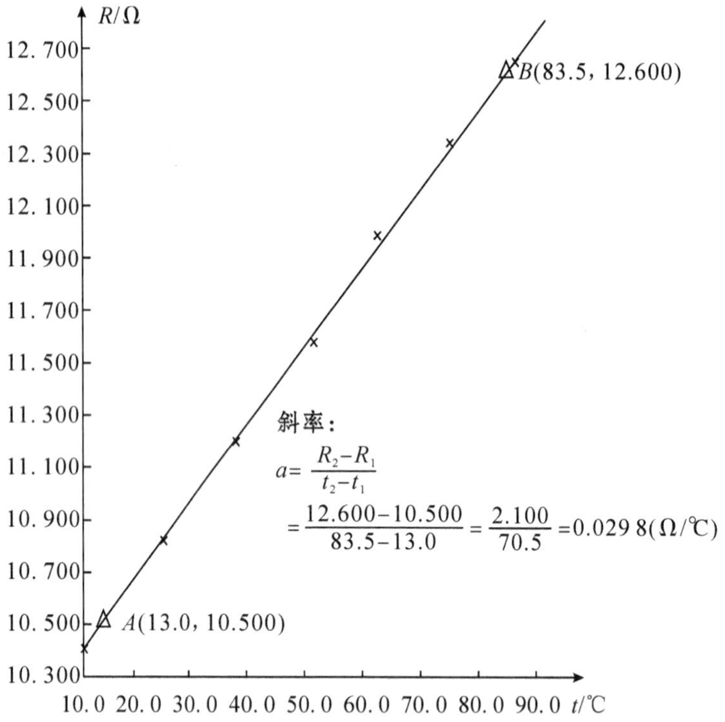

$$a=\frac{R_2-R_1}{t_2-t_1}=\frac{12.600-10.500}{83.5-13.0}=\frac{2.100}{70.5}=0.029\,8(\Omega/℃)$$

图 7　铜丝电阻与温度关系曲线（$R-t$ 图）

二、作图法

作图法是研究物理量之间变化规律的重要手段，它具有形象直观、简单方便的优点。要使图线能清楚地、定量地反映出物理现象的变化规律，并能准确地从图线上确定某些物理量值或求出有关常数，作图时不仅应根据具体实验情况选取合适的坐标纸（如直角坐标纸、对数坐标纸、半对数坐标纸、极坐标纸等），并应遵守如下规则：

（1）若是函数测量关系的图表，应取自变量为横坐标、因变量为纵坐标。画出纵、横坐标轴后，要标出坐标轴的方向，标明坐标轴代表的物理量及单位。

（2）为使图线能比较对称地充满所选用的整个图纸，坐标轴的分度值不一定从零开始（见图7），但坐标分度要均匀。原则上实验数据中的可靠数字在图中也是可靠的，而最后一位的存疑数字在图中亦是估计的。即标记所用的有效数字位数应与原始数据的有效数字位数相同。坐标分度值的选取还要易于读图或计算（禁忌以实验点的测量数据进行分度）。

（3）根据测量数据，用“+”在图中标出每个测量点，使与实验数据对应的坐标准确地落在“+”的中心。并根据各点的分布情况，用直尺或曲线尺连成光滑的直线或曲线。要尽可能使所绘的图线通过较多的测量点，不通过图线的测量点（严重偏离图线的个别点除外）应匀称地分布在图线的两侧，且尽量靠近图线。

（4）在一张图纸上作多条曲线时，不同实验数据组的测量点应使用不同的符号来表示（如×、⊙等）。利用所作直线求斜率时，应在实验数据范围以内选取靠近直线两端的非测量点。取点的符号应有别于测量点的符号，并在其旁标以坐标。

（5）要用铅笔作图，标点和连线都要细而清晰。在图纸的空白位置注明温度、湿度等实验条件和截距、斜率等某些参数，在图纸下方，标出图线的名称、作者、作图日期等某些必要的说明。

数据点拟合成图线后，根据图线可进一步求出该实验物理规律的解析方程。

例如：图线为直线，线性方程的一般形式为：$y = b + ax$。将图中所选的两点坐标值代入方程，可得出直线斜率 a 和直线在 y 轴上的截距 b 分别为：

$$a = \frac{y_2 - y_1}{x_2 - x_1} \qquad b = \frac{x_2 y_1 - x_1 y_2}{x_2 - x_1}$$

三、逐差法

逐差法是物理实验中常用的数据处理方法。一般用于等间隔线性变化测量中所得数据的处理。由误差理论可知，为了减少偶然误差，在实验中都是尽量进行多次测量。但在等间隔线性变化测量中，若采用一般的求平均值的方法，却无法反映出多次测量能减少偶然误差的特点。

例如：用受力拉伸法测定弹簧倔强系数 k。已知在弹性限度范围内，伸长量与所受拉力之间满足 $F = kx$ 的关系。通过增加负荷，等间距地改变拉力，测量得到的一组数据如下：

用受力拉伸法测定弹簧的倔强系数

测量次数	1	2	3	4	5	6	7	8
负荷 F（$\times 9.8\times 10^{-3}$N）	0	2	4	6	8	10	12	14
标尺读数 x_i（10^{-3}m）	0.00	1.50	3.02	4.50	6.01	7.50	9.00	10.50
伸长量 $\Delta x_i = x_{i+1} - x_i$（$10^{-3}$m）		1.50	1.52	1.48	1.51	1.49	1.50	1.50

由标尺读数逐项相减得到的伸长量可判断出 Δx_i 基本相等，即伸长量与所受的拉力为线性关系。

但是，如果要求弹簧在负荷 $2\times 9.8\times 10^{-3}$N 作用下的平均伸长量$\overline{\Delta x}$，用标尺读数逐项相减再求平均值时，有：

$$\overline{\Delta x} = \frac{\sum_{i=1}^{n}\Delta x_i}{n} = \frac{(x_2 - x_1)+(x_3 - x_2)+(x_4 - x_3)+\cdots+(x_7 - x_6)+(x_8 - x_7)}{7}$$

$$= \frac{(x_8 - x_1)}{7} = \frac{(10.50 - 0.00)\times 10^{-3}}{7} = 1.50\times 10^{-3}\ (\mathrm{m})$$

可见，只有始、末两次测量值起作用，所有中间值全部抵消。与单次增加负荷 $14\times 9.8\times 10^{-3}$N 的测量等价。

为了保持多次测量的优点，这时可以采用逐差法进行数据处理。

将上列等间隔连续测量的数据分成前后两组（x_8，x_7，x_6，x_5）和（x_4，x_3，x_2，x_1），然后对应项相减（逐差）求平均值，这样各次测量数据全部都用上了。可得：

$$\overline{\Delta x} = \frac{1}{4\times 4}\left[(x_8 - x_4)+(x_7 - x_3)+(x_6 - x_2)+(x_5 - x_1)\right]$$

逐差法可以充分利用测量数据，保持了通过多次测量、减少偶然误差的优点。当一元函数可以写成多项式形式，即 $y = a_0 + a_1 x + a_2 x^2 + \cdots$，且自变量是等间距变化时，就可以采用逐差法进行数据处理。

四、最小二乘法

虽然作图法便利、直观，但在图纸上人工拟合直线（或曲线）时有一定的主观随意性，人工拟合的直线往往不是最佳的。若再根据图线确定常数，附加误差有时很明显。因而作图法只是一种粗略的数据处理方法。

由一组实验数据找出一条最佳的拟合直线（或曲线），常用的方法是最小二乘法。最小二乘法是一种根据实验数据求未知量最佳估值的方法。所得的变量之间的相关函数关系称为回归方程。所以最小二乘法线性拟合亦称为最小二乘法线性回归。

最小二乘法的原理是：若最佳拟合的直线为 $Y=f(x)$，则所测各值与拟合直线上相应的点 $Y_i=f(x_i)$ 之间的偏差的平方和为最小，即：

$$s=\sum(y_i-Y_i)^2\rightarrow\min$$

由于此数据处理的方法是要满足偏差的平方和为最小，故称最小二乘法。

下面只讨论用最小二乘法进行一元线性拟合问题。以直线方程 $y=b+ax$ 为例。因为确定了斜率 a 和截距 b 也就确定了直线。所以线性回归就是由实验数据组 (x_i, y_i) 确定 a 和 b 的过程。

因为 x_i 和 y_i 均为测量值，都含有误差，为讨论简便起见，假设各 x_i 值的测量误差很小，而主要的误差都出现在 y_i 上。将直线方程 $y=b+ax$ 代入上式，得：

$$s(a, b)=\sum[y_i-(b+ax_i)]^2\rightarrow\min$$

所求 a 和 b 应是下列方程组的解：

$$\frac{\partial s}{\partial a}=-2\sum(y_i-b-ax_i)x_i=0$$

$$\frac{\partial s}{\partial b}=-2\sum(y_i-b-ax_i)=0$$

其中 $\sum$ 表示对 i 从 1 到 n 求和。

将上式展开，消去未知数 b，可得直线斜率：

$$a=\frac{\overline{xy}-\bar{x}\cdot\bar{y}}{\overline{x^2}-(\bar{x})^2}$$

将求得的 a 值代入方程组，可得截距：

$$b=\bar{y}-a\bar{x}$$

斜率 a 和截距 b 求出后，所需拟合的直线方程 $y=b+ax$ 就被唯一地确定了。

直线拟合的任务就是用数学分析的方法从观测到的数据中求出一个误差最小的最佳直线方程 $y=b+ax$。按这一最佳直线方程作出的图线虽不一定能通过每一个实验点，但是它以最接近这些实验点的方式平滑地穿过它们。

现在很多函数计算器有直接计算 a、b 的功能，操作很方便。在实验的数据处理中，可直接利用计算器的这些功能，不必进行烦琐的计算。

练习题

1. 改正下式中的错误，写出正确答案：

（1）$M=（3\,050\pm100）$ kg

（2）$L=（6\,371\pm1）$ km $=（6\,371\,000\pm1\,000）$ m

（3）$E=（2.865\times10^{11}\pm4.01\times10^{9}）$ N/m^2

（4）$V=（10.445\pm0.011）$ V

2. 推出下列间接测量量不确定度的计算公式：

（1）$v=\frac{n}{2l}\sqrt{\frac{MgL}{m}}$

（2）$R=\sqrt{R_1\cdot R_2}$

3. 用量程为 500 mm 的米尺测量一物体长度 L，测得数据为：38.98 cm，38.96 cm，38.97 cm，38.95 cm，38.97 cm，38.96 cm，38.97 cm。试求 $\bar{L}$、u_L，并正确表达出测量结果。

2

常用仪器的使用

2.1 落球法测量液体黏滞系数

当液体内各部分之间有相对运动时，接触面之间存在内摩擦力，阻碍液体的相对运动，这种性质称为液体的黏滞性，液体的内摩擦力称为黏滞力。黏滞力的方向平行于接触面，其大小与速度梯度及接触面积成正比，比例系数 η 称为黏滞系数，是表征液体黏滞性强弱的重要参数。

对液体黏滞性的研究在流体力学、化学化工、医疗、水利等领域都有广泛的应用，例如在用管道输送液体时要根据输送液体的流量、压力差、输送距离及液体黏度，设计输送管道的口径；又如许多心血管疾病都与血液黏度有关，血黏度（黏滞系数）增大会使流入人体器官和组织的血流量减少，血液流速减缓，使人体处于供血和供氧不足的状态，可能引发多种心脑血管疾病等，因此，液体的黏滞系数的测量是非常重要的。

测量液体黏度可用落球法、毛细管法、阻尼法、转筒法，其中落球法适用于测量黏度较高的液体。本实验采用落球法测量蓖麻油的黏滞系数，从中理解斯托克斯公式的使用条件，并进一步掌握游标卡尺、螺旋测微器、温度计、秒表等基本仪器的使用方法。

一 实验原理

如果半径为 r 的光滑金属小球在黏性液体中以速度 v 运动，那么它将受到三个铅直方向的力，如图 1 所示。如果液体无限深广，在小球下落速度 v 较小的情况下，有：

$$F=6\pi\eta rv \qquad (1)$$

上式称为斯托克斯公式，其中 η 称为液

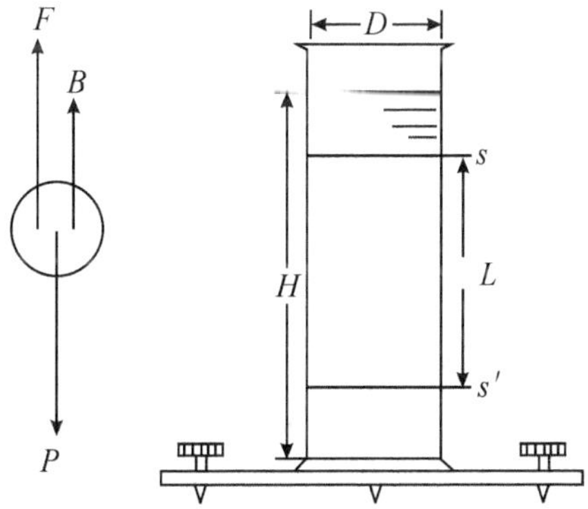

图 1　受力分析及测量装置示意图

体的黏滞系数，在国际单位制中 η 的单位是 Pa·s（帕斯卡·秒），在厘米克秒制（即 CGS 单位制）中 η 的单位是 $g \cdot cm^{-1} \cdot s^{-1}$ 或用专门的名称——泊，常用 P 表示，1 Pa·s = 10 P。

小球开始下落时，由于速度小，所以阻力 F 也不大。但是，随着下落速度的增大，阻力将随之增大。最后，重力与浮力和阻力达到平衡，小球匀速下落。有：

$$P = B + F \tag{2}$$

设小球的密度为 ρ，液体的密度为 ρ'，重力加速度为 g，匀速下落时的速度为 v_t，则（2）式可写成：

$$\frac{4}{3}\pi r^3 \rho g = \frac{4}{3}\pi r^3 \rho' g + 6\pi\eta r v_t \tag{3}$$

解之得：

$$\eta = \frac{2}{9}\frac{(\rho - \rho')}{v_t} g r^2 \tag{4}$$

设小球的直径为 d，小球匀速下落距离 L 所用的时间为 t，则（4）式可写成：

$$\eta = \frac{(\rho - \rho')\ g}{18L} d^2 t \tag{5}$$

测出（5）式等号右边各量，就可以求得黏滞系数 η。

实验时，待测液体必须盛于容器中（如图 1 所示），故不能满足无限深广的条件，实验证明，若小球沿筒的中心轴线下降，式（5）须做如下修改方能符合实际情况：

$$\eta = \frac{(\rho - \rho')\ g}{18L} d^2 t \left(1 - 2.4\frac{d}{D} - 3.3\frac{d}{2H}\right) \tag{6}$$

其中 D 为容器内径，H 为液柱高度。

实验装置

量筒、游标卡尺、螺旋测微器、比重计、秒表、温度计、磁铁、小球等。

比重计是利用浮力原理制成的一种直接测量液体密度的器具（如图 2）。在玻璃管的下端装有铅粒，用来调整比重计的测量范围和定标。

玻璃管的内侧面标有分度值，刻度从 0.700 到 1.000，最小分度值为

0.005 g/cm^3，用于测量密度小于水的液体的密度。比重计浸入液体中，在重力与浮力相平衡时，比重计即静止地浮在液体中。这时，从标尺刻度值便可读出液体的密度。

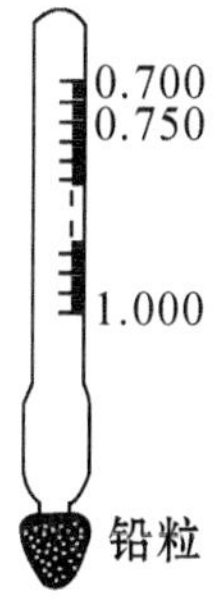

图 2　比重计

实验内容

一、必做部分

1. 仪器调整及油的密度和温度的测定

（1）借助于水平仪，通过调节仪器底盘下的螺钉，将仪器调至水平。

（2）用温度计测量实验始、末的油温，取其平均值作为实际油温。

（3）用比重计测量油的密度。

2. 测量小球及容器的相关参数

（1）用钢尺测出小球匀速下落的距离 L 及油柱深度 H。

（2）用螺旋测微器测量（螺旋测微器的使用见附录）两个小球的直径各 5 次，分别求出它们的平均值和不确定度。

3. 测量小球匀速下落的时间

（1）将小球放进量筒，让它沿着油柱的中轴线下落；用电子秒表测量小球经过距离 L 所需的时间 t。如此重复 5 次，求 t 的平均值和不确定度。

（2）换用另一小球，完成同样的测量。

4. 数据记录表格自拟

5. 数据处理

（1）将数据代入公式（6），求出液体的黏滞系数 η_1 和 η_2。

（2）根据（5）式求出黏滞系数 η 的不确定度。

（3）正确表示测量结果。

二、选做部分

测量温度相同时小球偏离中轴线下落时油的黏滞系数，并与小球沿着油柱的中轴线下落的测量结果进行比较。

注意事项

（1）实验时液体中应无气泡。

（2）使用螺旋测微器时，应先读出其零点修正值。

（3）小球尽量贴近油面，并沿着油柱的中轴线下落。

（4）用磁铁将小球沿外壁吸出后，即刻将磁铁放回原处，以免吸到卡尺等，发生危险。

（5）实验完毕，用纸擦去小球表面的油后再放回原处。

（6）在观察小球通过量筒标志线时，要使视线水平，以减小误差。

思考题

1. 试分析本实验的误差来源，并说明其中哪些属于系统误差，影响较大的有哪几个。

2. 如何判断小球在做匀速运动？

附录　　游标卡尺和螺旋测微器的使用

一、游标卡尺

1. 游标卡尺的结构及原理

游标卡尺是一种利用游标提高测量精度的长度测量仪器，其构造如图3所示。

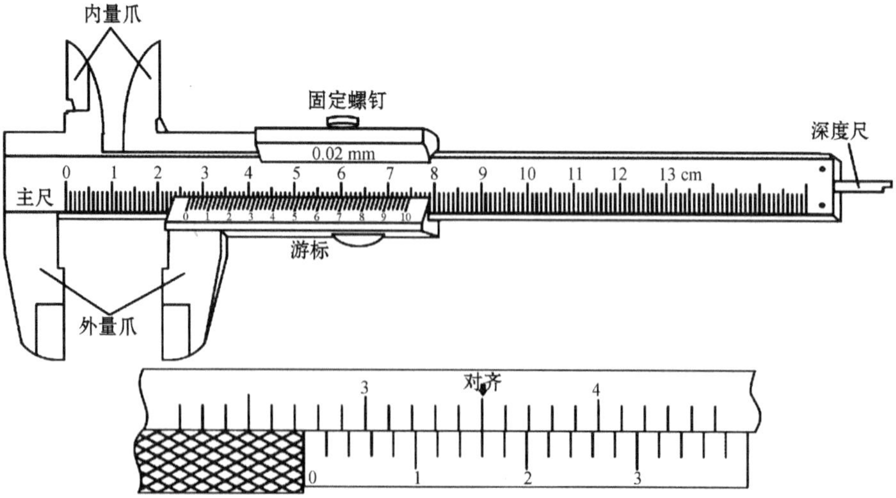

图3　游标卡尺

在标准米尺（主尺，最小分度为 1 mm）上附带有一个可以沿主尺尺身移动的标尺，称为游标。游标上的刻度间距 x 比主尺上的刻度间距 y 略小一点。一般游标上的 n 个刻度间距等于主尺上（$n-1$）个刻度间距，即 $nx=(n-1)y$。由此可知，游标上的刻度间距与主

尺的刻度间距相差 $\frac{1}{n}$ mm，这就是游标的精度。图 3 所示的游标卡尺的精度为 1/50，即 0.02 mm。

2. 游标卡尺的使用及读数方法

在读数时，先从主尺上读得游标的零刻线所在的整数分度值（以图 3 为例，27 mm）；再到游标上找与主尺刻线准确对齐的游标刻线（即第 8 根刻线）；求得游标上的分度值为 $8\times0.02=0.16$ mm，最后得到测量值 $27+0.16=27.16$ mm。由于使用游标卡尺测量长度时没有进行估读，只是判断刻线的对齐与否，因此，用游标卡尺对某物体进行单次测量时，其测量不确定度即为游标的精度值。

使用游标卡尺时，一手拿物体，一手持游标卡尺，将物体轻轻卡住，即可读数。游标卡尺的外量爪用来测量厚度或外径，内量爪用来测量内径，深度尺用来测量槽或筒的深度，紧固螺丝用来固定游标以便读数。

3. 注意事项

注意保护量爪不被磨损，决不允许被卡住的物体在量爪间挪动。

二、螺旋测微器（千分尺）

1. 螺旋测微器的结构及原理

螺旋测微器是一种利用测微螺杆的角位移转变为直线位移来测量微小长度的长度测量仪器，其构造如图 4 所示。在一个固定套筒上套有一个活动套筒，两者由高精度螺纹紧密咬合。活动套筒与测量轴相连，转动活动套筒可带动测量轴伸出与缩进。活动套筒转动 1 周（360°），测量轴伸出或缩进 1 个螺距。因此，可根据活动套筒转动的角度求得测量轴移动的距离。这就是所谓“机械放大”。在活动套筒的尾端装有一个棘轮，它转动时可带动活动套筒旋转，但阻力过大时，棘轮会空转，即不带动套筒旋转，这保证了待测物体在砧台与测量轴间不会被夹得太紧而变形，从而影响测量结果。固定套筒与砧台以一个弓形的支架相连，称为“弓架”，测量时一般左手持弓架，右手转棘轮。在弓架上还装有一个锁紧手柄，把它向左板动，可锁住测量轴。

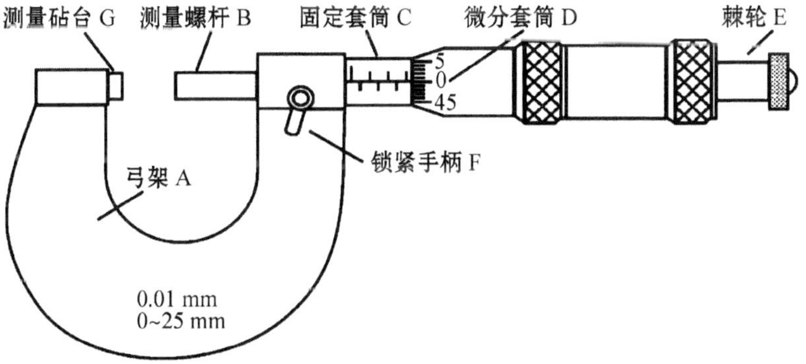

图 4　螺旋测微器（千分尺）

如图4所示的螺旋测微器螺距为0.5 mm，活动套筒的周界被等分为50格，故活动套筒转动1格，测量轴相应地移动0.5/50=0.01 mm，再加上估读，其测量可达到0.001 mm。

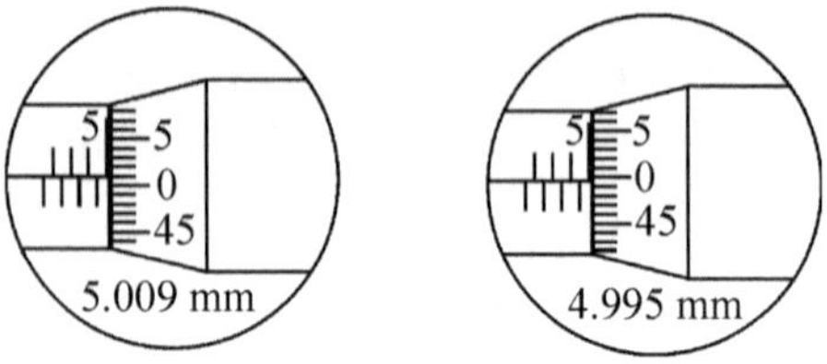

图5　微分套筒压线读数示意图

2. 螺旋测微器的读数方法

读数时，先从固定套筒上读出活动套筒转过的整圈数值（转一圈为0.5 mm），再从活动套筒上读出与基准线对齐的数值（应有估计值），并将该值乘以0.01 mm，最后将这两部分加起来，就是测量值，如图5所示。

读数时应特别注意活动套筒压着主刻度线的情况，应判断活动套筒是否真正超过了压线刻度，若没超过则不应该读出（活动套筒上的0刻线在基准线之下则已超过，反之没有）。如图5所示。

3. 注意事项

（1）要使测量轴向砧台靠近以夹住待测物，必须使用棘轮而不可直接转活动套筒，听到“咯咯”声即表示已夹住待测物体，棘轮在空转了，这时应停止转动棘轮进行读数；不应将被夹住的待测物拉出，以免磨损砧台和测量轴。

（2）当砧台和测量轴间无任何物体时，转动棘轮至听到“咯咯”声，此时的读数为“零点读数”。以后的测量读数要减去此“零点读数”，才是真正的长度测量值。“零点读数”的读数方法如图6所示。

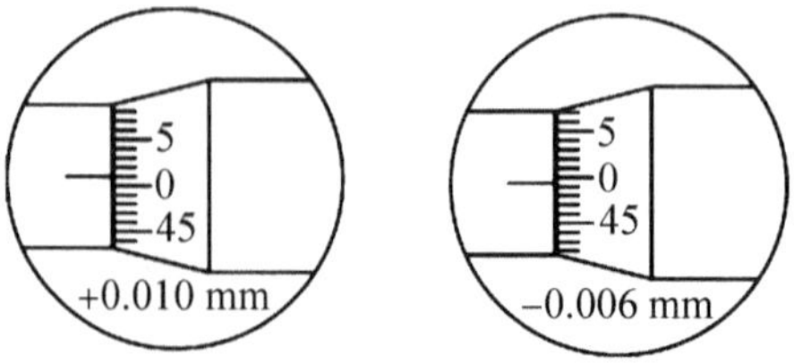

图6　螺旋测微器的零点读数示意图

（3）不使用螺旋测微器时，要在砧台与测量轴之间留出少量空隙，以防砧台与测量轴受热膨胀而引起形变。

2.2 用气垫导轨研究力学现象

在物理实验中，由于摩擦的存在，导致测量误差往往很大，致使某些力学实验无法进行。而气垫导轨装置可以减小摩擦，使这一问题得以解决。气垫导轨是一种阻力极小的力学实验装置，它利用气源将压缩空气打入导轨腔内，再由导轨表面上的小孔喷出气流，在导轨与滑块之间形成很薄的空气层。滑块在导轨上运动时，由于气垫的作用，滑块与导轨面实际上不发生直接接触，这就大大减少了运动时的摩擦阻力，从而可以对许多力学现象和过程作较精确的定量研究。近年来，气垫技术在机械、电子、纺织、运输等工业生产中已得到广泛应用，如气垫输送、空气轴承等。通过本实验，可以使学生获得一种直接检验物理定律的方法，并能深入了解完全弹性碰撞与完全非弹性碰撞的特点。

实验原理

1. 瞬时速度的测量

设一做直线运动的物体，在 $t \sim t+\Delta t$ 时间内经过的位移为 Δx，则该物体在 Δt 时间内的平均速度为：

$$\bar{v}=\frac{\Delta x}{\Delta t} \tag{1}$$

当 $\Delta t \to 0$ 时，则 $\bar{v} \to v_t$，即平均速度趋近于 t 时刻的瞬时速度，简称 t 时刻的速度。

$$v_t=\lim_{\Delta t \to 0}\frac{\Delta x}{\Delta t} \tag{2}$$

由于 $\Delta t \to 0$ 时，$\Delta x \to 0$，滑块在气垫导轨运动时，很难用计时器记录其位移接近于零时所用时间，故实验中难以实现对某点速度的精确测量。在一定的误差范围内，可用非常短时间内的平均速度代替该点的瞬时速度。

2. 加速度的测量

做匀加速直线运动的物体的初始速度、末速度、加速度及位移之间的关系为：

$$2as=v_2^2-v_1^2$$

即：
$$a = \frac{v_2^2 - v_1^2}{2s} \tag{3}$$

由气垫导轨及其配套的计时计数测速仪、光电门等，可以测出运动物体的初始速度、末速度和位移，利用式（3）可求得加速度。

3. 动量守恒定律的验证

在一个力学系统中，如果系统所受的外力的矢量和为零，则系统的总动量保持不变。这一结论称为动量守恒定律。

设两个质量分别为 m_1 和 m_2 的滑块在水平的气垫导轨上运动，由于气垫的作用，滑块与导轨间的摩擦阻力可忽略不计，设碰撞前两滑块的速度分别为 v_1 和 v_2，碰撞后两滑块的速度分别为 v'_1 和 v'_2。则：

$$m_1v_1 + m_2v_2 = m_1v'_1 + m_2v'_2 \tag{4}$$

利用气垫导轨及其配套装置可以验证弹性碰撞、非弹性碰撞和完全非弹性碰撞下的动量守恒定律。

实验装置

气垫导轨、滑块、光电门、电脑通用计数器等。

1. 导轨

导轨（如图1）是一根固定在钢架上的三角形金属空腔管，它的两个轨面成90°角，每个导轨面上都均匀地钻有两排喷气孔。空腔管的一端封闭，另一端通过塑料管与气泵相连。压缩空气由气泵送入空腔管，从喷气孔中高速喷出。导轨上固定有测量物体位移的标尺，钢架下有方便调节导轨水平的底脚螺丝。

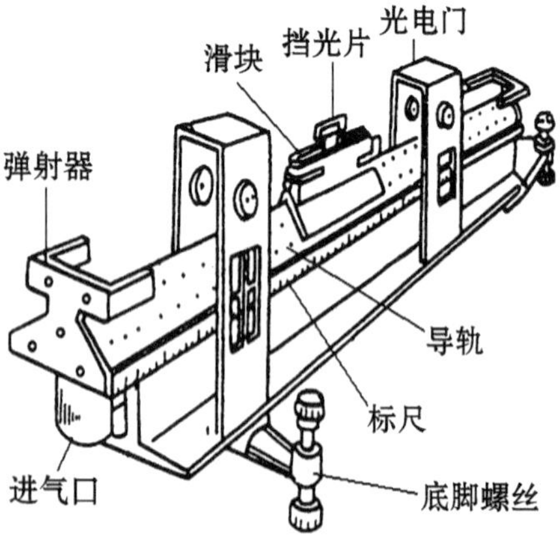

图1　气垫导轨

2. 滑块

滑块用直角形铝板制成，上面有槽可以安装各种遮光附件，与光电门、计数器等配合使用，底部与导轨严密结合，两端装有缓冲弹簧、尼龙搭扣等，用于完成不同的实验。

3. 光电门

光电门是计时装置的传感器。在光电门门框的相对应的位置上安装着照明小灯和光敏二极管。光敏二极管受光照射时的电阻约为几千欧至几万欧，无光照时的电阻在 1 MΩ 以上。利用光敏二极管受光照前后的电势变化产生电脉冲来控制计时器的“计”与“停”。

4. 电脑通用计数器

电脑通用计数器内有中央处理器，并编入了相应的数据处理程序，具备多组实验数据的记忆存储功能。从光电门采集数据信号，经中央处理器处理后，在显示屏上显示出测量结果。其主要按键介绍如下：

（1）功能键。用于 4 种功能的选择及取消、显示数据、复位。本实验中主要使用“计时”功能，记录滑块经过 P_1 和 P_2 两光电门时，滑块上挡光片挡光的时间间隔 Δt 或滑块的速度 v（由设定的单位决定）。当按下取数键，再按功能键时，仪器将清除之前所记录的测量数据。

（2）转换键。用于挡光片宽度设置、简谐运动周期值的设定、测量单位的转换等。按下此键大于 1 s，选择挡光片的宽度，在显示的宽度值与所用的挡光片的宽度相同时，放开此键即可。开机时的默认值为 1 cm。

（3）取数键。电脑通用计数器自动保留前 20 组测量结果，按下此键，可依次显示存储的测量结果，每个测量结果将显示约 10 s。

实验内容

一、必做部分

1. 调整气垫导轨水平

（1）粗调。目测并调节导轨下的三只底脚螺丝，使导轨大致水平之后，在气垫导轨中部相隔 50.0 ~ 60.0 cm 处放置两个光电门，将滑块骑在导轨上。接通气源，这时滑块可在导轨上自由运动。调节导轨底脚的调平螺丝，使滑块基本静止。

（2）细调。给滑块一定的初速度（不要太大），观察它经过光电门时显示的时间，仔细调节调平螺丝，使 Δt_1 与 Δt_2 基本相等，此时可认为气垫导轨已经水平。

2. 验证动量守恒定律

（1）验证等质量物体作弹性碰撞时的动量守恒。将两个质量相等（质量差 $\Delta m_{滑} < 1$ g 即认为二者质量相等）、装有缓冲弹簧的滑块放置在导轨上，令滑块 A 静止，给滑块 B 一定的速度从导轨的一端向滑块 A 运动。经过光电门 P_1 时，由电脑通用计数器记录下滑块 B 的速度，两滑块碰撞后，滑块 B 静止，滑块 A 运动，等其经过光电门 P_2 时，再次由电脑通用计数器记录下碰撞后滑块 A 的速度，若碰撞前滑块 B 的速度与碰撞后 A 的速度基本相等，则证明碰

撞前后的动量守恒。

保持滑块 A 在同一个位置，改变滑块 B 的速度，重复上述实验。

（2）验证等质量物体做完全非弹性碰撞时的动量守恒。将两个质量相等的滑块的相碰端安上尼龙搭扣，放置在导轨上，仿照（1）记录碰撞前后的速度，代入公式（4）验证完全非弹性碰撞时的动量守恒。

（3）验证不等质量物体做弹性碰撞时的动量守恒。

（4）验证不等质量物体做完全非弹性碰撞时的动量守恒。

3. 测量匀加速直线运动的速度和加速度

（1）将两光电门放置在导轨中间相隔 60.0 cm。在导轨一端的底脚螺丝下放上一个高 $h=1.00$ cm 的斜度垫块。使滑块从垫高的一端由静止开始下滑，分别记下挡光片 Δl 通过两光电门的时间 Δt_1 与 Δt_2。挡光片宽度用游标卡尺测量，Δl 如图 2 所示。则 $v=\Delta l/\Delta t$。重复测量三次，分别计算速度 v_1、v_2 和下滑加速度 a。

改变垫块高度 h，重复上述实验内容。

（2）计算滑块下滑加速度的理论值 a_0（$a_0=g\sin\theta\approx g\tan\theta=gh/l$）并与实验值比较，求百分误差。

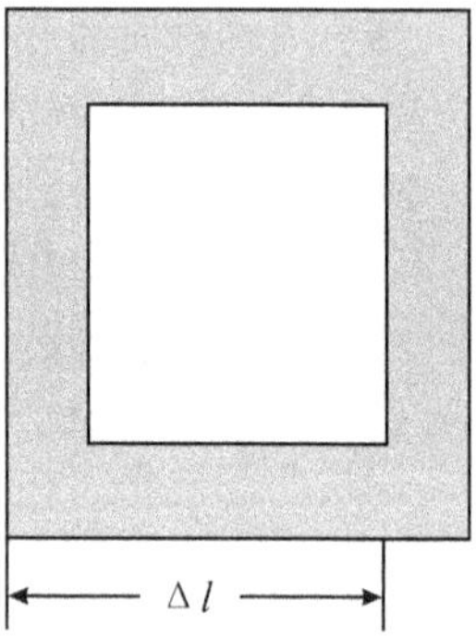

图 2　挡光片

二、选做部分

在气垫导轨上验证牛顿第二定律（自己设计实验方案）。

注意事项

（1）在气垫导轨未通气之前应禁止将滑块放在导轨上来回移动。使用完毕后，应先将滑块取下再关闭气源。

（2）实验中应防止滑块跌落地面而遭到损坏。

（3）气源噪声大、温度高，不宜长时间连续工作，不用时应及时关掉。

思考题

1. 实验中存在哪些误差？能否减小或消去这些误差？
2. 若实验结果表明两滑块在碰撞前后总动量不同，可能存在什么问题？
3. 实验结束后为什么应将滑块从导轨上取下？

2.3 数字万用表的使用

万用表是把多量程的电流表、电压表、欧姆表组合在一起的常用电子测量工具，具有量程广、用途多、使用方便等优点。

常用的万用电表有数字式和磁电式（也称为指针偏转式）两类。当被测电量连续变化时，磁电式电表指针的偏转角也随之变化，通过表盘可读取测量结果。由于受到表头误差和读数误差的限制，磁电式电表的检测灵敏度和精度不高。因此，随着以数字测量为基础的智能检测的迅猛发展，数字万用电表已成为目前物理实验中使用的主要仪表之一。

本实验的目的在于了解数字万用表的工作原理，掌握使用数字万用表测量电压、电流和电阻的方法，学习利用数字万用表进行电路的检查和器件的测试。

实验原理

一、指针式万用表的基本原理

因为数字式万用表是在指针式万用表的基础上发展起来的，了解指针式万用表的基本原理，对于学习数字式万用表的使用将会有所帮助。

指针式万用表是由一只灵敏的磁电式直流电流表表头、几个转换开关和电阻、干电池以及半导体整流器等元件组成。表头只测量直流电流，其他参数必须转换成和其自身大小成一定比例关系的直流电流后才能被测量。

当微小电流通过表头时，就会有电流指示。但表头不能通过大电流，所以，要测出不同电路中的电流、电压和电阻，还必须在表头上并联或串联一些电阻进行分流或降压。有关元件根据不同的测量项目，组成相对独立的电路，通过转换开关接到表头，就组成了指针式万用表的整体电路。

1. 直流电流测量原理

如图 1 所示，在表头上并联适当的电阻（称为分流电阻）进行分流，就可以扩展表的电流量程。改变分流电阻的阻值，就能改变表的电流测量范围。因此，当开关处于不同位置时，流过表头的电流占总电流的比例不同，形成了不同的电流量程。

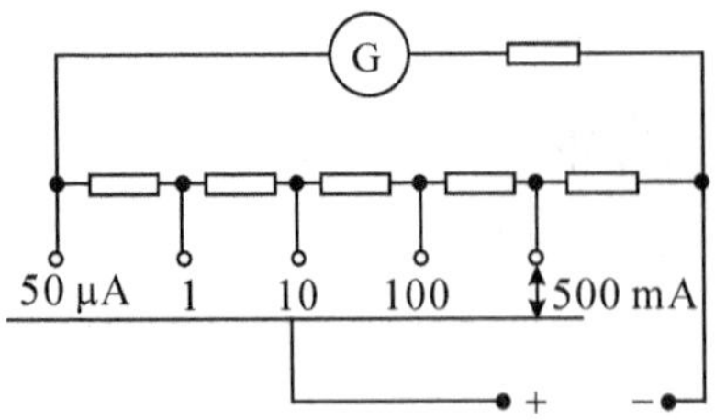

图 1　直流电流测量原理图

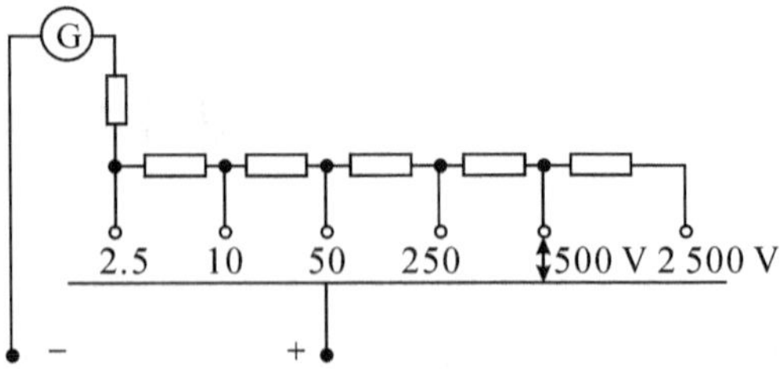

图 2　直流电压测量原理图

2. 直流电压测量原理

如图 2 所示，在表头上串联适当的电阻（称为倍增电阻）进行降压，就可以扩展表的电压量程。改变倍增电阻的阻值，就能改变表的电压测量范围。因此，当开关处于不同位置时，加在表头的电压占总电压的比例不同，形成了不同的电压量程。

3. 交流电压测量原理

因为表头是直流表，所以测量交流时，需加装并、串式半波整流电路，如图 3（a）所示，将交流进行整流变成直流后再通过表头，就可以根据直流电的大小来测量交流电压。扩展交流电压量程的方法与直流电压量程的扩展相似。

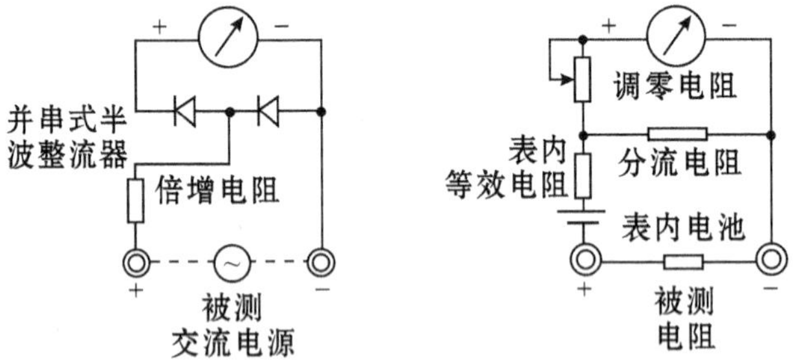

（a）交流电压测量原理图　　（b）电阻测量原理图

图 3

4. 电阻测量原理

如图 3（b）所示，在表头上并联和串联适当的电阻，同时串接一节电池，使电流通过被测电阻。由于表头指针的偏转角和电流大小成正比，流过表头的电流 I 与被测电阻 R_x 是一一对应的，因此，根据电流的大小，就可以在表头上直接读出指针偏转位置所对应的 R_x 值。改变分流电阻的阻值，就能改变电阻的测量量程。

二、数字万用电表的组成原理

数字式万用表结构紧凑、轻巧、测量速度快、自动化程度高，其型号品种繁多，内部电路均是在直流数字电压表的基础上配接各种变换器构成的，如图4所示。数字电压表通常使用一块集成电路芯片，将A/D转换器与能够直接驱动显示器的显示逻辑控制器集成在一起，在其周围配上相关的电阻器、电容器和液晶显示器，组成数字万用表表头。

数字万用表表头只测量直流电压，其他参数必须转换成和其自身大小成一定比例关系的直流电压后才能被测量。数字万用表的整体性能主要由数字表头的性能决定。数字电压表是数字万用表的核心，A/D转换器又是数字电压表的核心，不同的A/D转换器构成不同的数字万用表。功能转换电路是数字万用表实现多参数测量的必备电路。

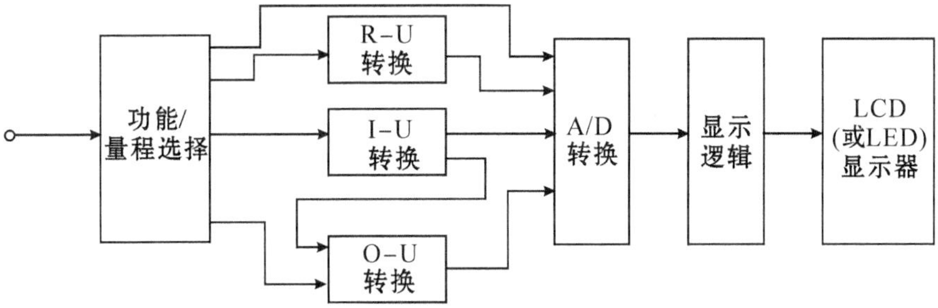

图4　数字万用电表组成原理的方框图

电压、电流的测量电路一般由无源的分压、分流电阻网络组成；交、直流转换电路与电阻、电容等电参数测量的转换电路，一般采用有源器件组成的网络来实现。

三、数字万用电表的主要技术指标

数字万用电表的结构组成特点，决定了其主要技术指标。

1. 测量结果以十进制数字直接显示

读数清楚，消除了磁电式电表的读数误差。

2. 显示的数字位数，由整数位和分数位组成

整数位能显示0～9所有的数字；分数位的数值是以最大显示值的最高位数字为分子，以满量程时的最高位数字为分母。

例如：三位半的数字万用电表，其最大显示值是1 999，最高位只能是0

或1。满量程数值为2 000，此时最高位是2。因此，分数位是1/2，称为$3\frac{1}{2}$位。

3. 准确度高

准确度由两部分组成：

$$\Delta U = \pm\ (a\% U_x + \text{几个字}) \tag{1}$$

其中U_x为读数值，$a\% U_x$称为读数误差（反映了A/D转换器和功能转换器的综合误差，与读数值有关），“几个字”表示使用该量程时的最小误差（即反映了量化处理带来的误差，与读数值无关）。使用时应选取略大于被测值的量程，以减小误差。

例如：用三位半的数字万用电表中的200 mV量程测量100 mV的电压，其读数为100.0 mV。

由下表查得其测量准确度为±（0.5%×读数+1个数字），因而测量的误差为0.5%×100.0+0.1=0.5 +0.1 =0.6（mV）。

如果选用2 V量程测量100 mV电压，读数为100 mV。其误差则是0.5 + 3=3.5（mV）。显然要比选用200 mV量程的误差大。

4. 分辨率反映表的灵敏度

分辨率指能够显示的被测量的最小变化值，即最小量程显示器末位跳变一个字所对应的最小输入值。

5. 输入阻抗高

输入阻抗相当于电表内阻，直流数字电压表的输入阻抗一般都高于10 MΩ，而且与量程无关，因此使用时电表的接入误差可以忽略不计。

下表为物理实验中常用的三位半、四位半数字万用电表直流电压挡的主要性能参数：

位数	量程	输入阻抗/MΩ	准确度	分辨率/mV
$3\frac{1}{2}$	200 mV	10	±（0.5%×读数+1个数字）	0.1
$3\frac{1}{2}$	2 V	10	±（0.5%×读数+3个数字）	1
$4\frac{1}{2}$	200 mV	10	±（0.05%×读数+5个数字）	0.01
$4\frac{1}{2}$	2 V	10	±（0.1%×读数+5个数字）	0.1

四、用万用电表检查电路故障

电路某处断线，开关或接线柱接触不良，仪表使用不当或元件内部损坏等，都会导致实验无法正常进行。这些电路故障，有些可以根据仪表显示异常、指示灯不亮等现象来分析判断，有的则需要使用万用电表来检查。

采用万用电表检查的方法有以下两种：

1. 电压检查法（用电压挡）

不必拆开电路。快速、安全的检查方法是将电压表的黑表笔固定在电源负极，红表笔从电源正极开始，沿电路导线连接顺序逐点进行检测，出现电压反常之点，就是存在故障之处。这种方法检测小电压时不够灵敏。

2. 电阻检查法（用电阻挡）

首先将电源断开，再用表笔检查各部分的电阻分布，特别要注意检查导线和接触点通不通。

实验装置

数字万用表一块、电阻箱三个、滑线变阻器一个、待测二极管、直流稳压电源、开关、导线等。

实验内容

一、必做部分

1. 学习使用数字万用电表测量直流电压

（1）测量直流电源的输出电压。将表笔接到直流电源的输出接线端上，打开电源开关，将电源电压由零至 10 V 慢慢增大，观察万用电表示值的变化(应使用直流电压的哪一个量程测量)。

（2）测量串联电路中电阻两端的电压分布。将三个电阻箱按图 5 连接。选择合适的量程，分别测出 *AB*、*BC*、*BD*、*CD* 和 *AD* 间的电压，验证分压定理。

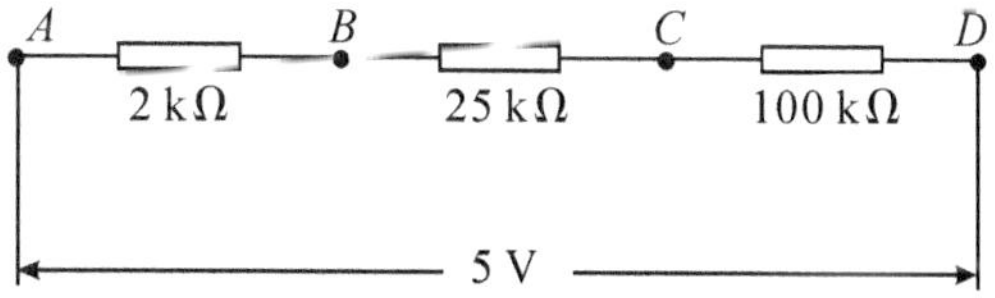

图 5

将电阻箱的阻值增大一倍，观察电压分布的变化；将电源电压降低为2.5 V，观察电压分布的变化（改变电路参数时，注意调整电表的相关量程）。

2. 学习使用数字万用电表测量直流电流

（1）测量串联电路中总电流和分电流的关系。分别测出图 5 中 *AB*、*BC*、*BD*、*CD* 和 *AD* 间的电流。

（2）测量并联电路中总电流和分电流的关系。用图 5 中的三个电阻箱组成并联电路，画出实验电路图，设计实验步骤，验证分流定理。

3. 学习使用数字万用电表测量电阻

（1）测量电阻箱阻值。

先将电表表笔短接，观察短路电阻；再将表笔接到电阻箱的接线端，改变电阻箱阻值，观察电表示值的变化。

用不同的电表量程，测量同一阻值，观察电表示值与量程的关系，体会选择合适量程的重要性。

（2）选择合适的电阻量程，测量滑线变阻器两固定端的电阻。

二、选做部分

（1）学习使用数字万用电表判断二极管的极性。

（2）学习使用数字万用电表检查电路故障。

注意事项

使用前应认真阅读说明书，了解数字万用电表的主要性能及使用方法。

1. 先检查电表电源

按下电源键，如果显示电池电压不足的图形“⊟”，必须更换电池（便携式数字万用电表一般使用内置 9 V 的电池）。测量完毕，要及时关闭电源开关。

2. 选择合适的功能量程进行测量

如果不清楚被测量大小，应选择最大量程进行试测。如使用时只在最高位显示“1”，表示被测量超过量程，应换用更大的量程。

测量前一定要检查测量挡位，在测量过程中严禁改变挡位。

3. 使用电流挡要谨慎

不要插错红色表笔与表的连接位置。电流表串联接入被测电路前，一定要核算电流，以避免电流过大对表造成损害。

4. 不能用电阻挡测量带电电阻

使用电阻挡测量时，会接通表内电源，而且各挡电流不同。在测量额定电流较小的元器件时，应特别注意，避免烧坏被测元件。

测电路中的电阻时，应将电路的电源断开，如果电路中有电容器，应先将其放电后再测。

5. 使用电阻挡要扣除短路电阻值

测量电阻时红表笔为高电压，黑表笔为低电压（与指针式万用表的红、黑表笔相反）。两表笔断开时，电表示值为“1”，说明这时电阻为无穷大。将两表笔短接，电表示值应该为零；如果不为零，所显示的是短路电阻值，以后测量时应作为系统误差扣除。测量时，双手不要同时接触表笔的金属部分，以免影响测量精度，在测量高阻（测量时间大约要几秒钟）时尤其要注意。

思考题

1. 使用数字万用电表的电阻挡要注意什么？为什么不宜用电阻挡测量表头内阻？能用电阻挡测量电源内阻吗？

2. 用电压法检查电路故障，试分析判断两点间的电压突变为零时线路中可能出现的问题。用电阻法检查电路故障，试分析判断两点间电阻突变为无穷大时线路中可能出现的问题。

附录　　电磁学实验的基础知识

电磁测量除了能直接测量电磁量外，还可以通过换能器把许多非电学量（如压力、温度、流量等）转变为电学量来进行测量。所以电磁测量是现代科研和生产技术中的一种应用广泛的实验方法和实用技术。

电磁学实验的目的是学习电磁学基本物理量的典型测量方法，如比较法、补偿法、模拟法、电桥法、霍尔效应法等，学会正确使用电磁学仪器、仪表及操作技能，培养看电路图、正确连接线路、分析判断排除实验故障及按实验要求设计简单电路的能力，通过实验加深对电磁学理论知识的认识。

下面介绍的是电磁学实验中常用的仪器和电磁学实验中一般应遵循的操作规则。

一、常用的电学仪器

1. 电源

我们常用的交流电源为 50 Hz、220 V 的单相交流电。

常用的直流电源有晶体管直流稳压电源（内阻小）、干电池［电压稳定，内阻小，但其容量（一般以安培小时计算）有限］和直流稳流电源（在一定的负载阻值范围内，能给出一定的恒定电流，电流大小连续可调）。

选用电源时除了应注意它的输出电压是否符合需要外，还需注意取用的电流或负载电阻是否在电源的额定值之内。如果电流超额，即电源过载，电源将急剧发热而损坏。

使用电源时应注意输出电压大小是否合适，额定电流是否满足要求，正负极不能接错，严防短路。

2. 直流电表

电表的种类很多。实验室用的直流电表大多是磁电式仪表，目前数字式仪表的应用也日趋广泛。电表表盘上常用一些符号表明电表的技术性能和规格（表盘符号的意义见下表）。

表1　仪表盘符号意义

名称	符号	名称	符号
指示测量仪表的一般符号	○	磁电系仪表	
检流计		静电系仪表	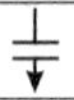
安培表	A	直流	-
毫安表	mA	交流（单相）	~
微安表	μA	直流和交流	≃
伏特表	V	以刻度尺量程百分数表示的准确度的等级，例如1.5级	1.5
毫伏表	mV	以指示值的百分数表示的准确度的等级，例如1.5级	
千伏表	kV	标度尺位置为垂直的	⊥
欧姆表	Ω	标度尺位置为水平的	⊓
兆欧表	MΩ	绝缘强度试验电压为2kV	
负端钮	-	接地用的端钮	
正端钮	+	调零器	
公共端钮	*	Ⅱ级防外磁场及电场	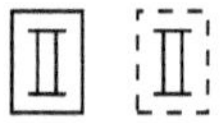

电表的主要规格指量程、内阻和准确度等级。设计线路和使用电表时必须了解电表的规格。

量程指电表可测的最大电流或电压值。

电表内阻一般在仪表说明书上已给出，或由实验室测出。

国家标准规定，电表一般分7个准确度等级，即0.1，0.2，0.5，1.0，1.5，2.5，5.0。电表出厂时一般已将级别标在表盘上。电表的级别按下式计算：

级别% = 电表的最大误差/量程 × 100%

知道了电表的级别，选定了量程，则电表的最大误差 = 级别% × 量程。使用电表时，为了减小测量误差，应选择合适的级别与量程，并使电表的测量示值尽可能在2/3量程附近。

读取电表示值时，要尽量减小读数产生的附加误差。读数时眼睛要正对指针。1.0级以上的电表都配有镜面，读数时要使眼睛、指针及指针的像三者成一直线，以尽量减少由于读数而引起的附加误差。一般读到仪表最小分度的1/4～1/10就可以使读数的有效位数符合电表准确度等级的要求。

此外，使用直流电表时还要注意电表的极性，正端应接在高电位处，负端应接在低电位处；在线路中电流表应串联，电压表则应并联。若接错，将会损坏仪表。

3. 电阻器

常用的电阻器有电阻箱、滑线变阻器和固定电阻。

(1) 电阻箱。电阻箱一般是由电阻温度系数较小的锰铜线绕制的精密电阻串联而成，通过十进位旋钮可使阻值改变。电阻箱有旋转式和插头式两种。

电阻箱的主要规格是总电阻、额定电流（或额定功率）和准确度等级。

如 ZX21 型 6 位十进式电阻箱，若它的 6 个旋钮下的电阻全部使用上则总电阻为 99 999. 9。如果只需要 0. 1 Ω ~ 0. 9 Ω（或 0. 1 Ω ~ 9. 9 Ω）的阻值变化，则应该接“0”和“0. 9 Ω”（或“0”和“9. 9”）两接线柱，这样可避免电阻箱其余部分的接触电阻和导线电阻对低电阻带来的不可忽略的误差。

电阻箱每挡允许通过的电流是不同的，其值可由电阻箱的额定功率 P 求得，即 $I=(P/R)^{1/2}$。I 为额定电流，R 为电阻箱各挡指示的电阻值。电阻愈大的挡，额定电流愈小。ZX21 型电阻箱的额定功率为 0. 25 W。

电阻箱根据其误差大小一般分为 0. 02，0. 05，0. 1，0. 2 等级别，其级别由电阻示值的相对误差百分数表示。ZX21 型电阻箱一般为 0. 1 级。

本实验室约定：在通常的教学实验条件下，电阻箱的仪器误差用下式简化地表示：

$\Delta_R = a\% R$　（a 为电阻箱的准确度等级，R 为电阻箱示值电阻）

常用的旋转电阻箱其面板及内部线路如下图所示：

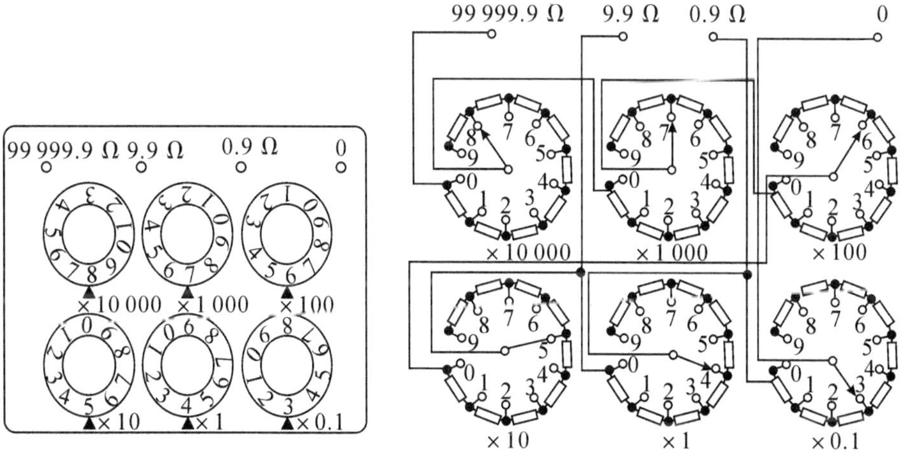

(a) 面板　(b) 内部线路示意图

图 6

(2) 滑线变阻器。滑线变阻器是将电阻丝均匀地绕在绝缘瓷管上制成的。它有两个固定的接线端，并有一个滑动端可在电阻线圈上滑动。

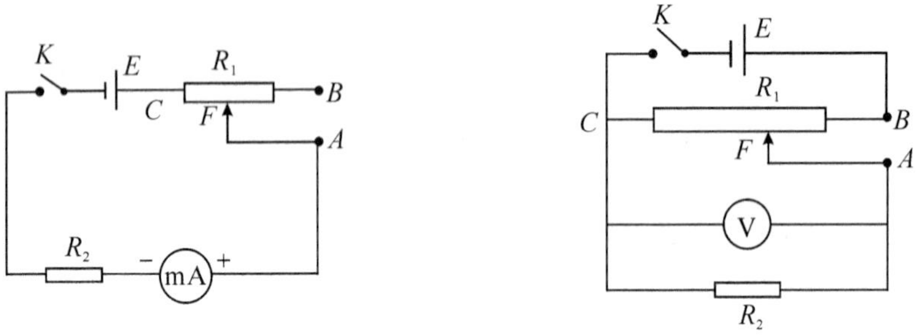

（a）制流电路　　　　（b）分压电路

图7

滑线式电阻器在线路中有控制电流或调节电压的作用：

①作变阻器。用以改变电路中电流的大小，其接法如上图（a）所示。当移动 F，电阻器的电阻值随之改变，因而电路的电流发生变化。

②作分压器。用以获得可变化的电压，其接法如上图（b）所示。整个电阻 BC 两端的电压为电源电压 E。当滑动点 F 由 C 滑向 B 时，AC 两端的电压便从 0 V 增大到 E V。

变阻器的主要规格是电阻值（整个变阻器的总电阻）和额定电流（即变阻器允许通过的最大电流）。使用时通常应根据外接负载来选用规格适当（即阻值和额定电流均合适）的变阻器。

二、电磁学实验规则

为了保护实验者的人身安全、防止损坏仪器、顺利地进行实验，必须遵守下列实验规则：

1. 画出电路图后，合理安排仪器

接线时必须先画出正确的线路图。参照线路图，把需要经常操作的仪器放在近处，需要读数的仪表放在眼前，根据走线合理、操作方便、实验安全的原则在实验台上布置仪器。

2. 按回路接线法接线和查线

按线路图，从电源正极开始，经过一个回路，回到电源负极。再从已接好的回路中某段分压的高电位点出发接下一个回路，然后回到该段分压的低电位点。这样一个回路一个回路地接线。查线时也这样按回路查线。这是电磁学实验接线和查线的基本方法。接线时还要注意走线美观整齐。

3. 预置安全位置

在接通电源前，应检查变阻器滑动端（或电位器旋钮）是否已放在安全位置（使电路中电流最小或电压最低的位置）。初步判断所用电表和其他实验器件的规格是否适用，在把握不大的情况下，尽可能先用大量程，最后根据实际情况改用适当的量程。有些电磁学实验还需要检查电阻是否已放到预估的阻值等。自己检查线路和预置安全位置后，应请同学和教师

复查，才能接通电源。

4. 接通电源时要做瞬态试验

先试通电源，及时根据仪表示值等现象判断线路有无异常。若有异常，应立即断电并进行检查。若情况正常，就可以正式开始做实验，调节线路至实验的最佳状态。

5. 先断电再处理问题

实验因故中断或停止（如更改线路的某一部分或改变电表量程等），都必须断开电源开关。实验中若发生事故或异常现象，应立即切断电源，并向教师报告。

6. 教师签字后再拆除线路

实验完毕应断开电源开关，将实验数据送教师审阅合格后，方可拆除线路。拆线时，应先切断电源再拆线，严防电源短路。最后将仪器还原，导线整理整齐。

2.4　滑线变阻器及对电路的控制

电路一般可以分为电源、控制和测量三个部分。测量电路可等效于一个负载，根据负载所要求的电压 U 和电流 I，就可选定电源（一般电学实验电源的电动势 E 略大于 U，其额定电流大于工作电流 I）。负载和电源都确定后，要使负载能获得所需要的电压和电流值，还要安排好控制电路。

控制电路有制流和分压两种最基本的接法，电学实验中的控制元件主要是滑线变阻器或电阻箱。本实验的主要目的是在了解控制电路特点的基础上，通过对这两种控制电路输出特性的研究，学习根据实验条件和要求合理选择滑线变阻器的参数（全电阻、额定电流）组成控制电路的基本方法。

实验原理

一、滑线变阻器的结构

滑线变阻器的结构和常用电路符号如图 1 所示。在绝缘瓷管上密绕涂有绝缘物的电阻丝，电阻丝的两端与固定接线柱 A、B 相连，A、B 之间的电阻为全电阻。接头 C 通过金属棒与接线柱 C' 相连，且可以在电阻丝 AB 之间滑动（接头 C 与电阻丝接触处的绝缘物被磨掉，使其与电阻丝接通），改变接头 C 的位置就改变了 AC 或 BC 之间的电阻值。

全电阻（记做 R_0）和额定电流（允许通过的最大电流）是滑线变阻器的主要参数。滑线变阻器与电阻箱的使用方法类似，不同点在于，它不能准确读出电阻值，但是其阻值可以连续变化，而且一般额定电流较大，所以常用在通有较大电流的电路中。

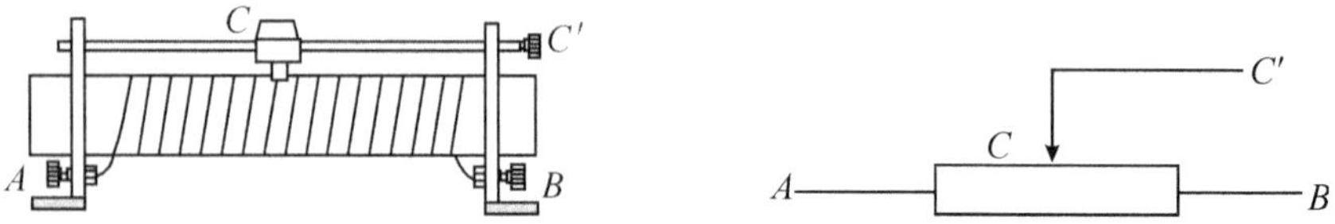

(a) 滑线变阻器的结构示意图　　(b) 滑线变阻器的电路符号

图 1

二、滑线变阻器的两种接法

滑线变阻器组成的控制电路有制流和分压两种接法，两种接法的性能和特点又由调节范围、特性曲线、细调程度来表征。

1. 制流控制电路

负载与控制电路串联，即将滑线变阻器接入电路，固定接线柱 A、B 只使用一个，如图 2 所示。当滑动接头 C 时，AC 间电阻改变，从而改变了回路总电阻，在电源电压不变的情况下，也就改变了回路的电流，起到了调节线路电流的作用。

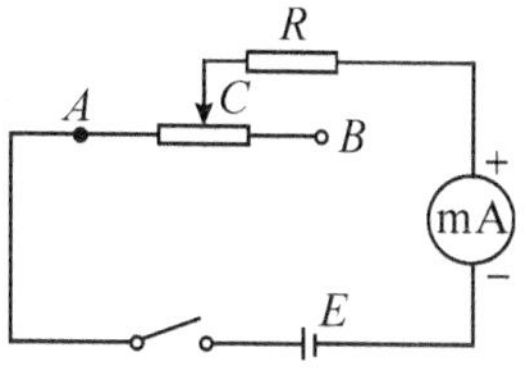

图 2 制流控制电路

(1) 电流的调节范围。在不考虑电源及电表内阻时：

$$I=\frac{E}{R+R_{AC}}=\frac{E/R_0}{k+x} \tag{1}$$

式中 $k=\dfrac{R}{R_0}$ 为负载电阻与变阻器全电阻之比，$x=\dfrac{R_{AC}}{R_0}$ 为变阻器的电阻比（即接头 C 在变阻器上的相对位置）。

因为 $0\leqslant x\leqslant 1$，所以变阻器对负载电流的调节范围为 $\dfrac{E/R_0}{k+1}\sim\dfrac{E/R_0}{k}$。显然，电流的调节范围决定于 k 值的大小，k 越小，调节范围越大。当 R、E 已定时，只与变阻器的全电阻 R_0 有关，R_0 越大电流的调节范围也越大。

(2) 电流的细调程度。

对于控制电路，要求电流值满足一定的调节范围，还要求比较容易地调到准确的指定值，即要求达到一定的细调程度。

负载上的电流是靠滑动变阻器接头 C 的移动来改变的，最小位移是一圈，若绕线一圈的电阻值为 ΔR_0，那么控制电路阻值的变化至少也是 ΔR_0，因此，一圈的电阻 ΔR_0 的大小就决定了电流的最小改变量。(1) 式对 R_{AC} 微分得：

$$\Delta I=\frac{-E}{(R+R_{AC})^2}\Delta R_{AC}$$

$$|\Delta I|_{\min}=\frac{I^2}{E}\Delta R_0=\frac{I^2}{E}\,\frac{R_0}{N} \tag{2}$$

(线圈的匝数 $N=R_0/\Delta R_0$)

由 (2) 式可知，当电路的 E、R、ΔR_0 都确定后，ΔI 与 I^2 成正比，即电

流越大，细调就越困难。要使 $|\Delta I|_{\min}$ 变小，改变 R_0 和 N 都可，但 R_0 太小会影响调节范围，N 太大会增加变阻器的体积，所以实际中常采用二级制流电路来提高控制电路的细调程度。

如图 3 所示，在电路中再串一个滑线变阻器（R_{10}、R_{20} 的额定电流都大于电路中的最大电流），其中 R_{10} 阻值大，作粗调用，R_{20} 阻值小［一般取（1/10～1/5）R_{10}］作细调用。由于全电阻 $R_0=R_{10}+R_{20}$ 阻值较大，使控制电路具有较大的调节范围，同时 R_{20} 又较小，从而使 $|\Delta I|_{\min}$ 较小，具有较好的细调程度。

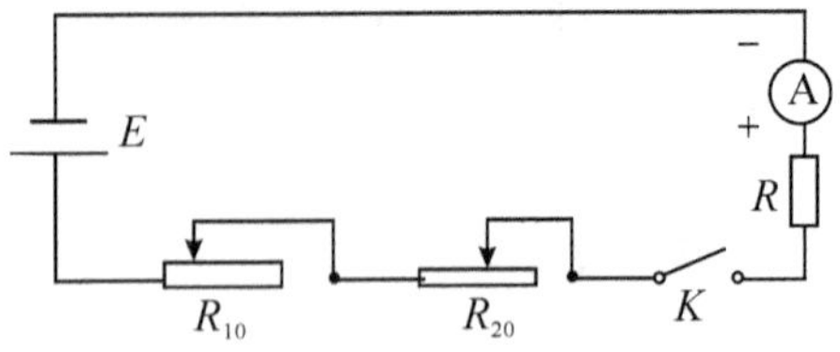

图 3　制流细调

（3）电流调节的线性度。控制电路还应该具有较好的调节线性度，即要求在整个调节范围内尽可能是均匀的，（1）式对 x 微分得 $\Delta I=-\dfrac{E/R_0}{(k+x)^2}\Delta x$。

当 $k\gg1$ 或 $k\gg x$ 时，上式可变为：$\Delta I=-\dfrac{E}{k^2R_0}\Delta x$。

即电流的变化与 x 的变化 Δx 成正比，而与 x 值（即 C 的位置）无关。说明 k 较大时线路中电流调节的线性较好。

2. 分压控制电路

如图 4 所示，滑线变阻器两固定端 A、B 分别与电源相连，滑动接头 C 和一固定端与负载连接。接通电源后，AB 两端电压 V_{AB} 等于电源电压 E。输出电压 V_{AC} 是 V_{AB} 的一部分，随着滑动接头 C 位置的改变，V_{AC} 也在改变。所以通过分压控制电路可以使负载两端的电压发生变化，以满足实验要求。

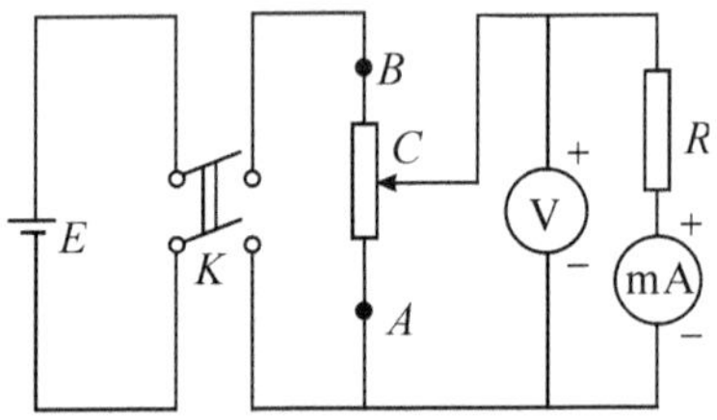

图 4　分压控制电路

（1）电压调节的范围。滑动变阻器的 $R_0=R_{AC}+R_{BC}$，接点 C 改变时，负载 R 上的电压随之改变，不计电源内阻时，负载 R 两端电压为：

$$U=\frac{E}{\dfrac{RR_{AC}}{R+R_{AC}}+R_{BC}}\cdot\frac{RR_{AC}}{R+R_{AC}}$$

$$=\frac{kR_{AC}E}{R+R_{BC}x}\tag{3}$$

$$=\frac{kxE}{k+(1-x)x}\tag{4}$$

由于$0 \leqslant x \leqslant 1$，故由（4）可知分压控制电路中电压的调节范围为$0 \sim E$。

（2）电压的细调程度。使用分压电路，有时均匀调节变阻器，负载上的电压却变化不大或者变化太快。分压不均匀，会影响电路的细调程度。负载R上电压的改变也是通过移动滑线变阻器的接头C实现的，因为最小位移是一圈，因此在电路参数已定的情况下，一圈电阻ΔR_0的大小也决定了电压的最小改变量。

①当$R \gg R_0$，即$k \gg 1$时，略去式（3）中的$R_{BC}x$，近似有$U = \frac{R_{AC}}{R_0}E$，此式对R_{AC}微分得$\Delta U = \frac{E}{R_0}\Delta R_{AC}$

所以，此时细调最小的分压值为$\Delta U_{\min} = \frac{E}{R_0}\Delta R_0 = \frac{E}{N}$ （5）

从（5）式可知，当E、R_0（N）选定后，$|\Delta U|_{\min}$为一个常数，即负载电阻比滑线变阻器的全电阻大得多时，滑线变阻器在整个调节范围内调节的精细程度处处一样。

在R和E一定的情况下，k越大，即R_0越小，电压调节越均匀。但同时流经变阻器的电流也越大，即电源消耗的功率越大。因此在选择变阻器时，既要追求调节的均匀度，还要考虑功耗不能太大，一般认为取$R_0 = \frac{R}{2}$较为适宜。

②当$R \ll R_0$，即$k \ll 1$时，略去式（3）分母项中的R，近似有$U = \frac{R}{R_{BC}}E$。

对此式微分可得$|\Delta U| = \frac{R \cdot E}{(R_{BC})^2} \cdot \Delta R_{BC} = \frac{U^2}{R \cdot E}\Delta R_{BC}$

所以，此时细调最小的分压值为：

$$\Delta U_{\min} = \frac{U^2}{R \cdot E}\Delta R_0 = \frac{U^2}{R \cdot E} \cdot \frac{R_0}{N} \tag{6}$$

从（6）式可知，当E、R_0（N）选定后，若负载R很小，细调程度将会很差。R越小（即k越小）调节越不均匀。

若一级分压不能达到细调要求，也可采用二级分压，如图5所示。将两个滑线变阻器R_{10}和R_{20}串联起来，其中电阻大的作粗调，电阻小的用于细调。

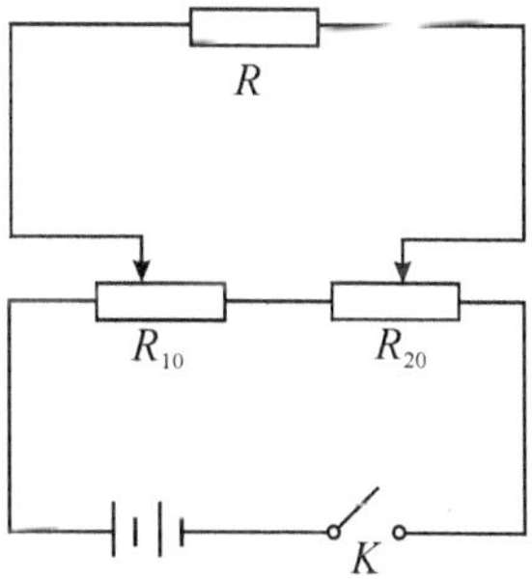

图5　分压细调电路

三、滑线变阻器控制电路的选择方法

由以上分析可以看出，只要滑线变阻器的制流、分压控制电路的参数选择合适，其完全可以控制负载的电流和电压，使其数值和范围达到预定的实验要求。而选择不当，电压或电流就很难准确、稳定地进行调节，不注意还有可能损坏仪表。

在安排变阻器电路时，一般采取的方法是，先有一个能满足实验要求、安全、省电的电路初步设想，再边实验边改进。

1. *先确定电源电压，后确定控制电路接法*

根据负载电阻 R 的大小和其所要求的调节范围，确定电源电压后，再考虑滑线变阻器在电路中的接法。负载电阻较小、负载电流较大，而调节范围不太大时，一般采用制流控制电路。负载电阻较大、调节范围较宽，需要从零开始连续可调时，则采用分压控制电路。若两种电路都可以满足实验要求时，则应首选节省电能、电源负担轻、电路连接简便的制流电路。

2. *根据控制电路的接法及调节要求确定滑线变阻器的全电阻和额定电流*

不管采用制流电路还是分压电路，变阻器滑动接头 C 在移动过程中应使电流、电压在需要的范围内均匀变化，而且变阻器滑动接头 C 也应在较大范围内移动。采用分压电路，一般是根据 $R_0 \leqslant R/2$ 去选取 R_0。采用制流电路，若需要调节范围适中、线性和细调程度较好，R_0 可根据 $k \approx 1$ 去确定；若调节范围小点没关系，但对线性和细调程度要求较高时，也可根据 $R_0 \leqslant R/2$ 去选取 R_0。

在实验中，流过滑线变阻器的电流不能超过其额定电流。采用制流电路，根据负载的额定电流确定流过变阻器的最大电流；采用分压电路，应使变阻器的额定电流大于 E/R'（R_{AC}与负载 R 的并联电阻为 R'）。

3. *在实验中找到最佳的控制电路*

按照初步设计连接电路，在实验中观察控制电路是否满足要求。如果在调节范围内细调程度不够，可采用多级控制的方法。在既要求较大的电压调节范围，又要求易于实现精细的微调的情况下（如负载 R 较小，要求 U、I 的变化较大的场合），常采用分压、制流混联电路，如图 6 所示。协同调节 R_{01} 和 R_{02}，可以取得较好的效果。

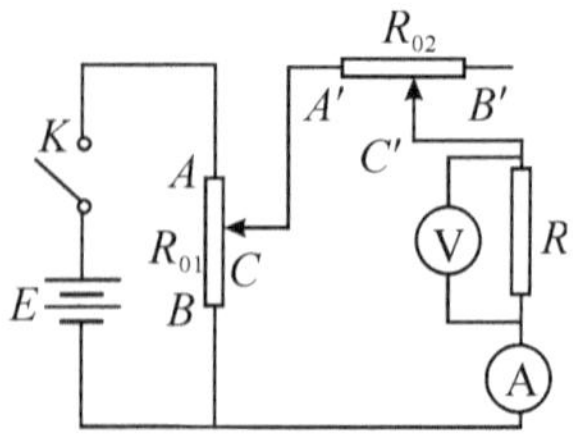

图 6　分压、制流混联电路

实验装置

直流稳压电源、滑线变阻器、电阻箱、电压表、电流表、万用电表、开关、导线等。

实验内容

一、必做部分

1. 认识滑线变阻器

用万用电表测量滑线变阻器的全电阻，并观察调节滑动接头 C 时，变阻器的阻值变化。

2. 定性认识不同的 k 和 x 对电流、电压调控的影响

用电阻箱作为负载电阻，连接制流和分压控制电路（制流电路中最大电流 $I=10$ mA，分压电路中最大电压 $U=5$ V，负载 $R=1\ 000\ \Omega$）。分别改变滑动接头 C 的位置和负载的阻值，观察电路中和负载上电流、电压的变化。

3. 分析和比较制流和分压控制电路的特点

k 分别取 0.1、1、10，测量对应不同 x 时的电流 I 及电压 U 值，绘制不同 k 值的 $I/I_{max}-x$ 制流特性曲线和 $U/U_{max}-x$ 分压特性曲线（将不同 k 值的三条线画在同一张坐标纸上），并由曲线分析和比较两种控制电路的特点（测量时两种控制电路的 x 取值顺序有何不同，为什么）。

分压控制电路特性数据记录参考表格　　　$R_0=$　　　$E=$

k	U　　x	0.0	0.1	0.2	0.3	0.4	0.5	0.6	0.7	0.8	0.9	1.0
10	U_{AC} (V)											
	U_{AC}/U_{AB}											
1	U_{AC} (V)											
	U_{AC}/U_{AB}											
0.1	U_{AC} (V)											
	U_{AC}/U_{AB}											

二、选做部分

（1）观察电路的细调程度。用两个变阻器将一级制流、分压电路分别改成图 3、图 5 和图 6 所示的细调电路，观察电路细调程度的变化。

（2）设计一个测量电阻的电路，电阻的测量范围在 1～100 kΩ 之间，要求电流值（或电压值）可以从零开始读数。

试确定电路参数、控制方法后，画出电路图，并用实验检验设计方案。

注意事项

（1）在电路中滑线变阻器也要消耗电能，而不同的接法造成的功率消耗是不一样的。因此在选择控制电路时，不仅要考虑调节范围、细调程度、细调的均匀度等问题，还不能忽视能耗问题。

（2）在闭合开关之前要认真检查电路，尤其应检查变阻器的滑动接头 C 是否处在安全位置。

思考题

1. 下列说法对吗？为什么？

（1）制流电路是将负载与滑线变阻器串联，分压电路是将负载与滑线变阻器并联。

（2）制流电路是用来控制电路的电流，分压电路是用来控制电路的电压。

2. 在图 2 所示的电路中，负载 R 上的电压调节范围为多少？当接头 C 移至 A 或 B 端时，回路的电流各为多少？

3. 实验室有 5 Ω、1 A，100 Ω、0.5 A，1 000 Ω、0.2 A 三种规格的变阻器，现要为 5 kΩ 的负载电阻设计一个如图 4 所示的分压控制电路，若希望分压均匀，应选用哪种规格的变阻器？

4. 现要测量量程为 3 V、内阻在 20 kΩ ~ 50 kΩ 之间的电压表的内阻（为了尽量减小误差，要求测多组数据）。实验室提供了下列辅助器材：

（1）量程分别为 200 μA、5 mA、0.6 A 三种规格的电流表；

（2）最大阻值为 1 kΩ 的滑线变阻器；

（3）电动势为 4 V 的电源；

（4）电键。

试确定电流表的规格，并画出符合要求的实验电路图。

2.5 示波器的使用

示波器是一种应用广泛的、直接测量电信号波形（电压与时间关系）的常用电子仪器。一切能转换为电压信号的电学量（如电流、电功率、阻抗等）和非电学量（如位移、速度、压力、温度、磁场、频率、光强等）其随时间的瞬变过程也都可以用示波器进行观察和测量。

示波器通过被测信号产生的电场对示波管中电子运动的影响来反映被测信号电压的瞬变过程。由于电子的惯性小、荷质比大，因此示波器具有较宽的频率响应范围。电子射线示波器可在很高的频率范围内工作。采用高增益放大器的示波器可以观察微弱的电信号。多通道的示波器可同时观察和比较几个电信号。

本实验通过示波器观察和测量交流信号的电压、周期、频率和相位等，来了解示波器的基本原理与使用方法，为今后进一步的学习打下基础。

实验原理

一、示波器的结构及工作原理

示波器主要由示波管、扫描（锯齿波）发生器、同步电路、放大系统（带衰减器的水平轴和垂直轴放大器）、电源五部分组成，如图1所示。

1. 示波管

示波管由封装在高真空玻璃管内的电子枪、偏转系统和荧光屏三部分组成。

（1）电子枪。电子枪是示波管的核心。它由灯丝 F、阴极 K、控制栅极 G、阳极 A 等几部分组成。

灯丝通电后加热阴极，阴极发射电子。控制栅极套在阴极外面，它的电位比阴极低，对阴极发射出来的电子起控制作用，只有初速度较大的电子才能穿过栅极，在阳极加速下奔向荧光屏。阳极电位比阴极电位高很多，电子被它们之间的电场加速形成射线。当控制栅极、阳极之间的电位调节合适时，电子枪内的电场对电子射线有聚焦作用，所以阳极也称作聚焦阳极。

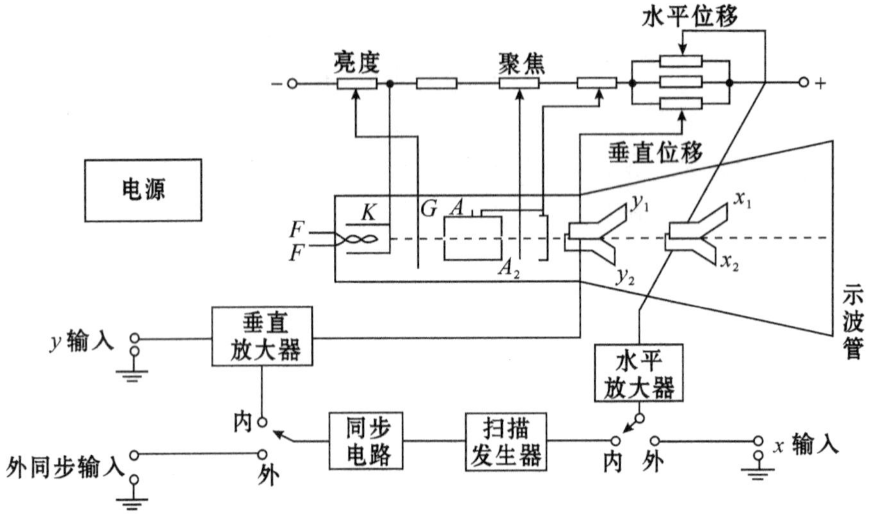

图1　示波器原理图

示波器面板上的“亮度”调整就是通过调节栅极电位以控制射向荧光屏的电子流密度，从而改变了屏上的光斑亮度。“聚焦”调节，就是调整阳极 A 的电位，使荧光屏上的光斑成为明亮、清晰的小圆点。

（2）偏转系统。偏转系统由两对相互垂直的 X、Y 方向的偏转板组成。在偏转板上加以适当电压形成电场，当电子束通过时，电子受到电场的作用其运动方向发生偏转，从而使电子束在荧光屏上的光斑位置也发生改变。

光点在荧光屏上偏移的距离与偏转板上所加的电压成正比，因此可以将电压的测量转化为屏上光点在 X、Y 平面内偏移距离的测量，这就是示波器测量电压的原理。

（3）荧光屏。示波器的显示部分。当加速聚焦后的电子打到荧光屏上，屏上涂的荧光物质就会发光，从而显示出电子束的位置。

2. 扫描（锯齿波）发生器

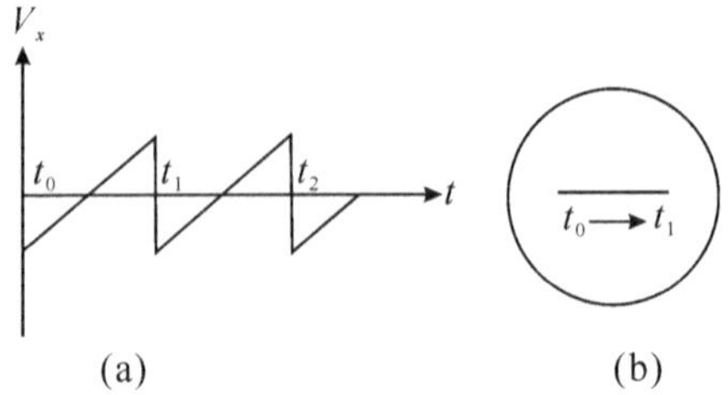

图2　锯齿波电压

用来产生一个随时间变化的锯齿波电压，如图2所示。锯齿波电压的作用是让电子束从左向右在水平方向做匀速运动，即使电子束形成的光点由荧光屏的左边扫至右边，然后迅速返回左边，接着又由左边扫至右边……光点的这种运动称为扫描，所以锯齿波电压又称为扫描电压。这个电压经 X 轴放大器放大后加到示波管的水平偏转板上，使电子束产生水平扫描。这样，屏上的水平坐标变成时间坐标。

如果只在 Y 偏转板上加一交变的正弦电压，亮点将随电压的变化在竖直方向来回运动，如果电压频率较高，看到的是一条竖直亮线。在 X 轴方向加上锯齿形电压之后，Y 轴输入的被测信号波形才可以在时间轴上展开。这就是说，示波器能使一个随时间变化的电压波形显示在荧光屏上，是靠两对偏转板对电子束的控制作用来实现的。我们在屏幕上看到的正弦曲线，实际上是水平、竖直两个方向上运动的合成轨迹。

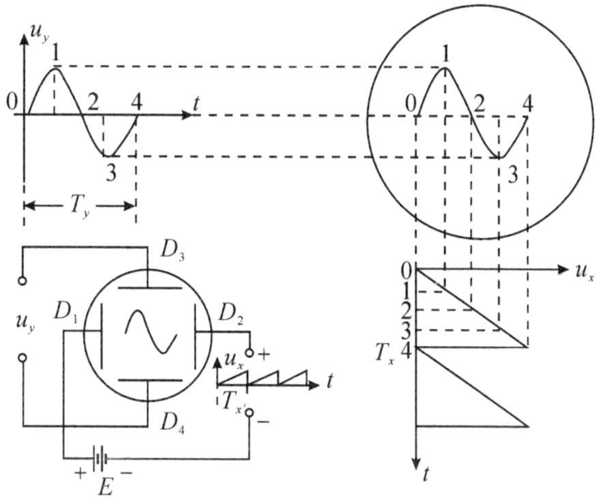

图 3　波形合成显示示意图

如果扫描电压的周期是被测信号周期的整数倍，在荧光屏上将看到一条稳定的正弦曲线；如果扫描电压的周期与被测信号周期不相等或不呈整数倍，则第二次所扫描出的曲线将和第一次的曲线位置不相重合，从而在荧光屏上无法观测到稳定的波形。

3. 同步调节（触发电平调节）

输入 Y 轴的被测信号与示波器内部加到 X 轴的锯齿波电压是互相独立的。实际使用时，待测电压信号的周期和扫描电压的周期都会因环境或其他因素的影响（如工作电源电压起伏、电路元件热扰动、电路噪声的干扰等）而发生微小的改变。因而即使经过仔细调节得到一个稳定的波形，不久又将失去稳定而发生横向移动（观察高频信号时这种问题尤为突出）。

为此，在示波器中都设有同步电路（即触发电路），让扫描电压的扫描起点自动跟着被测信号改变，使扫描周期准确等于信号周期的整数倍。

若同步电压取自被测信号，称为内触发（INT）；取自仪器外部，即使用与被测信号间具有周期性关系的外加信号，则称为外触发（EXT）；使用交流电源频率信号（即 50 Hz 市电）作为触发信号，则称为电源触发（LINE）。

实际使用时，为了获得一定数量的稳定波形，先调节示波器上专门调节本机扫描信号频率的“SWEEP TIME/DIV”旋钮，在示波器屏上得到所需数目的完整的被测波形。若波形出现不稳定的横向移动现象时，适当调节触发电平

"LEVEL" 旋钮，改变触发电平高度。触发信号的触发点由触发极性（SLOPE）和触发电平（LEVEL）共同决定。

4. 电压放大器和衰减器

由于示波器本身的 X 及 Y 偏转板的灵敏度不够高，当加到偏转板上的信号较小时，电子束不能发生足够的偏转，以至荧光屏上光点的位移太小，不便观测。为此，X 轴及 Y 轴设有电压放大器，预先把小的信号电压加以放大，再加到偏转板上。但输入信号过大易发生畸变，甚至使仪器受损，为此在输入端和放大器之间都设有衰减器（分压器）。衰减器的作用是使过大的输入信号电压变小以适应放大器正常工作的要求。

5. 电源

为示波管及各部分电路的正常工作提供稳定电压。

二、示波器的使用

把待测信号输入到示波器的 Y 轴输入端，将示波器面板上各开关旋钮调节到适当的位置，示波屏上就会显示出输入信号沿时间轴（X 轴）展开的稳定波形。根据屏上的坐标刻度可直接读出电压和时间，并可间接测得与电压和时间有关的物理量。

1. 信号电压的测量

用示波器测量交流电压，一般是测量其峰—峰值 U_{p-p}（从波峰到波谷之间的值）。利用荧光屏上的刻度标尺测出峰—峰值对应的垂直方向的距离 H（如图 4），就可得到信号的峰—峰值电压：

$$U_{p-p} = \text{垂直偏转因数}\ V/DIV \times \text{垂直距离}\ H\ (DIV) \qquad (1)$$

其中 DIV 表示示波器面板上的网格格数，V/DIV 表示每格代表的以 V 为单位的电压值，即垂直偏转因数。

因为峰—峰值 U_{p-p} 与最大值 U_M 和有效值 U 之间有如下的关系：

$$U_{p-p} = 2U_M = 2\sqrt{2}U$$

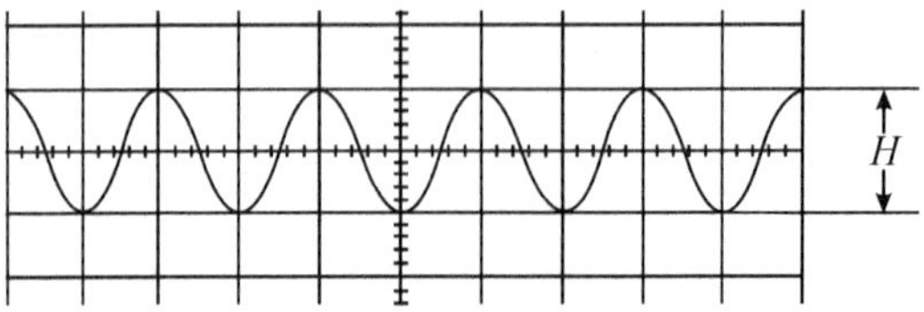

图 4

所以电压有效值 U 为：

$$U = \frac{\sqrt{2} \times U_{p-p}}{4} \qquad (2)$$

如果输入的是直流信号，看到的将是一条水平亮线，由亮线的垂直位移及偏转因数可得出直流电压数值。

2. 信号频率的测量

（1）周期法。利用荧光屏前的刻度标尺测出一个周期波形所对应的水平距离 L，可得到信号的周期：

$$T = \text{水平偏转因数}\ t/DIV \times \text{水平距离}\ L\ (DIV) \tag{3}$$

其中 t/DIV 表示示波器面板上每格代表的时间，即水平偏转因数。
进而可得到信号的频率：

$$f = 1/T \tag{4}$$

（2）李萨如图形法。通常 Y 轴信号的展开是依靠 X 轴方向加上的示波器内部产生的锯齿波扫描电压实现的。若 X 轴方向加上的是外信号，屏上一般会出现复杂图形。若 Y 轴、X 轴加上的均为正弦信号，且两信号频率相同或呈简单整数比，屏上的光点将呈现特殊形状的轨迹，这种轨迹图称为李萨如图形。

① 当两个正弦电压的频率相同，而相位差取 $0 \sim 2\pi$ 的不同值时，合成的李萨如图形如图 5 所示。

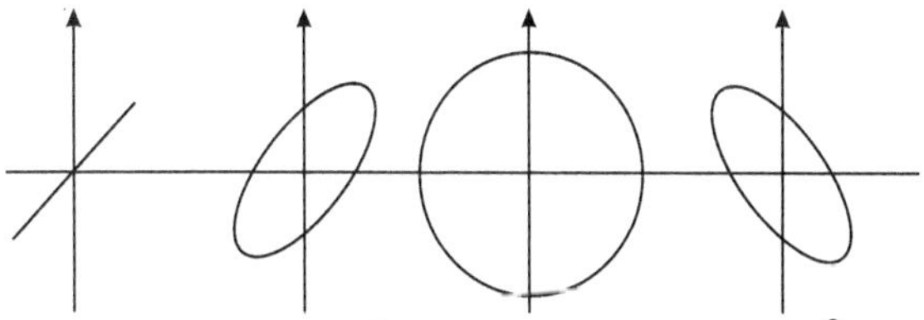

$\Phi_y - \Phi_x = 0$　$\Phi_y - \Phi_x = \frac{\pi}{4}$　$\Phi_y - \Phi_x = \frac{\pi}{2}$　$\Phi_y - \Phi_x = \frac{3\pi}{4}$

图 5　相位差不同的李萨如图形

② 当两个正弦电压的相位差一定，频率比为一个有理数时，合成的李萨如图形为一条稳定的闭合曲线。图 6 是频率比不同时的李萨如图形。

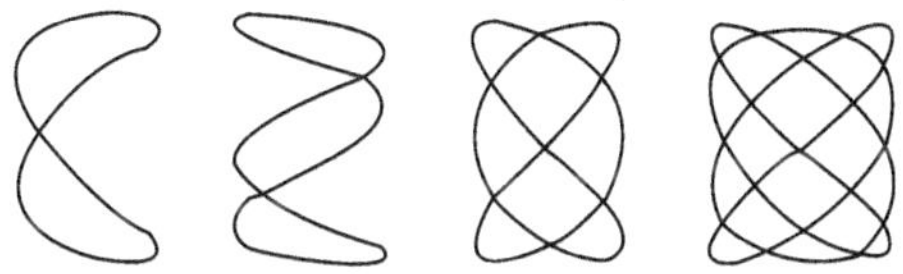

$\frac{f_y}{f_x} = \frac{1}{2}$　$\frac{f_y}{f_x} = \frac{1}{3}$　$\frac{f_y}{f_x} = \frac{2}{3}$　$\frac{f_y}{f_x} = \frac{3}{4}$

图 6　频率比不同的李萨如图形

若 f_x 和 f_y 分别代表 X 与 Y 轴输入信号的频率，n_x 和 n_y 分别为李萨如图形与假想水平线及假想垂直线的切点数目，它们与 f_x 与 f_y 的关系是：

$$\frac{f_y}{f_x}=\frac{n_x}{n_y}$$

如果 f_x 为标准信号的频率，则未知频率：

$$f_y=\frac{n_x}{n_y}f_x$$

即利用李萨如图形能方便地测出正弦信号的频率。

实验装置

CS－4125 双踪示波器、信号发生器、待测信号源、直流电压源、数字万用电表、移相器等。

注意事项

（1）不要频繁地开关示波器的电源。

（2）暂时不用时应将“$X-Y$”按钮弹起，使光点处于扫描状态，避免光点直射屏上某一定点。

（3）在进行测量之前，应将 Y 轴（或 X 轴）偏转因数和扫描时间偏转因数的微调旋钮锁死（即顺时针旋到底）。

实验内容

一、必做部分

1. 熟悉示波器和信号发生器的基本使用

开启示波器前，先将下列调整钮预设如下：

TRIGGERING MODE（触发方式） …………………… AUTO（自动）
SOURCE（触发源） ………………………………………… VERT MODE
SLOPE（触发极性） ……………………………………… +（按出）
LEVEL（触发电平） …………………………………………… 中间
POSITION（位移） ……………………………………………… 中间
AC－GND－DC（输入方式） ……………………………… GND（接地）
VARIABLE（扫描时间的微调） ………………… CAL（校准的位置）

×10MAG（波形水平扩展） ………………………………………… 按出

（1）光点调节。打开电源，将光点变得最小、最圆，再使光点移到坐标的原点上。(应如何调节?)

（2）扫描调节。使扫描频率从最低逐渐增大，观察屏上光点的扫描过程以及示波器的扫描线与扫描频率的关系。(应如何调节?)

（3）信号发生器的预设及输出。打开信号源的电源开关，选择正弦波形。调节频率旋钮，使信号发生器产生频率为 400 Hz 的正弦信号电压。

把示波器的输入耦合开关“AC - GND - DC”拨至“AC”。将信号发生器的输出端及接地端分别与示波器的通道 1（CH1）或通道 2（CH2）的输入端及接地端相连。

（4）呈现稳定的正弦波形后，再分别调整示波器的垂直偏转因数、探针的衰减比、“×10”的水平扩展，以及信号发生器的正弦波幅度和衰减开关，观察波形幅度的改变。

（5）当触发极性键（Slope）由“+”（按出）变为“-”（推入）时，分别观察所显示的波形各是从什么边沿开始扫描的，调节“LEVEL 电平”旋钮，观察波形的变化后恢复到原位“+”。

（6）把触发方式开关（TRIGGERING MODE）置于“NORM 常态”，调节“LEVEL 电平”旋钮，观察“常态”、“自动”两种触发方式的区别后恢复原位“AUTO 自动”。

（7）保持示波器的扫描频率或被观测信号的频率不变，观察波形变化。(应如何调节?)

2. 交、直流电压的测量

（1）直流电压的测量。使扫描线与屏上中央刻线重合，确定零电平基线后，把输入耦合开关拨至“DC”，将 5 V 直流电压源与通道 1（CH1）或通道 2（CH2）的输入端相连。观察并记录扫描线跳变的幅度及 VOLTS/DIV 的值(应注意什么?)及探针的衰减比，计算直流电压，并与直流电压源的测量结果进行比对。

	H（cm）	VOLTS/DIV 值（v/cm）	探针衰减比	示波器的测量值（V）	电表显示值（V）	相对误差
直流电压						
交流电压有效值						

（2）交流电压有效值的测量。用数字万用电表的交流电压量程测量

400 Hz 正弦波信号的有效值，用示波器测量该信号电压的峰—峰值，用下式计算得到有效值后，将两种测量结果进行对比。

$$\text{电压有效值}=\frac{\sqrt{2}}{4}H\times\text{“VOLTS/DIV”标度值}\times\text{探针衰减比}$$

3. 测定未知信号的频率

（1）周期法。将待测信号源的正弦信号输至示波器，出现 4 ~ 5 个上下幅度合适的稳定波形后，测出两相临波峰（或两相临波谷）之间的水平距离 L，并利用（3）、（4）式，计算周期和频率。

（2）李萨如图形法。将未知正弦信号输至“CH1 INPUT”，将已知信号发生器的信号输至“CH2 INPUT”，按下 X－Y 按钮。改变已知信号发生器的输出频率，使荧光屏依次出现表中的各个李萨如图形，并使图形稳定，分别记下切点数目及低频信号发生器的频率 f_x，求出待测频率 f_y。

未知正弦波	L（cm）	SWEEPTIME/DIV 值（ms/cm）	周期（s）	频率（Hz）
	n_x/n_y	李萨如图形	已知频率 f_x（Hz）	待测频率 f_y（Hz）

		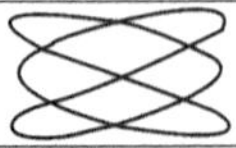		
		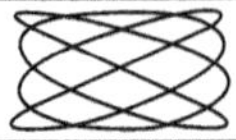		

4. 测量两个同频率正弦信号之间的位相差

频率相同的两列波的波长应当相等，由屏幕上测出两列波上对应两波峰间的水平距离 ΔL 以及波长 λ，由下式可计算出超前或滞后的位相差：

$$\Delta\varphi=\frac{\Delta L}{\lambda}\times 2\pi$$

将 1 000 Hz 正弦交流信号接入移相器（图 7 为移相器原理图）输入端，测量交流信号 A—D 与 B—D、C—D 间的位相差并判定哪个信号超前（自拟数据表格）。

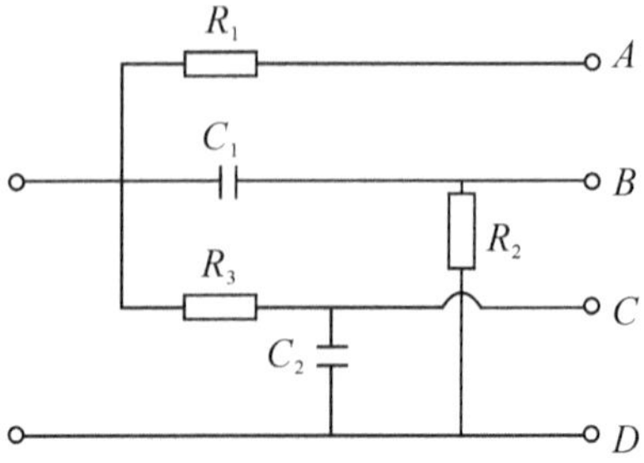

图 7　移相器原理图

二、选做部分

（1）用不同的水平偏转因数测量示波

器自带方波输出信号的周期，并比较和分析测量结果。

（2）选择三种不同频率的三角波（频率的数量级不同），测量各个频率时的上升、下降时间和周期，并比较和分析测量结果。

思考题

1. 示波器良好，打开电源后，屏上既无光点又无扫描线，可能的原因是什么？应该怎样调节？

2. 示波器的扫描频率远小于或远大于 Y 轴正弦信号的频率时，荧屏上的图形将是什么情形？

3. 为什么在进行测量之前，应将 Y 轴（或 X 轴）偏转因数和扫描时间偏转因数的微调旋钮锁死（即顺时针旋到底）？

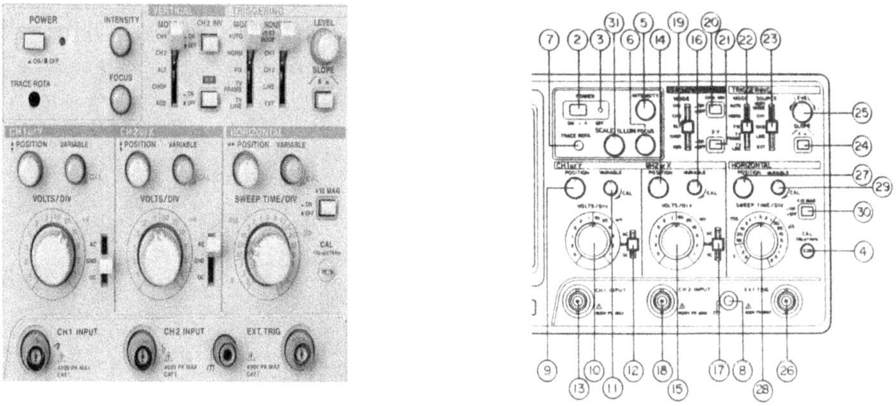

图 8　CS－4125 双踪示波器前面板图

附录　　CS－4125 双踪示波器操作面板说明（标号与图 8 对应）

（1）CRT 屏幕（图中未标出）显示范围［垂直轴 8div（80 mm），水平轴 10div（100 mm）］。

（2）POWER = ON/OFF　电源开关。

（3）电源指示灯。

（4）CAL 端子　为校正用电压端子，使用于调整探针时，可得到 1 Vp/p 正极性、约 1 kHz 之方波信号输出。

（5）INTENSITY　亮度调整钮。

（6）FOCUS　焦点调整钮。由于本机具有 Auto Focus 功能，可随 INTENSITY 变化而调整，但若有微小差距时仍可以手动调整。

(7) TRACEROTA　可调整水平亮线倾角。当水平亮线倾角受地磁作用影响时，可用调整起子将水平线调整至与中央的水平轴平行。

(8) GND 端子　接地的端子，与其他仪器间取得相同的接地时用。

(9) POSITION　位移钮，可用以调整荧光屏上 CH1 波形之垂直位置，在 X—Y 动作时可为 *Y* 轴位置调整用。

(10) VOLTS/DIV　CH1 垂直轴衰减钮（*Y* 轴灵敏度）。用以设定垂直轴之感度。此钮可在 1—2—5 级数间切换。将 VARIABLE 旋钮至 CAL 位置时，可得到校正之垂直轴感度。在 X—Y 状态时则成为 *Y* 轴之衰减器。

(11) VARIABLE　CH1 垂直轴之衰减微调整钮。在范围内可对 VOLTS/DIV 作连续调整。向右旋至 CAL 位置时可得到已校正之值。在 X—Y 动作时则为 *Y* 轴的衰减微调整钮。

(12) AC—GND—DC　输入耦合开关，可用以选择 CH1 垂直轴输入信号之组合方式。

AC：输入信号为交流电，其直流成分则被除去。

GND：将垂直增幅器的输入端接地，则可用以确认其接地电位。

DC：输入信号包括直流成分，故可同时观测其直流成分。

在 X—Y 状态下，则成为 *Y* 轴的输入切换钮。

(13) CH1 INPUT　为 CH1 垂直轴之端子。在 X—Y 动作时则成为 *Y* 轴的输入端子。

(14) POSITION　与 (9) 同为位移钮，用以调整荧光屏上之 CH2 波形垂直位置。

(15) VOLTS/DIV　为 CH2 垂直轴衰减钮，其作用如同 CH1 的 VOLTS/DIV 调整钮，在 X—Y 动作时则成为 *X* 轴之衰减器（*X* 轴灵敏度）。

(16) VARIABLE　为 CH2 垂直轴之衰减微调整钮，在 X—Y 动作时则成为 *X* 轴之衰减微调钮。

(17) AC—GND—DC　输入耦合开关，可用以选择 CH2 垂直轴输入信号之组合方式。其作用如同 CH1 之 AC—GND—DC 钮，在 X—Y 动作时则成为 *X* 轴之切换器。

(18) CH2 INPUT　为 CH2 垂直轴输入端子，在 X—Y 动作时则成为 *X* 轴之输入端子。

(19) VERTICAL MODE　可用以选择垂直轴作用方式如下：

CH1：显示 CH1 之输入信号。

CH2：显示 CH2 之输入信号。

ALT：每次扫描交替显示 CH1 及 CH2 之输入信号。

CHOP：与 CH1 及 CH2 输入信号频率无关，而以 150 kHz 在两通道间切换显示。

ADD：为 CH1 及 CH2 输入信号之合成波形（CH1 + CH2）。但在 CH2 设定于 INV 状态时，则显示 CH1 与 CH2 输入信号之差。

> **ALT MODE 与 CHOP MODE**
>
> 两种 MODE 系由显示时间加以区分。
>
> 在 CHOP MODE 下是将两频道细分化，然后在两频道间交替显示，并非完全扫描完一频道后再显示另一频道，常使用于小于 1ms/div 的低速扫描及闪动率小的观测中。
>
> ALT MODE 则在每次扫描完后交替切换显示，故各频道显示较鲜明，通常用于高速扫描。

(20) CH2 INV　压下此钮时，CH2 输入信号极性被反相。

(21) X—Y　压下此钮时，则 VERTICAL MODE 之设定变为无效，而将 CH1 变为 Y 轴，CH2 变为 X 轴。

(22) TRIGGERING MODE　可用以选择 TRIGGER 之方式如下：

AUTO：由 TRIGGER 信号启动扫描，若无 TRIGGER 信号时则显示 Free run 亮线。

NORM：由 TRIGGER 信号启动扫描，但与 AUTO 不同的是，若无正确的 TRIGGER 信号则不会显示亮线。

FIX：将同步 Level 加以固定。此时之同步与 (25) LEVEL 无关。

TV—FRAME：将复合映象信号的垂直同步脉冲分离出来与 TRIGGER 电路结合。

TV—LINE：将复合映象信号的水平同步脉冲分离出来与 TRIGGER 电路结合。

※本机的 TRIGGER 信号为交流信号时，系将直流成分除去后再与 TRIGGER 电路结合。

(23) SOURCE　用以选择 TRIGGER 信号之来源。

VERT MODE：TRIGGER 信号源由 VERTICAL MODE 加以选择。其方式如下表所示：

VERTICAL MODE	TRIGER 信号源
CH1	CH1
CH2	CH2
ALT	由 CH1 及 CH2 交替作用
CHOP	CH1
ADD	CH1、CH2 之合成信号

CH1：TRIGGER 信号源为 CH1 之输入信号。

CH2：TRIGGER 信号源为 CH2 之输入信号。

LINE：TRIGGER 信号源为电源之电压波形。

EXT：TRIGGER 信号源为 EXT. TRIG 端子之输入信号。

(24) SLOPE　用以选择触发扫描之信号 SLOPE 极性，未按下此钮时，于 TRIGGER 信号上升时被触发，按下此钮时，于 TRIGGER 信号下降时被触发。

(25) LEVEL　产生触发所需的电平，影响显示波形的起始位置。为调整 TRIGGER LEVEL 之用。可用以设定在 TRIGGER 信号波形 SLOPE 的那一点上被触发而开始扫描。

(26) EXT. TRIG　为外部 TRIGGER 信号之输入端子。将 SOURCE 钮设定于 EXT 时，此端子即成为 TRIGGER 信号之输入端子。

(27) POSITION　可用以调整所显示波形之水平位置。在 X—Y 动作时则成为 X 轴之位置调整钮。

(28) SWEEP TIME/DIV　为扫描时间的切换器，专门调节本机扫描信号频率。可在 0.2 μs/div ~ 0.5 s/div 之间以 1—2—5 级数调整，共有 20 种变化。当 VARIABLE 向右旋至 CAL 位置时则成为校正之指示值。

(29) VARIABLE　为扫描时间的微调器。可在 SWEEP TIME/DIV 之各段间作连续变化，向右旋至 CAL 位置时，则得到已校正之值。

(30) ×10MAG　压下此钮，则显示波形由屏幕中央向左右扩大 10 倍。

2.6 单臂电桥测电阻

电磁测量的仪器通常分为指示仪器和较量仪器两类。电流表、电压表、欧姆表等指示仪表自身的精度有限，虽然使用方便但准确度不太高。较量仪器是根据比较法，将被测量与已知标准量进行比较，从而确定被测量的大小，测量方法简单，测量精度较高。电桥就是利用电位比较法进行测量的较量仪器。它不仅灵敏、准确、使用方便，而且还可以通过传感器将压力、温度等非电学量转化为传感器阻抗的变化进行测量，故而应用极为广泛。

电桥分为直流电桥和交流电桥两类。直流电桥又分为单臂电桥［用于测量中值电阻（$1\sim10^6\ \Omega$）］和双臂电桥［用于测低值电阻（$1\ \Omega$ 以下）］。交流电桥分为电感电桥、电容电桥、阻抗电桥等多种。尽管不同的电桥其性能和结构各有特点，但它们的基本原理相同。本实验通过学习使用单臂电桥测量电阻，加深对电桥的电路原理和特点的理解，为今后的进一步学习奠定基础。

实验原理

一、电桥原理

单臂电桥也称为惠斯通电桥，其电路如图 1 所示。四个电阻 R_1、R_2、R_S、R_X 连成一个四边形回路 $ABCD$，每条边称作电桥的一个“桥臂”。通常将 R_1、R_2 所在桥臂叫做比例臂，而把 R_X、R_S 所在的桥臂分别叫做测量臂和比较臂。在四边形的一组对角接点 A、C 之间接入直流电源 E，在另一组对角接点 B、D 之间接入示零器（可为检流计或毫伏表等）。B、D 两点的对角线形成一条“桥路”，它的作用是将桥路两个端点的电位直接进行比较。当 B、D 两点电位相等时，桥路中无电流通过，示零器示值为零，这时称电桥达到平衡。

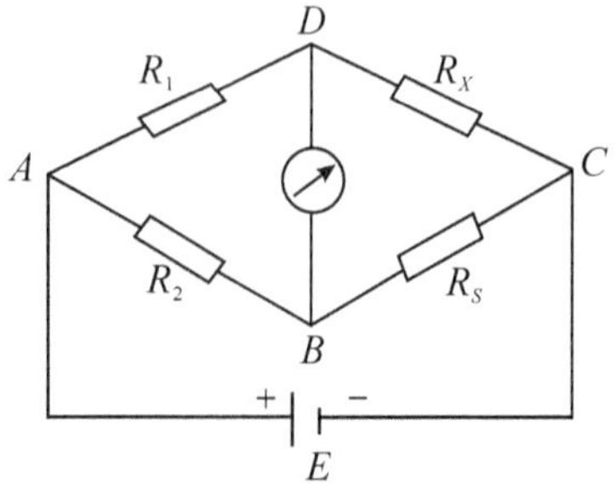

图 1　电桥原理图

通常因各电阻值是任意的，故 B、D 两点的电位一般不等，桥路中有电流通过。测量电阻时，一般是选取 R_1、R_2 的电阻使其组成简单的整数比（如 1 : 1，1 : 10，10 : 1 等）并固定不变，然后调节 R_S 使电桥达到平衡。

电桥平衡时，桥路中无电流通过，相当

于没有 BD 这一支路，故电桥电路可以看成是两个分压电路：电源 E 与电阻 R_1、R_X；电源 E 与电阻 R_2、R_S。若以 C 点为参考，则 D 点的电位 V_D 与 B 点的电位 V_B 分别为：

$$V_B = \frac{E}{R_2 + R_S} R_S \qquad V_D = \frac{E}{R_1 + R_X} R_X \tag{1}$$

因电桥平衡时 $V_B = V_D$，故由上式可得：

$$\frac{R_1}{R_2} = \frac{R_X}{R_S} \tag{2}$$

（2）式说明电桥平衡时四个臂的阻值间成比例关系，称为电桥的平衡条件。由此可得待测电阻：

$$R_X = \frac{R_1}{R_2} R_S \tag{3}$$

二、提高电桥测量精度的方法

由（3）式可知，当电桥达到平衡时，所测阻值 R_X 的准确度仅由 R_1、R_2、R_S 的准确度决定。为减少误差传递，提高测量精度，实际测量中常采用如下方法：

1. 交换测量法

在自组电桥测定 R_X 之后，保持比例臂 R_1、R_2 不变，将比较臂 R_S 与测量臂 R_X 的位置对换，再调节 R_S 使电桥平衡。设此时 R_S 变为 R'_S，则有：

$$R_X = \frac{R_2}{R_1} R'_S \tag{4}$$

（3）、（4）两式相乘可得：

$$R_X = \sqrt{R_S R'_S} \tag{5}$$

从（5）式可知，R_X 已与比例臂 R_1、R_2 无关，它仅决定于比较臂 R_S 的准确度。若比较臂选用准确度较高的标准电阻箱，则可大大减少系统误差。

2. 替代测量法

用实验室所提供的箱式电桥测量 R_X 时，测量示值只有四位有效数字，各臂位置固定又无法交换，此时可先将待测电阻 R_X 接入测量臂，调节电桥达到平衡之后，用一个六转盘的标准电阻 R_0 替代 R_X，在保持其他各臂不变的条件下调节 R_0，使电桥重新平衡，这时 R_0 的阻值即为 R_X 的测量值。有效数字的增加，可以提高箱式电桥的测量精度。

三、电桥的灵敏度

在调节比较臂使电桥平衡时，当比较臂的阻值在 R_S 到 $R_S + \Delta R_S$ 范围内变动时，常可发现示零器似乎都指零，因此无法确定 R_S 的准确值。R_S 判断不准必将增大 R_X 的测量误差，显然，这一误差是由于示零器不够灵敏所引起的。

为反映电桥的灵敏程度，引入电桥灵敏度的概念。将电桥平衡状态下比较臂有一微小的相对改变量 $\Delta R_S/R_S$ 时，所引起示零器指示改变的分度数（格数）Δn 与 $\Delta R_S/R_S$ 的比值，定义为电桥灵敏度，用 S 表示：

$$S=\frac{\Delta n}{\Delta R_S/R_S} \tag{6}$$

S 的单位为“格”。S 越大，在 R_S 基础上增减 ΔR_S 能引起示零器偏转的格数就越多，电桥就越灵敏，对电桥平衡的判断就越容易，测量结果也更准确。

电桥灵敏度不仅与示零器本身的灵敏度有关，还和电源的电压、各桥臂电阻以及串联的限流电阻等线路结构（即电桥线路灵敏度）有关。

实验装置

箱式单臂电桥、电阻箱、检流计、滑线变阻器、待测电阻、保护电阻、直流稳压电源、万用表、导线、开关等。

1. 箱式单臂电桥

面板及内部电路如图 2（a）、（b）所示。

（1）测量臂“R_X”的两接线柱之间接待测电阻。

（2）比较臂电阻 R_S 由四个旋转式电阻箱串联而成。

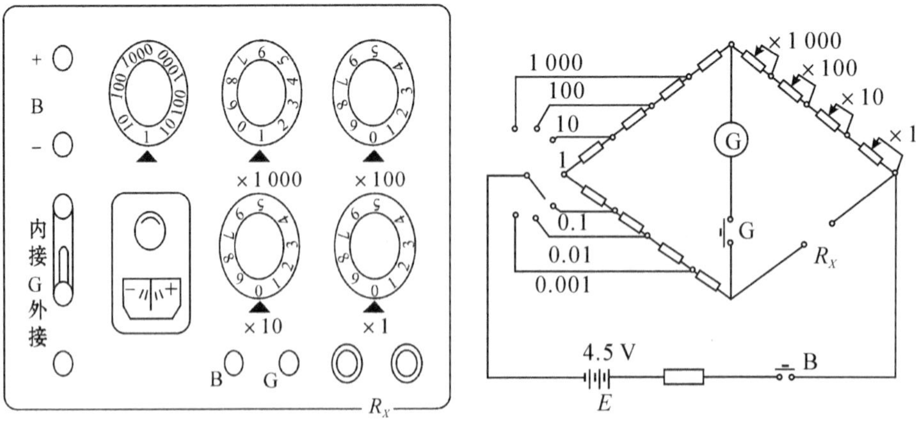

（a）箱式单臂电桥的面板　　（b）箱式单臂电桥的内部电路图

图 2

（3）比例臂 R_1、R_2 由一组特定阻值的标准电阻串联而成。在各电阻之间引出一组抽头，不同抽头上的比率 R_1/R_2 不同，均为十进式比值，如 0.001、

0.01、0.1、1、10、100、1 000 等。借助旋转式开关可选择合适比率。

（4）示零器为检流计，其上有调零旋钮，测量前应进行零点调节。

（5）B 为电源按钮开关，G 为检流计按钮开关。测量时先按住 B，后用碰触法按 G，若电流很小时则可按住 G。测量完毕，应先松 G，后松 B。

（6）使用箱内电源和检流计时，应将“外接”短路，反之，则将“内接”短路。

2. 检流计

本实验用于检测电桥平衡的示零器为检流计。检流计是一种重要的电学测量仪器，它除了用于测量微小电流外，还常用于电桥等仪器中，作为探知等电位点的指零仪表。

根据灵敏度的高低，检流计分为指针式、光点式、数字式几类。实验室提供的是数字式检流计。接入线路前先要通电调零。为了避免过大的电流损坏检流计，使用时要先串联一个保护电阻，待电桥初步平衡后再去掉保护电阻。

实验内容

一、必做部分

1. 自组电桥测电阻

（1）用万用表得到 R_X 的粗略值后，自组电桥，并根据 R_X 的粗略值选择比率 R_1/R_2 和 R_S 的初始值。

（2）电桥初步平衡后，想办法增大比较臂 R_S 的变化。当电桥真正平衡时，记下 R_S 值。

（3）将 R_X 与 R_S 的位置交换，测出 R'_S，求出用交换法测得的电阻值 R_X。并由不确定度传递公式及电阻箱的准确度等级估计 R_X 的不确定度 U_{RX}（电阻箱的仪器误差见附录）。

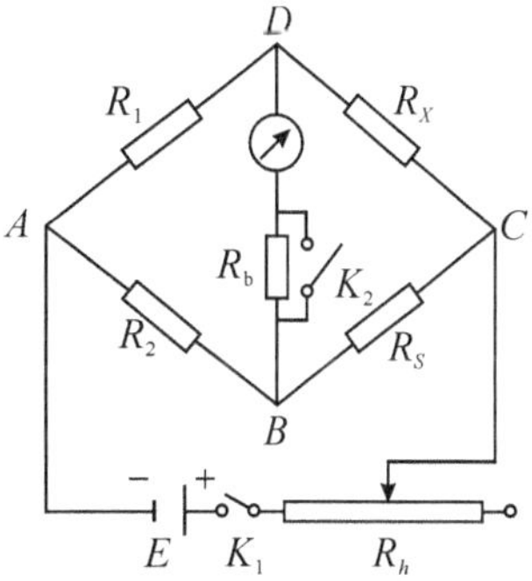

图 3　自组电桥测电阻

2. 用箱式单臂电桥测电阻及电桥灵敏度

（1）测量电阻。要求与自组电桥相似。待电桥平衡后，用替代法提高测量精度。由箱式电桥的准确度等级估计测量的相对不确定度（箱式单臂电桥的基本误差极限见附录），并与自组电桥测得的电阻值进行比较。

（2）测量电桥的灵敏度。在电桥平衡的基础上，调节 R_S 使指针偏离零点 5 个格左右，记下指针偏转的格数 Δn 及此时比较臂的阻值 R''_S，求出电桥的灵敏度。

数据记录参考表格

粗略值（Ω）		
测量方式	自组电桥	箱式电桥
比率 R_1/R_2		
平衡时 R_S（Ω）		
提高测量精度的方法	交换法 R'_S =	替代法 R_0 =
偏转的格数 Δn（格）		
指针偏转后 R''_S（Ω）		

二、选做部分

1. 了解电桥灵敏度与线路元件参量之间的关系

改用万用表的不同电压量程做示零器、适当改变电源电压和比率 R_1/R_2、交换电源与检流计的位置等，观察电桥灵敏度的变化。（你得出什么结论？）

2. 自组电桥测定量程为 0～100 μA 的指针式电表的内阻

设计实验电路、实验步骤并给出测量结果（注意控制电路中的电流）。

注意事项

（1）使用电阻箱前，应先旋转一下各个转盘，检查盘内弹簧触点的接触性能是否完好。

（2）选择合适的比率 R_1/R_2，使比较臂 R_S 的示值至少有四位有效数字。

（3）在调节电桥平衡的过程中，应遵循“先粗测、后精测、先粗调、后细调”的原则。

（4）在细调过程中，若改变 R_S 的低位旋转转盘 1 个步进值而检流计无反应，说明电桥灵敏度过低。提高电桥灵敏度后，如果使这一位的旋转转盘由 0 变化到 0.9，示零器的示值仍没有变化，则 R_S 的有效数字不能记录到这一位。

（5）使用箱式单臂电桥时，应避免 B、G 按钮长时间锁住。

思考题

1. 用箱式单臂电桥测电阻时，确定比率臂旋钮指示值的原则是什么？如果待测电阻的粗测数值为 30 Ω、300 Ω、30 kΩ，比率臂旋钮的指示值各为多少？

2. 使用箱式单臂电桥时，为什么不能长时间按住 B、G 按钮？

3. 如果取桥臂电阻 $R_1 = R_2$，调节 R_S 从 0 到最大，检流计指针始终偏在零点的一侧，这说明什么问题？应做怎样的调整才能使电桥达到平衡？

4. 用电桥法测电表内阻时，用什么方法保护待测电表不致因电流过大而损坏？

附录　　电阻箱和 QJ23A 型箱式电桥的仪器误差

一、电阻箱的仪器误差

对不同型号的电阻箱，按不确定度大小，其精度等级 a 可分为：0.02 级，0.05 级，0.1 级，0.2 级和 0.5 级五个级别。a 代表最大相对百分偏差。

在自组电桥实验中，电阻箱的仪器误差用下式估算：

$$\Delta R_S \approx R_S \times a\% \approx R_S \times 0.1\%$$

二、QJ23A 型箱式单臂电桥的基本误差极限（仪器误差）

$$E_{\lim} = \pm a\% \ (R_S + R_N/10)\ K$$

其中 a 为电桥的准确度等级（在箱式电桥的铭牌上查得）；K 为缩放因子，取电桥的比率；R_N 为基准值，简化处理近似取为 5 000。

2.7 冲击电流计测电容

冲击电流计是一种可以测量电量的装置，它所测量的并非电流，而是直接测量短时间脉冲电流迁移的电荷量。冲击电流计也可以用来直接测量与电量有关的物理量，如直流磁场的磁感应强度、电容量、电感量、高电阻、磁通量等，它是电学量测量的基本精密仪器之一。本实验的目的在于了解冲击电流计的工作原理，学习使用冲击电流计测量电容、电阻的方法。

实验原理

一、冲击电流计的工作原理

传统的冲击电流计是磁电系仪表，它的结构与灵敏电流计结构相似（图1），唯一不同的是冲击电流计的线框和铁芯比灵敏电流计中的线框和铁芯扁而宽，因而转动惯量 J 较大（加入金属圆盘，更增大了 J）导致冲击电流计的自由振荡周期 T_0 较长（$T_0=2\pi\sqrt{J/D}$，式中 D 为线圈悬丝的扭转系数），普通磁电式检流计的 T_0 约为3～5 s，而冲击电流计的 T_0 约为 20 s。正因为具有 T_0 大这一特点，冲击电流计可用来测量短时间内脉冲电流所迁移的电量，以及磁感应强度、高阻、电容等与电量有关的物理量。

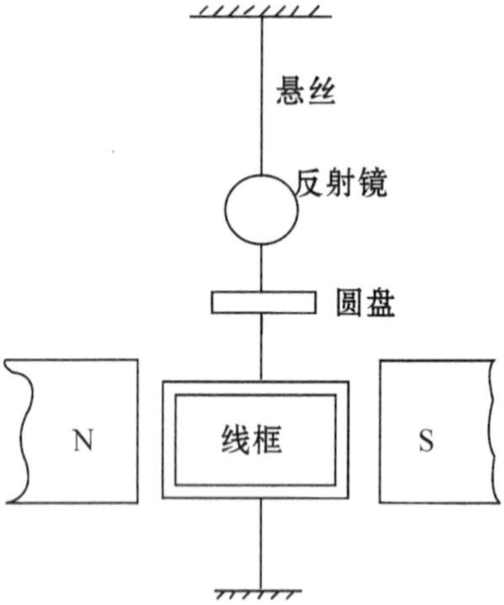

图1　冲击电流计结构图

当时间间隔 τ 很短（$\tau\leqslant\frac{1}{20}T_0$）的脉冲电流通过冲击电流计的线框时，线框虽受到磁力矩作用有一角速度，但由于转动惯量较大，还来不及偏转。当线框开始偏转时，脉冲电流已经通过。在悬丝的扭力矩、电磁阻尼力矩和空气阻尼力矩的作用下，运动线框的角速度会逐渐减小，达到最大偏转角位置处后又转回到初始位置，并以此为中心往返摆动。

由电磁理论可以推出，冲击电流计线框在脉冲电流作用下第一次最大偏转角 θ_{max} 与通过线框的总电量 Q 成正比。在冲击电流计的标尺与线框上的反射镜之间的距离较远（如 1 m）的情况下，反射镜光标在标尺上的偏转距离与线框的偏转角成正比，因此冲击电流计光标第一次最大偏转距离 d_{max} 正比于通过线框的总电量 Q：

$$Q = C_q d_{max} \quad 或 \quad d_{max} = S_q Q \tag{1}$$

式中比例系数 C_q 称为电量冲击常数（与冲击电流计的构造和回路总电阻有关），$S_q = 1/C_q$ 称为电量冲击灵敏度，C_q 和 S_q 都与电流计的装置、外电路的电阻有关。根据（1）式，已知 C_q 或 S_q，由冲击电流计的最大偏转距离 d_{max} 就可求出通过电流计的电量 Q。

现在实验室采用的数字冲击电流计由大规模 CMOS 集成电路及高速、高输入阻抗运算放大器组成。仪器测量主要通道部分简化如图 2 所示，图中 R_1、R_2 为输入级变换网络，IC_1 为高输入阻抗运放组成的同相电压放大器，其输入电流可忽略不计。

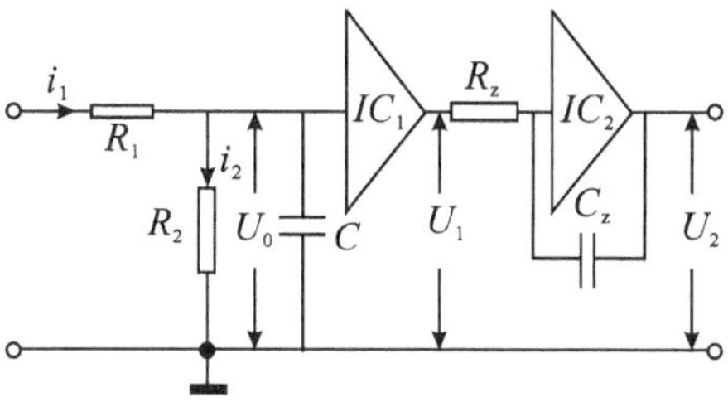

图 2　冲击电流计主要通道简化图

IC_2、$R_Z C_Z$ 构成精密的积分器。当输入电流在 $0 \sim \tau$ 时间内注入一次脉冲电流 $i_1(t)$ 时，则输入端输入的电量为：

$$Q = \int_0^\tau i_1(t)\,dt \tag{2}$$

而 $U_1 = A_1 U_0 = A_1 i_2(t) R_2$（$A_1$ 为 IC_1 电压放大倍数），当 $t = 0$ 和 $t = \tau$ 时，C 两端电压为 0，故在 $0 \sim \tau$ 时间内，Q 全部流过 R_2，则：

$$\int_0^\tau i_1(t)\,dt = \int_0^\tau i_2(t)\,dt = Q \tag{3}$$

积分后的输出电压：

$$U_2 = \frac{-1}{R_Z C_Z}\int_0^\tau U_1(t)\,dt = -\frac{A_1 R_2}{R_Z C_Z}\int_0^\tau i_2(t)\,dt = -\frac{A_1 R_2}{R_Z C_Z} Q \tag{4}$$

可见积分器的输出电压与进入仪器输入端的电量成正比。该电压经过 A/D（模/数）线性转换成数字量 N，设转换系数为 A_2，即：

$$N = -A_1A_2\frac{R_2}{R_ZC_Z}Q \tag{5}$$

实际上，仪器在设计时已使 $-A_1A_2\frac{R_2}{R_ZC_Z}=1$，因此，数字式冲击电流计窗口显示的数字 N 就是迁移电量 Q。

二、比较法测电容

电容是一个重要的电磁学概念，它是一个反映电场的能量与边界上的电量（或电压）关系的物理量，它是导体的一个非常重要的特性。电容的定义 $C=\frac{Q}{U}$，其中 C 表示电容量，U 表示加到电容器上的电压值，Q 表示电容器所带的电量。从定义式可以看出，如果知道 U 值，只要利用冲击电流计测出 Q，则可计算出电容器的电容量。比较法测电容利用的就是这一原理。

比较法测电容的电路如图 3 所示。K_2 为充放电开关，BG 为数字式冲击电流计。将 K_2 合向 a 点，K_3 合向标准电容 C_0，电源对标准电容器充电，充电电荷量为：

$$Q_0 = C_0U \tag{6}$$

将 K_2 合向 b 端时，电容器 C_0 对电流计放电，电流计发生偏转，此时标准电容器的放电电荷量同样为 $Q_0=C_0U$。

然后将 K_3 合向待测电容 C_x 一边，重复上述步骤，由于电压保持不变，所以：

$$Q_x = C_xU \tag{7}$$

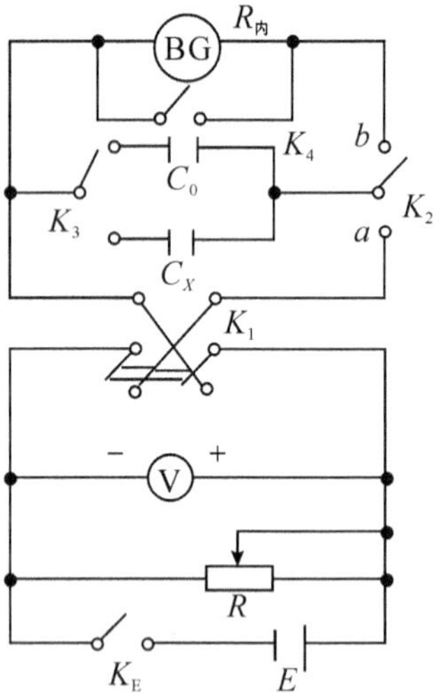

图 3

于是由（6）、（7）式可得：

$$C_x = \frac{Q_x}{Q_0}C_0 \tag{8}$$

可见这种测量方法是在保持充电电压不变的条件下，测得冲击电流计的不同偏转来比较两电容的放电性能，并由已知标准电容 C_0 求得被测电容 C_x，由于在测量过程中不需要知道电压 U，因此避免了电压表引起的系统误差。

实验装置

数字冲击电流计、标准电容箱、电压表、直流电源、滑线变阻器、待测电容、电阻箱、电源开关、单刀双掷开关（两个）等。

数字冲击电流计（面板如图 4 所示）:

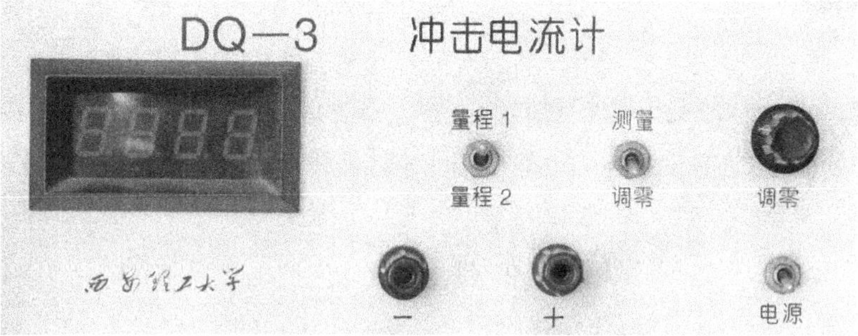

图 4 数字冲击电流计的前面板图

用 3 位半 LED 数码管显示测量结果，有（19.99 与 199.9）$\times 10^{-9}$ C 两个量程。数据自动保持，直至被下一次的测量数据自动取代。

实验内容

一、必做部分

（1）按图 3 接好线路。

（2）将 K_3 与 C_x 相连，调节滑线变阻器 R，适当改变输出电压，以使电容器放电时冲击电流计有较大的偏转，测得的放电量为 190 ±5（$\times 10^{-9}$ C）。

（3）将 K_2 合向 a，对电容器充电，然后将 K_2 合向 b，电容器对冲击电流计放电，测得 Q_x。

（4）R 和 U 保持不变，再将 K_3 与 C_0 相连，调节标准电容箱，选择合适的 C_0 值，使 Q_x 与 Q_0 之比接近 1，则待测电容值为 $C_x = \frac{Q_x}{Q_0} C_0$。

（5）多次测量后，计算未知电容 C_x 的平均值及不确定度（设 $\frac{\Delta \overline{C_0}}{C_0} = 0.5\%$）。

二、选做部分

使用冲击电流计还可以进行电阻的测量，电路如图5，待测电容 C_x 换成一个待测高电阻 R_x。对 C_0 充电后，电容器储电电量是 C_0U，然后将 K_1 放在中间位置，这时电容通过 R_x 放电，放电规律为：

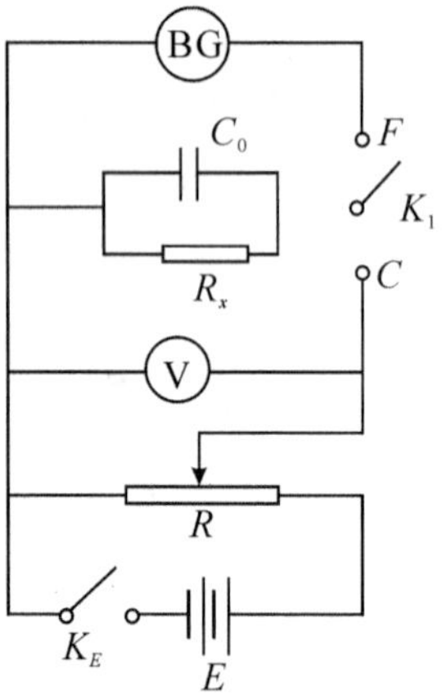

图5

$$Q = Q_0 e^{-\frac{t}{R_x C}} \tag{9}$$

(9) 式表明，从放电开始经过时间 t 后，电容储存电量是开始的 $e^{-\frac{t}{R_x C}}$ 倍，对 (9) 式两边同时取对数：

$$\ln Q = \ln Q_0 - \frac{t}{R_x C} \tag{10}$$

若选 $\ln Q$ 为纵坐标，t 为横坐标，(10) 式表示的是一条直线，其截距是 $\ln Q_0$，斜率为 $\frac{-1}{R_x C}$。自行设计实验步骤，使用冲击电流计测量经过时间 t 放电后电容器所对应的电量 Q，据此测出待测电阻 R_x。

注意事项

(1) 连接电路、检查无误后才能接通电源。

(2) 调零时，开关要拨到“调零”位置。

(3) 窗口显示“ ±1”时，应更换更大的量程重新调零测量，或减小电路中的电压，使实验正常进行。

思考题

1. 采用冲击电流计通过比较法测电容有什么优缺点？
2. C_x 的测量中主要的偶然误差的来源是什么？C_0 应该取什么值较为合适？
3. 使用冲击电流计测高值电阻和低值电阻，哪一种更准确？为什么？

2.8 薄透镜焦距的测定

几何光学是光学中的一个分支，它以光的直线传播为基础，研究光在透明介质中的传播规律，而不涉及光的波动本质。光在界面上的折射定律、反射定律及光的可逆性原理是几何光学的理论基础。大部分光学仪器都以几何光学为理论基础，由此得出的结论虽有一定的近似性，但在近轴光线的条件下，理论结果与实际情况相符得很好，用它处理光学中的许多问题，方法简单，所以得到了广泛的应用。因此了解并掌握透镜焦距的测定方法，不仅有助于加深理解几何光学中的成像规律，也有助于加强对光学仪器调节和使用的训练。本实验希望通过薄透镜焦距的测定掌握光学元件共轴的调节方法，了解如何满足近似的理论条件，进而提高成像质量。

实验原理

测定薄透镜的焦距是几何光学中最基本的实验，为此，我们必须了解下面几点：

一、透镜的性质

透镜一般是将玻璃的两表面磨成光滑的球面而制成的。它作为光学部件，使用时必须知道其焦距的大小。这里，我们通过测定双凸透镜、双凹透镜的焦距，学会几种测定焦距的方法。

双凸透镜 L、双凹透镜 L′，如图 1（a）、(b）所示。通过透镜两球面曲率中心连一直线，称此直线为光轴，简称主轴。透镜中心称为光心，O、O'是凸、凹透镜的光心。

在空气中，穿过凸透镜 L 的光线折向主轴，故称凸透镜为会聚透镜。如图 1（a）所示，由 A 点发出两束光线穿过 L 折向主轴，与主轴相交于点 A'。同样，在空气中，穿过透镜 L′的光线折离主轴，故称凹透镜为发散透镜，如图1（b)所示，由 A 点发出两束光线，穿过 L′折离主轴，其反向延长线与主轴相交于 A'。

A'为物 A 经过透镜所成的像。像分为实像和虚像。图 1（a）中的 A'是可以用屏映得出的，称为实像。图 1（b）的 A'只能在近处用眼睛看到，用屏观察不到，称虚像。由光心到 A（物）的距离称为物距，以 u 表示。由光心到 A'

（像）的距离，称为像距，以 v 表示，如图 1 所示。

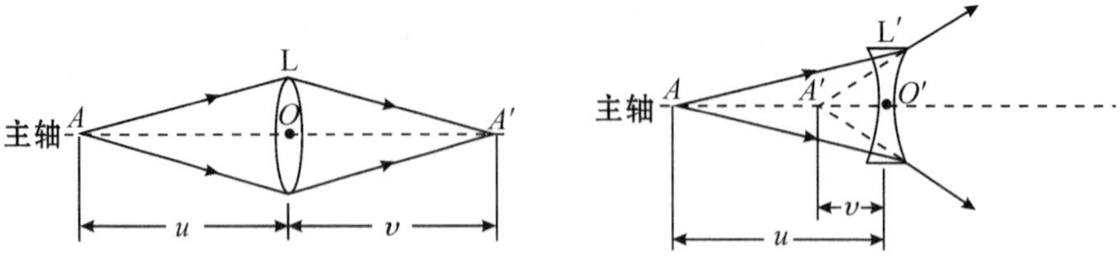

(a) (b)

图 1

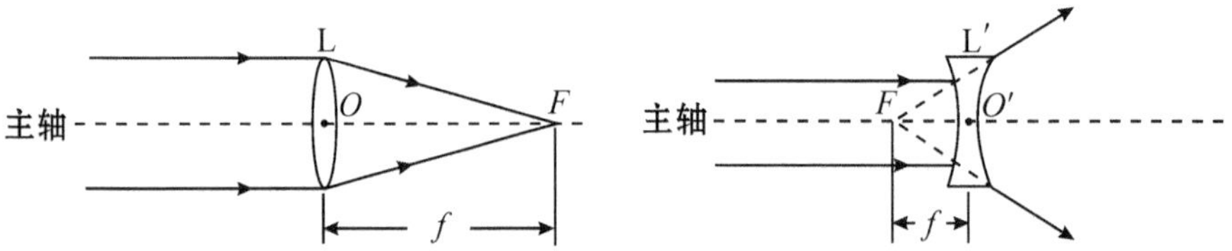

(a) (b)

图 2

平行于主轴的入射光线，经透镜折射后，出射光线或反向延长线与主轴相交于一点 F，F 点称为透镜的主焦点，简称焦点（凹透镜的焦点不能用屏观察，称为虚焦点）。由光心到 F 点的距离，称为焦距，以 f 表示，如图 2（a）、（b）所示。光路具有可逆性，即入射光和出射光是可互易的。

二、成像公式和符号规定

总结实验规律，薄透镜的物距 u、像距 v、焦距 f 之间有如下关系：

$$\frac{1}{f}=\frac{1}{u}+\frac{1}{v}\Rightarrow f=\frac{uv}{u+v} \tag{1}$$

式中 u、v、f 不仅有大小，而且还有正、负之分。符号规定如下：对于实物 u 为正值，对于虚物 u 为负值。对实像 v 为正值，对虚像 v 为负值。按照此规定，图 2（a）中凸透镜的焦距 $f=OF$ 是正的，而图 2（b）中凹透镜的焦距 $f=O'F$ 是负的。

三、测定凸透镜焦距的方法

1. 平面镜法（自准直法）

在光具座的一端装有光源，它的右边放一箭屏，被光源照射的箭矢就作为物 AB。将凸透镜 L 装在透镜夹中，使光心与箭矢中心点在同一水平线上。在凸透镜右边放一平面镜 M，如图 3 所示。

移动凸透镜 L，使箭矢位于 L 的焦面上，根据光路的可逆性，平面镜 M 反射回来的光线，一定在箭屏上成一清晰倒立的像 A′B′。凸透镜到箭矢的距离就是 L 的焦距。记下 L 和箭屏在光具座上的位置读数 x_1 和 x_2，用 $f=|x_1-x_2|$ 求出焦距。

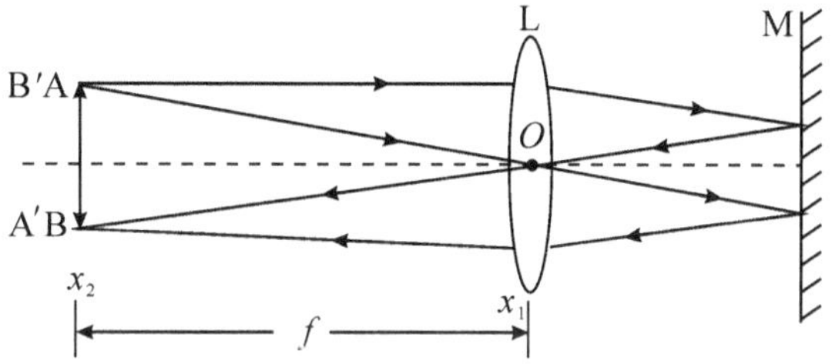

图 3

2. 物距—像距法

装置如图 4 所示，P 为物（箭矢），在它的右边依次放凸透镜 L、观察屏。移动观察屏，在屏上看到一清晰的像 P′，记下此时 P、L、P′在光具座上的位置读数 x_1 和 x_2、x_3。由（1）式求出 f。

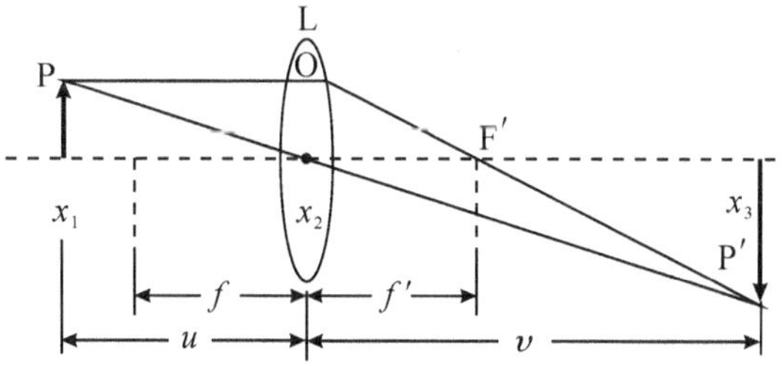

图 4

3. 透镜位移法（二次成像法、共轭法）

如图 5 所示，当物（箭矢）与观察屏之间的距离 $D>4f$ 时，在物与屏之间总可以找到这样的两个位置，屏上都出现清晰的像，其中一个为缩小的，一个为放大的。

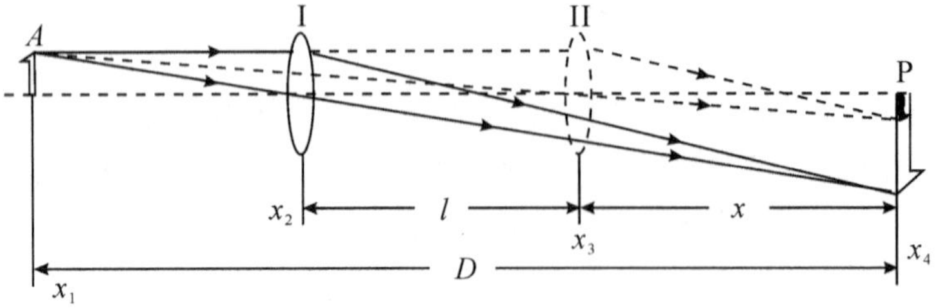

图 5

根据透镜的成像公式，对于位置 I 有：

$$u = D - (l + x) \tag{2}$$

$$v = l + x \tag{3}$$

将其代入（1）式得 $f = \dfrac{(D - l - x)(l + x)}{D}$ （4）

对于位置 II 有：$u = D - x \quad v = x$

代入（1）得 $f = \dfrac{(D - x)x}{D}$ （5）

由（4）、（5）式得：

$$x = \frac{D - l}{2} \tag{6}$$

将（6）代入（2）、（3）得 $u = \dfrac{D - l}{2} \quad v = \dfrac{D + l}{2}$

将 u、v 代入（1）式得：

$$f = \frac{D^2 - l^2}{4D} \tag{7}$$

实验时记下 x_1、x_2、x_3、x_4 的位置，并代入（7）求出 f 值。

四、用凸透镜辅助成像法测定凹透镜的焦距

把物 AB（箭矢）、凸透镜 L_1 依图 6 放置。物 AB 经过凸透镜 L_1 成一缩小的像 A′B′，记下读数 x_2，保持 AB 与 L_1 不动，在 L_1 和屏之间放入凹透镜 L_2。使 L_2 的光轴和 L_1 重合，然后移动屏，寻找清晰的像 A″B″，此时记下 L_2 和屏在光具座上的读数为 x_1 和 x_3。由于凸透镜所成的像 A′B′是作为 L_2 的虚物，因

此物距 $u=-|x_1-x_2|$，像距 $v=|x_1-x_3|$。将 u、v 代入（1），可求出凹透镜的焦距 f。

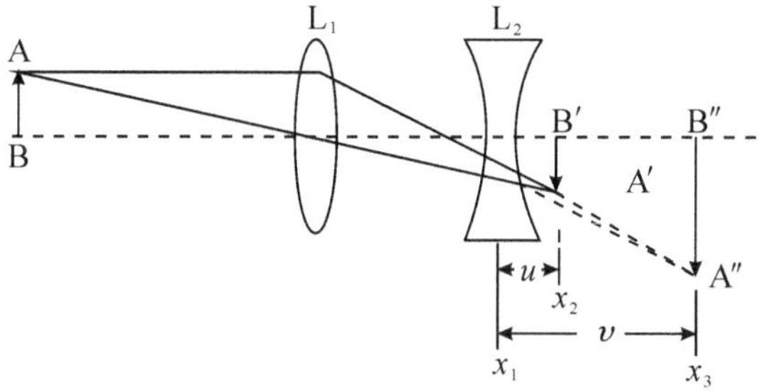

图6

五、共轴调节

在光学实验或是由多种光学元件组成的仪器中，保证各光学元件的共轴性（各光学元件的光轴均处于同一轴线上），是确保实验质量的重要前提。共轴调节一般分为粗调、细调两部分。下面以光具座上的共轴调节为例加以说明：

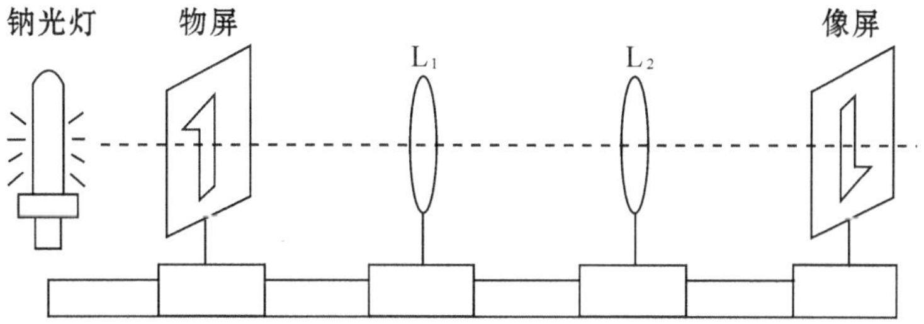

图7

1. 粗调（目测调节）

在光具座上将实验所需的各个光学元件（如物屏、像屏、凹凸透镜等）紧靠在一起，从较远的地方观察，适当升降、横移和转动各元件，使光源的中心、物屏的物和各透镜的中心等高，相互平行，并垂直于光具座的轴线，使得从水平和垂直的位置上观察时，各元件的中心均处于同一轴线上，这样各元件就基本上共轴了。

2. 细调（利用成像规律调节）

将粗调后的光学元件连同支座全部移离光具座（注意：移离时应保持各

元件对于支座的高度和方位不变）。打开光源照亮物体，使物屏与像屏相距足够远，如图 7 所示。

放上第一个透镜 L_1 后，前后移动，使在像屏上先后成一大像和小像，观察这两个像的中心是否重合，若中心不重合，则适当调节透镜的高低，横移或做微小的转动，直到中心重合为止。此时再放上第二个透镜 L_2，用同样的方法调节。这样一个个调节下去直至全部调节完毕，此时所有光学元件已达到共轴。

实验装置

双凹、双凸透镜，带箭形缝隙的屏（箭屏或物屏），观察屏（像屏），透镜夹，光具座，平面镜，光源等。

实验内容

一、必做部分

（1）阅读注意事项后，先对光具座上的光学元件进行共轴调节。

（2）分别用平面镜法、物距——像距法、透镜位移法测量凸透镜的焦距。每种方法重复三次，求平均值。

（3）用凸透镜辅助成像法测量凹透镜焦距。（$A'B'$为缩小的像，如何测准$A'B'$和$A''B''$？）

二、选做部分

试用平面镜法测量凹透镜焦距（写出实验原理及测量步骤，画出光路图）。

注意事项

（1）实验时，由于在一定范围内像都清晰，为了消除系统误差，应使屏从左向右移动到像刚清晰时读数，再从右向左移动至像同样清晰时再读数，取两次读数的平均值作为成像清晰时屏的位置。

（2）实验中放大的像不宜太大，要尽量满足近轴光线的条件。

思考题

1. 共轴调节时要达到哪些要求？不满足这些要求对测量会有什么影响？
2. 为什么测焦距时最好用单色光？

3. 在测凹透镜焦距时，为何凸透镜要成一缩小的像?

4. 透镜位移法测量凸透镜的焦距时，若大像中心和小像中心不重合，说明了什么问题? 何种情况下物的位置偏上? 请画光路图说明。

5. 下列物体，哪种适宜做接收像的屏?

(1) 白纸　(2) 黑纸　(3) 玻璃　(4) 毛玻璃

附录　光学实验的特点和要求

光学实验的特点是仪器精密，常需要在黑暗的环境中十分耐心细致地寻找、观察和测量所需要的光学现象。为了保证仪器的安全和实验的顺利进行，要求：

(1) 实验中桌面上切忌胡乱堆放仪器、光学元件和书籍，以防黑暗中不慎将仪器、元件打落损坏。

(2) 光学仪器比较精密，切忌硬扳、硬拧，操作要小心，动作要轻缓。

(3) 对于任何光学表面，绝对禁止用手触摸。例如平面镜、光栅、透镜（特别是迈克尔逊干涉仪上的平面镜、平行玻璃板和照相机镜头等）。一旦用手触摸，则将在其上产生污垢及指纹，严重地破坏其光学性能。正确的手持光学元件的方法如下图所示。当发现光学表面有灰尘时，应用实验室具备的镜头纸、镜头扫轻轻扫抹，切忌用纸片、手帕、衣袖等物去擦拭，也不要用口去吹。

1. 光学面　2. 磨砂面

图8　手持光学元件的方式

(4) 光学实验中有些光源发光强度很强，勿让光源直接照射眼睛，尤其是激光。

(5) 实验中注意消除视差。消除视差的判断方法是：当眼睛左右移动时，标尺（或叉丝）与待测物的像之间无相对移动。

(6) 实验完毕应给光学元器件加上罩子或盖布，以防沾染灰尘。

2.9 分光计的调节与光栅常数的测定

光栅（又称为衍射光栅）是一种分光用的光学元件。过去制作光栅都是在精密的刻线机上用金刚石在玻璃表面刻出许多平行等距刻痕作成原刻光栅，实验室中通常使用的光栅是由原刻光栅复制而成的。后来随着激光技术的发展又制作出全息光栅。光栅的应用范围很广，不仅用于光谱学（如光栅光谱仪），还广泛用于计量（如直线光栅尺）、光通信（光栅传感器）、信息处理（VCD、DVD）等方面。

分光计是把多色光分解为单色光的仪器，它通常利用棱镜或光栅把一束多色入射光分解为不同角度的出射光，通过对出射光角度（反射角、折射角、衍射角等）的测量来得到它的波长等信息。分光计和其他一些光学仪器（如摄谱仪、单色仪等）在结构上有很多相似之处，它的测量精度较高，是这类仪器的典型。因此了解分光计结构，熟练掌握分光计的调整和使用是非常重要的。本实验要求了解分光计的基本原理及结构，学会分光计的调节方法及光栅常数的测定。

实验原理

一、光栅常数和光栅方程

由许多平行、等距、等宽的狭缝构成的光学元件叫做光栅。广义讲，任何具有空间周期性的衍射屏都可叫做光栅。它们每毫米内一般有几十条乃至上千条狭缝，这些缝有些是刻上去的，有些是印上去的。本实验所用的全息光栅，则是用全息技术使一列极密、等距的干涉条纹在涂有乳胶的玻璃片上感光，经处理后，感光的部分成为不透明的条纹，而未感光的部分成透光的狭缝。光栅刻痕（对透射光栅而言即狭缝）的透光部分的宽度与不透光部分的宽度之和称作光栅常数，它是光栅的一个重要参量。

当一束平行光垂直入射到光栅平面时（见图 1），光线通过每一条狭缝之后都将产生衍射，缝与缝之间的衍射光线又将产生干涉。若用望远镜的物镜将它们会聚起来，我们将能在目镜中观察到光栅的衍射条纹（一些直的平行条纹）。显然这些衍射条纹是衍射和干涉的结果。

如图 1 所示，若以波长为 λ 的单色光垂直入射到光栅上，并将衍射方向和

入射方向的夹角 θ 称为衍射角。当衍射角满足光栅方程（其中 d 为光栅常数，K 为衍射级次）时：

$$d\sin\theta = \pm K\lambda \qquad K=0, 1, 2, \cdots$$

在衍射方向上可以看到亮条纹（光谱）。当 $K=0$ 时，称为零级光谱，对应于中央亮条纹；当 $K=1$ 时为一级光谱；$K=2$ 时，为二级光谱……式中 ± 号表示它们对称地分布在中央亮条纹的两侧。由光栅方程可以看出，光栅常数愈小，各级明条纹的衍射角就越大，即各级明条纹分得愈开。对给定长度的光栅，总缝数愈多，明条纹愈亮。对光栅常数一定的光栅，入射光波长愈大，各级明条纹的衍射角也愈大。

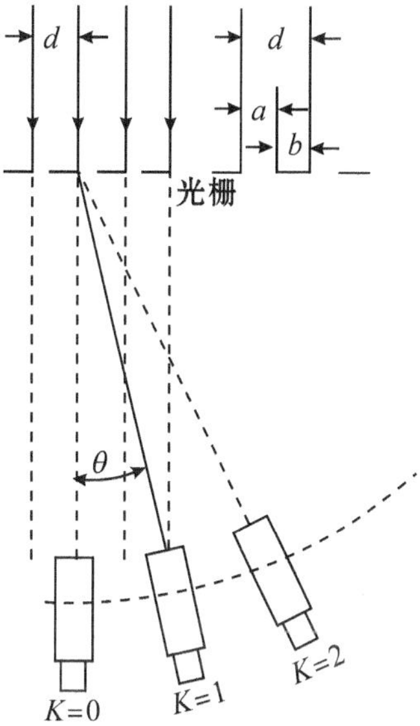

图 1

如果是白光（或复色光）入射，则除中央零级明条纹外，其他各级明条纹都按波长不同各自分开，同级的不同的明条纹将按波长大小的顺序排列起来，形成光栅光谱，说明光栅是个分光元件。和棱镜分光不同的是，光栅光谱有多级光谱（棱镜分光只有一级光谱），且是正比光谱（即在同级条纹中，某波长的条纹的衍射角与波长的大小成正比）。

二、光栅的色散本领和色分辨本领

光栅把不同波长的同级主极大在空间分开的程度，称为光栅的色散本领。色散本领用角色散本领或线色散本领来计算。

角色散本领定义为：$D_\theta = \delta\theta/\delta\lambda$

线色散本领定义为：$D_l = \delta l/\delta\lambda$

物理意义是单位波长差的两谱线间的角距离（或在幕上的间距大小）。若光栅后面有一焦距为 f 的聚焦物镜，则：

$$\delta l = f\delta\theta$$

所以线色散本领与角色散本领之间的关系是：$D_l = f D_\theta$。

现在来计算光栅的色散本领。将光栅方程对 θ、λ 微分，就可以得到光栅的角色散本领：

$$D_\theta = K/\ d\cos\ \theta_k\ (\text{单位：rad/nm})$$

上面的结果表明，光栅的角色散本领与光栅常数 d 成反比，与级数 K 成正比。

同样可以得到线色散本领：

$$D_l = f\ K/d\cos\ \theta_k\ (\text{单位：mm/nm})$$

线色散本领与 d 成反比，与级数 K 和焦距 f 成正比。D_θ、D_l 均与光栅的总缝数 N 无关。减小 d、增大透镜焦距 f 均可提高色散本领。

当色散本领相同时，由于每个光栅产生的谱线半角宽度不同（半角宽度能够直观地反映谱线的细锐程度，其定义为谱线对光源张角的一半），所能观察到间隔较近的两条谱线的清晰度就会不同，因此要用光栅的色分辨本领来衡量这一性能。

光栅的色分辨本领是光栅所能分辨出的同级光谱中波长相近的两条谱线的能力。按照瑞利判据，在某级光谱中，当 λ 和 $\lambda+\delta\lambda$ 的第 K 级谱线刚刚能分辨时，λ 的第 K 级极大值，应与 $\lambda+\delta\lambda$ 的第 K 级谱线的极小值重合。所能分辨出的两种波长的波长差越小，则光栅的色分辨本领越大。光栅的色分辨本领与条纹的级次和光栅的刻痕数均成正比。

对于每个光栅，谱线的半角宽度 $\Delta\theta$ 是一定的，根据瑞利判据，这也是能够分辨的两条谱线的色散角 $\delta\theta$，由此可以推断出能够分辨的最小波长差：

$$\delta\lambda = \lambda/KN$$

$\delta\lambda$ 越小，说明仪器的色分辨本领越大，通常一个分光仪器的色分辨本领定义为：

$$R = \lambda/\delta\lambda$$

由此求得光栅的色分辨本领公式：

$$R = KN$$

上式表明，光栅的色分辨本领正比于衍射单元总数 N 和光谱的级次 K，与光栅常数 d 无关。因此要提高光栅的色分辨本领一是增加光栅的总缝数，二是选择较高的干涉级次。

实验装置

分光计、光栅、钠光灯、手持放大镜。

一、分光计的构造

图 2 是分光计的结构图，它主要由望远镜（又称自准直望远镜）、平行光

管、载物台、圆刻度盘和游标盘等几部分组成，每部分都有特定的调节螺钉。

(1) 望远镜是实验时作为观察和测量用的。松开望远镜止动螺钉 18，望远镜可绕公共轴转动（转动望远镜时应用手握住支臂 14 来操作）。旋紧主尺止动螺钉 16，刻度盘即固定在望远镜上，推动支臂可使望远镜与刻度盘一起绕公共轴转动。此时再旋紧望远镜止动螺钉 18，可通过转角微动螺钉 15 使它们绕公共轴作微小转动，以达到准确测量的目的。螺钉 12 可以调节望远镜筒镜的水平位置（上下倾斜）。螺钉 9 是望远镜镜筒的紧固螺钉。

分光计上的望远镜通常采用阿贝式自准直目镜，其结构如图 3 所示。分划板的透明玻璃上刻有黑十字准线。在该准线的竖线下方，紧贴一块全反射棱镜，在其涂黑的端面上刻有透明十字线，利用电珠照明使它成为发光体。而在准线的竖线上方，与透明十字线对称的位置上，有一条黑水平线。

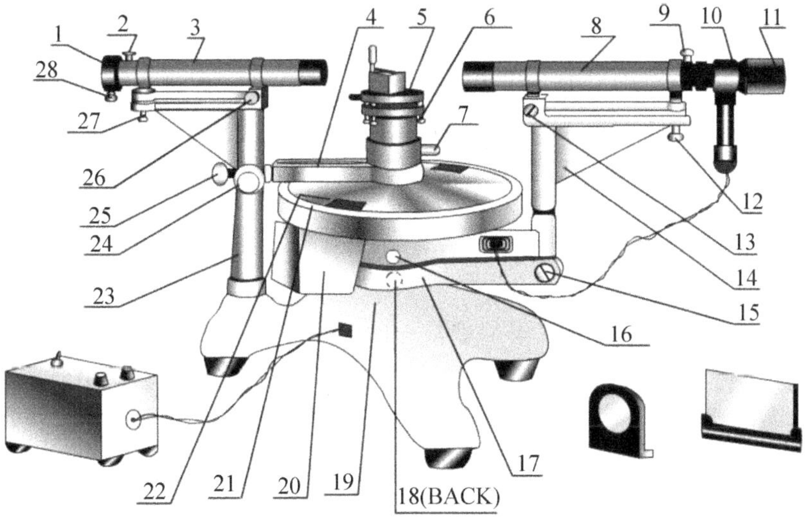

平行光管：1. 狭缝　2. 紧固螺钉　3. 平行光管　26. 平行光管光轴水平螺钉　27. 仰角螺钉　28. 狭缝调节螺钉

望远镜：8. 望远镜　9. 镜筒紧固螺钉　10. 分化板　11. 目镜　12. 仰角螺钉　13. 望远镜光轴水平螺钉　14. 支臂　15. 转角微调　17. 制动架　18. 望远镜止动螺钉

载物台：5. 载物台　6. 载物台调平螺钉（3 个）　7. 载物台锁紧螺钉

圆刻度盘：16. 主尺止动螺钉　21. 主尺　22. 游标盘　24. 游标盘微调螺钉　25. 游标盘止动螺钉

其他：4. 制动架　19. 底座　20. 转座　23. 立柱

图 2　分光计

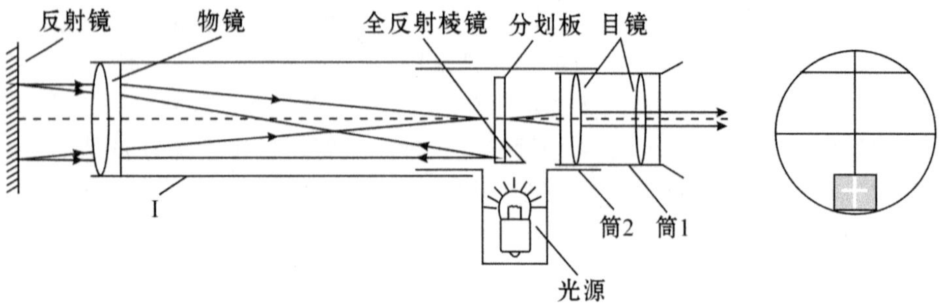

图3　阿贝式自准直望远镜

（2）载物台是用来放置平面镜、棱镜、光栅等光学元件的。载物台下有调节螺钉6（三个），可调节台面的倾斜度。它与游标盘通过载物台锁紧螺钉7相互锁定，拧紧螺钉7后，载物台可和游标盘一起绕分光计的转轴转动。松开螺钉7后，载物台可升降。

（3）平行光管的作用是产生平行光。它不能绕公共轴转动，其水平位置（即上下倾斜）由仰角螺钉27来调节。平行光管的一端装有一会聚透镜（物镜），另一端是装有狭缝的套管，狭缝的宽度可通过狭缝调节螺钉28调节，调节范围为0.02～2 mm。旋松平行光管紧固螺钉2，可以使狭缝套筒前后移动，以改变狭缝和物镜的距离。当狭缝的平面调到物镜的焦平面上时，则照在狭缝上的光经过透镜成为平行光。

（4）分光计的读数系统由刻度盘和游标盘组成，读数方法和游标卡尺相同（详见附录）。游标盘、刻度盘是两个密合的同心圆盘，它们是分光计上主要的读数装置，出厂时已将它们调到与仪器转轴垂直。由于圆刻度盘中心和仪器转轴在制造和装配时，不可能完全重合，因此在读数时会产生偏心差。圆刻度盘上的刻度均匀地刻在圆周上，当圆刻度盘中心 O 与转轴重合时，由相差180°的两个游标窗读出的转角刻度数值就相等。而当圆刻度盘偏心时，由两个游标窗读出的转角刻度值就不相等，所以如果只用一个游标读数窗会产生系统误差。通过在转轴直径上安置两个对称的游标读数窗，可消除这种系统误差（偏心差的产生与消除见附录）。

25是游标盘的止动螺钉，拧紧时不能再强制转动游标盘，否则会损坏仪器。24是游标盘的微调螺钉。当螺钉25拧紧后，游标盘不能绕轴转动，用螺钉24可以使游标盘绕轴作微小转动。

二、分光计的调节原理

分光计又称测角仪。其测角原理如下：

（1）它要对入射光和待测光元件作一些限制：例如为了保证入射到光学元件某一平面上的入射角处处相等，入射光必须为平行光；尽管入射光的方向确定，但由于光学元件的不同或所处的空间方位不同，出射光（反射光、折射光或衍射光）将在空间有不同的取向。为了使入射光、出射光所构成的平面（即待测平面）与公共转轴垂直，需要对不同的待测元件使用不同的调节方法。

（2）为了能观察到平行的入射光和出射光需要使用望远镜来进行观察。望远镜的转动平面（即观察平面）应和待测光路平面平行。

（3）刻度盘（即读数平面）应平行于观察平面并随望远镜一起转动，则能在其上读得望远镜所转过的角度，从而测得出射角。

分光计的调节原理可归纳为：使待测光路平面、观察平面和读数平面相互平行，且绕同一公共转轴转动。这样将能观测到入射光、出射光的方向，从而求出它们之间的夹角。

为此仪器必须精确调整，以保证：望远镜能观察平行光，即要求望远镜调焦无穷远（用自准直法进行调整）；平行光管能出射平行光；望远镜和平行光管的光轴与仪器转轴垂直。（要准确测定待测角，首先要保证这三项调整到位，再使待测角平面平行于刻度盘平面，为什么？）

三、分光计的调节方法

1. 望远镜的调节（使望远镜的光轴垂直仪器转轴）

（1）先用眼睛估测进行粗调，使望远镜光轴、平行光管光轴和载物台面均大致与分光计转轴垂直，然后再进行望远镜的细调（注意松开螺钉25）。

（2）开启望远镜电源，将平面反射镜依图4放置在载物台上。调节目镜使黑十字准线清晰；调节物镜使反射回来的亮十字清晰，如有视差（所谓视差，就是正看亮十字清晰时，上下左右移动眼睛细致观察，亮十字的位置会移动，即亮十字处在黑十字准线的前面或后面，两者没有严格重合），应反复调节，予以消除。这时，望远镜已调焦到无穷远，即能观察平行光了。这种调节方法称为自准直法。

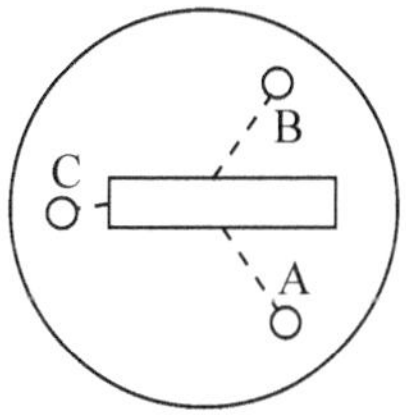

图4　平面反射镜在载物台上的位置

（3）利用二分之一调节法，调节望远镜的光轴和仪器转轴垂直。

目镜中看到的亮十字的正确位置应重合在黑十字准线上方的黑水平线上，如图5（c）所示，这说明望远镜光轴与仪器转轴垂直。若不重合［如图5

(a) 所示] 则采用二分之一调节法进行调整，步骤是：

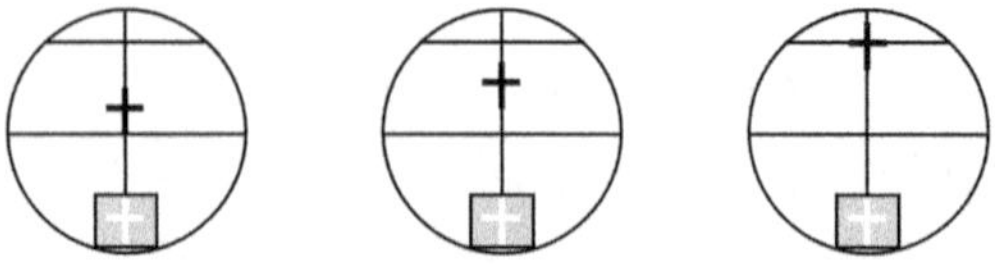

(a)　　(b)　　(c)

图 5　望远镜调节过程中通过目镜看到的情况

调节载物台下的螺钉 A 或 B，使亮十字与黑水平线二者的间距缩小一半，如图 5 (b) 所示。再调节望远镜的仰角螺钉 12，使亮十字与黑水平线的中点重合，如图 5 (c) 所示，然后转动载物台带动平面镜绕轴旋转 180°，重复上述步骤。直到平面镜旋转到任意一面，望远镜光轴都能与仪器转轴垂直为止（二分之一调节法完成后，望远镜的仰角螺钉 12 不能再动了）。

2. 平行光管的调整

调整平行光管使它出射平行光，并使它的光轴也垂直于仪器转轴。

(1) 开启光源，照明平行光管的狭缝，转动已调好了的望远镜（注意手应放在支臂 14 上），使其正对着平行光管。前后移动平行光管的狭缝，使从望远镜中观察到的狭缝的像清晰。调节狭缝调节螺钉 28，改变平行光管的狭缝宽度，使其成像细锐，并与黑十字准线无视差。这时平行光管已出射平行光。

(2) 将狭缝旋转成水平位置，调节平行光管仰角螺钉 27，使狭缝像对准黑十字准线（黑水平线下方的水平线）。将狭缝再转回竖直方向，并与黑十字准线的竖线重合。这样平行光管的光轴与望远镜光轴平行，也就是说平行光管光轴也垂直于分光计转轴。

3. 载物台的调整

安置光栅，要求入射光垂直照射光栅表面，光栅刻痕与仪器转轴平行：

(1) 调节平行光管狭缝与光栅刻痕相平行。转动望远镜使黑十字准线的竖线对齐狭缝像，此后暂时不动望远镜。将光栅依图 4 放置在载物台上固定好，转动游标盘带动载物台转动，使光栅对准望远镜，寻找反射回来的亮十字。调节载物台下的螺钉 A 或 B，使亮十字与黑十字准线上方的黑水平线的中点重合。此时三线（即狭缝像、亮十字竖线和黑十字准线的竖线）重合，平行光垂直入射光栅面。

固定游标盘（旋紧螺钉 25），锁定刻度盘（旋紧螺钉 16）在望远镜上，使主尺能随望远镜一起转动。

（2）调节光栅使其刻痕与仪器转轴平行。左右转动望远镜，查看各级衍射条纹是否等高。若不等高，反复调节螺钉 C。

实验内容

一、必做部分

1. 分光计的调节

调节望远镜，使其聚焦无穷远，望远镜光轴与仪器转轴相垂直后，再调整平行光管使它发出平行光，并使它的光轴也垂直于仪器转轴，狭缝宽度调至约 1 毫米。

调整载物台，使平行光垂直入射光栅面，并使光栅刻痕与仪器转轴平行。

2. 测定光栅常数及分辨本领

（1）将望远镜的黑十字准线依次对准左边第一级、右边第一级光谱线，并分别记下两侧游标窗上的读数。

（2）根据测得的数据计算 $K=1$ 时的衍射角。

（3）根据钠双线的波长（$\lambda_1=589.0$ nm，$\lambda_2=589.6$ nm）及测得的衍射角，求出光栅常数 d（mm）。计算光栅刻线的密度 n（条/mm）。

（4）若光栅宽度 $L=4$cm，算出 N，代入 $R=KN$ 求分辨本领。

二、选做部分

（1）观察刻痕数目 N 和分辨本领 R 的关系：

设法挡住光栅的一部分，减少 N，观察钠光两条黄色谱线随 N 的减少所发生的变化。

（2）测定钠双线的波长 λ_1 和 λ_2，并求出 $K=1$、$K=2$ 时光栅的角色散本领。

注意事项

（1）望远镜、平行光管上的镜头和三棱镜的光学面、光栅表面、平面镜的镜面都不能用手摸、揩。如发现有尘埃时，应该用镜头纸轻轻揩擦。三棱镜、光栅、平面镜要小心取放，不准磕碰或跌落。

（2）要加倍爱护分光计。实验前要松开游标盘止动螺钉 25 和望远镜止动螺钉 18。不应在止动螺钉锁紧时强行转动望远镜，也不要随意拧动狭缝。

（3）望远镜调节好后才能调整载物台和平行光管。调整过程中，前面已调好的部分螺钉不能再随便拧动，否则会造成前功尽弃。

（4）在测量数据前务必检查分光计的几个止动螺钉是否锁紧（螺钉 25 和 16），若未锁紧，取得的数据是不可靠的。

（5）测量中应正确使用望远镜转动的微调螺钉，以便提高工作效率和测量准确度。

（6）在测量过程中，由于望远镜可能位于任何方位，故应注意望远镜转动过程中是否经过刻度的零点，有无出现跨零读数（跨零读数的计算见附录）。

（7）谱线的强度（亮度）随级数 K 的增加而迅速减弱，实际上一般只使用光栅的一级或二级光谱。如果仪器调整得当，能看到细锐清晰的二级谱线。实验时应耐心细致地寻找二级谱线。

（8）带电珠的手持放大镜可以帮助读数；若黑十字准线背景太暗看不清，也可把它放在望远镜物镜前，以照亮分化板。

思考题

1. 为什么用视差法能够判断黑十字准线和反射像是否在同一平面？

2. 在已调好望远镜光轴与分光计转轴垂直以后，拧载物台的螺钉，会不会破坏这种垂直性？

3. 设计两个圆游标的目的是什么？

4. 运用公式 $d\sin\theta = \pm K\lambda$ 测量时应保证什么条件？如何达到这些条件？

5. 观察钠黄光的谱线时，为什么除了零级之外其余各级都可以看到两条谱线？

6. 调节载物台时做到三线重合有什么好处？

附录　　测角仪器的读数方法

圆游标的读数方法与游标卡尺的读数方法相同，在许多测量角度的仪器中都有使用，如在物理实验中使用较多的分光计和旋光仪等。角度测量与长度测量有共同之处，亦有不同的地方，这里主要以分光计和旋光仪为例，介绍它们的读数方法。

1. 圆游标

在测量角度的仪器中为了提高测量的准确度，依照游标卡尺的原理，在刻度盘的主尺旁装上圆游标，其原理如图 6 所示。A 为主尺，最小分度为 α 度；B 为圆游标，最小分度为 β 度。

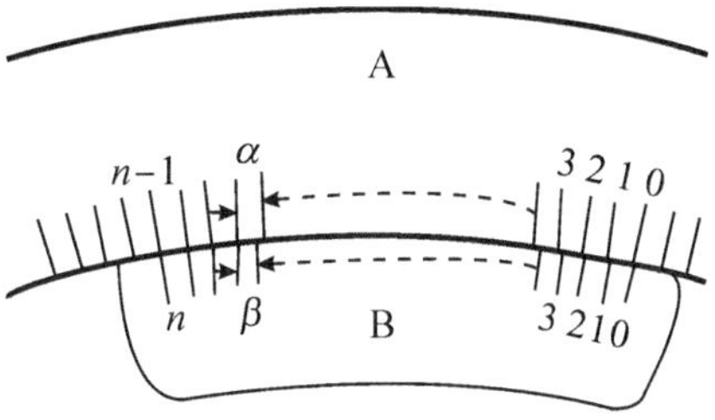

图6

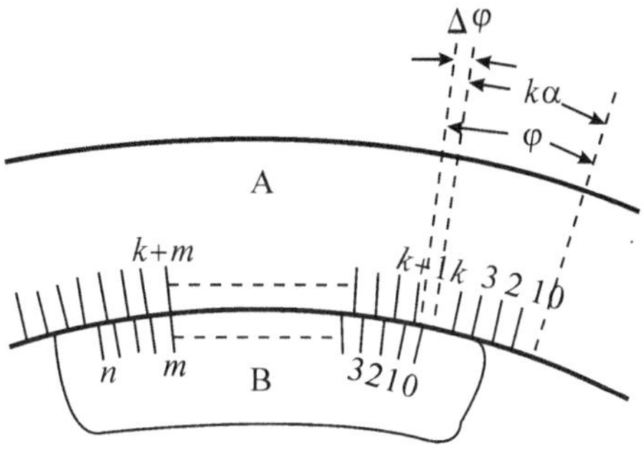

图7

主尺上（$n-1$）个最小分度与圆游标上 n 个最小分度相对准，即有：

$$n\beta = (n-1)\alpha$$

$$\alpha - \beta = \frac{\alpha}{n}$$

我们把 $\Delta\theta = \alpha - \beta = \frac{\alpha}{n}$ 称为这个测角仪的准确度（或叫做圆游标的准确度）。

为便于说明，测量角度时，先设圆游标 B 的 0 线与主尺 A 的 0 线相对齐（如图6），然后转过 φ 角（如图7），此时游标 B 的 0 线处于主尺 A 的第 k 个刻度与第 $k+1$ 个刻度之间。显然待测角 φ 可以由下式表达：$\varphi = k\alpha + \Delta\varphi$

而

$$\Delta\varphi = m\alpha - m\beta = m(\alpha - \beta) = m\frac{\alpha}{n}$$

$$\varphi = k\alpha + m\frac{\alpha}{n}$$

式中 m 是圆游标与主尺某一刻度对准的格数。

读数时 $k\alpha$ 可由主尺直接读出（即游标 0 线所对应的主尺数值），加上圆游标的准确度乘以它与主尺某一刻度相对准的刻度格数 m，即为所求。

[例1]　见图8中分光计刻度盘上（主尺）的最小分度 $\alpha = 0.5° = 30'$，查得圆游标上30个最小分度与主尺29个最小分度对准，故 $n = 30$，所以准确度为 $1'$。图中游标0线所对主尺的读数是172°，游标上第15分度与主尺某一刻度对准，即 $m = 15$，所以 $\Delta\varphi = m\Delta\theta = m \times \alpha/n = 15 \times 1' = 15'$，因此测得的读数为172°15′。

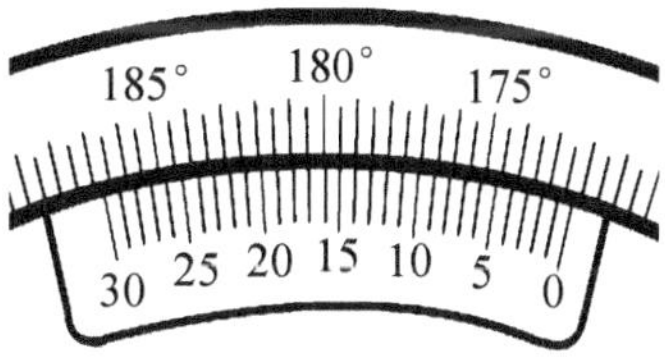

图8

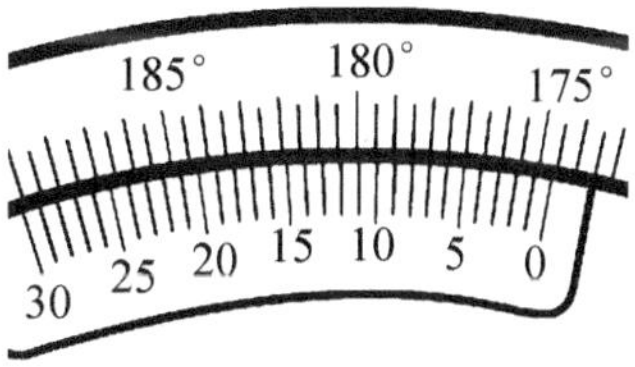

图9

[**例** 2]　图 9 中游标 0 线所对主尺的读数是 174°30′（即 $k\alpha = 174°30'$），游标上第 8 分度与主尺某一刻度对准，所以测得的读数为：

$$\varphi = k\alpha + m\alpha/n = 174°30' + 8' = 174°38'$$

[**例** 3]　在旋光仪的刻度盘上，其主尺的最小分度 $\alpha = 1°$，圆游标上 20 个最小分度与主尺上 19 个最小分度相对准，故 $n = 20$，所以准确度 $\Delta\theta = \dfrac{\alpha}{n} = \dfrac{1°}{20} = 0.05°$。若游标 0 线所对准主尺的读数是 20°，游标上第 5 分度与主尺某一分度相对准，所以 $\Delta\varphi = m\dfrac{\alpha}{n} = 5 \times 0.05° = 0.25°$，因此测得读数为：$\varphi = k\alpha + m\dfrac{\alpha}{n} = 20° + 0.25° = 20.25°$

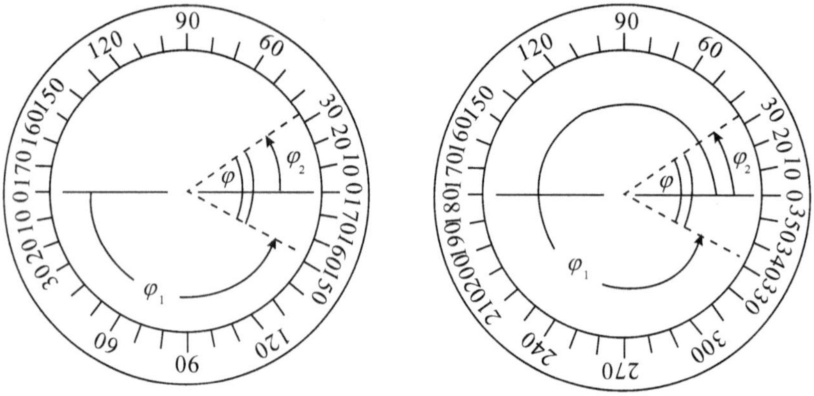

(a)　　(b)

图 10

2. 跨 0 读数（也称为跨 360°或 180°读数）

在测角仪中，为了测得 φ，需先读出夹住 φ 角两边的读数，即读出 φ_1、φ_2，然后通过 $\varphi = |\varphi_2 - \varphi_1|$ 求得。

但是测角仪的主尺是沿圆周刻度的，它的刻度方法有两种：一种如图 10（a）所示，转一周为两个 180°（如旋光仪），另一种如图 10（b）所示，转一周为 360°（如分光计）。注意：它们在 180°和 360°上均只标注 0°。当 φ 角的两边正好跨 0°线两侧（此种情况称为跨 0 读数），此时欲求 φ 角，应在较小数 φ_2 上加 180°或 360°，再由 $\varphi = |\varphi_2 - \varphi_1|$ 求得。

3. 偏心差的产生与消除

由于测角仪器的主尺和圆游标分别置于两个同心圆盘上，但是机械加工装配过程中，它们的圆心是不可能完全重合的，因此游标盘转过的真正角度与读出角度稍有差别，这个差叫做偏心差，我们将其夸大如图 11（a）所示。设 O 与 O' 分别表示刻度盘与游标盘的中心，游标盘转过的角度实际为 φ，但读出的角度显然为 $\varphi_{甲}$、$\varphi_{乙}$。由几何原理可知：

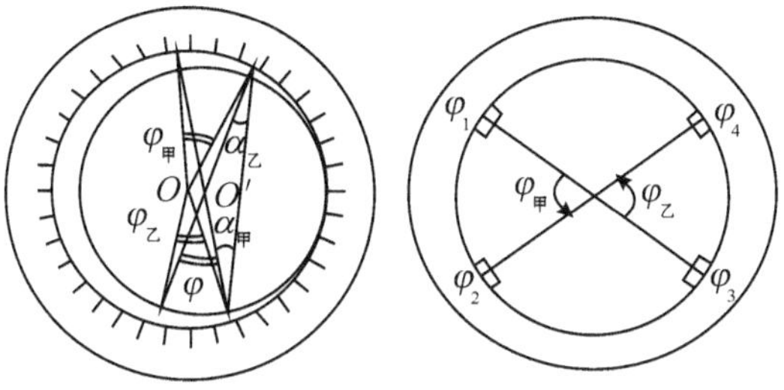

(a)　　　　　　　　(b)

图 11

$$\alpha_{甲}=\frac{1}{2}\varphi_{甲}\qquad\alpha_{乙}=\frac{1}{2}\varphi_{乙}$$

则：

$$\varphi=\alpha_{甲}+\alpha_{乙}=\frac{1}{2}\left(\varphi_{甲}+\varphi_{乙}\right)$$

可见，测量时取两边刻度上读出的转角来平均就能得出真正的转角。这就是为什么要在内盘的对称位置上设置两个圆游标的原因。

由于引进了两个圆游标来消除偏心差，因此在实际测量待测角 φ 时，要由四个读数来确定［见图 11 (b)］。

$\varphi_{甲}=|\varphi_2-\varphi_1|$　　　$\varphi_{乙}=|\varphi_4-\varphi_3|$

且 φ_1、φ_2 应由左边同一游标读出，φ_3、φ_4 应由右边同一游标读出。

2.10 旋光物质浓度的测定

普通光源发出的光都是自然光，自然光中含有各个方向的光矢量。自然光经过偏振片后会产生偏振光。当线偏振光沿光轴方向通过石英晶体时，其振动面会发生旋转，这种旋光现象是阿喇果（D. Arage）于1811年首先发现的。后来在氯酸钠（$NaClO_3$）、溴酸钠（$NaBrO_3$）等晶体以及松节油、糖的水溶液和酒石酸溶液等液体中也发现了旋光现象。

能使线偏振光的振动面发生旋转的性质，称为旋光性。具有旋光性的物质称为旋光物质。有些旋光性物质能使偏振光向右旋转（迎向光观察，偏振光顺时针旋转）一定的角度，称作右旋物质。有些旋光性物质能使偏振光向左（即逆时针）旋转一定的角度，叫做左旋物质。

使偏振面旋转的角度代表物质的旋光能力。旋光仪就是测定旋光物质旋光能力大小的仪器，本实验将在了解旋光仪原理、构造的基础上，通过观察糖溶液的旋光现象，学习使用旋光仪测定物质的旋光率和浓度。

实验原理

平面偏振光（即线偏振光）通过旋光物质时其偏振面将发生旋转，测定偏振面旋转的粗略办法是将两个人造偏振片放在光路上，一个作为起偏器，另一个作为检偏器。在未放进旋光物质时，将检偏器的透射面调节至与起偏器的透射面相互垂直，此时经起偏器出来的偏振光将完全不能通过检偏器（如图1所示），因而视场是黑暗的。

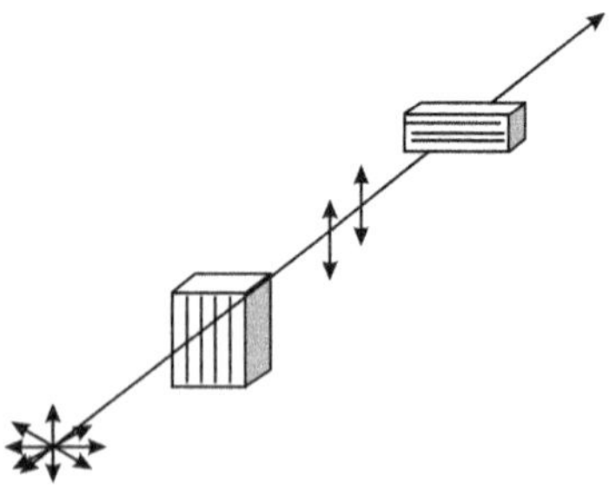

图1

当起偏器和检偏器之间放入旋光物质后，由于物质的旋光作用，使来自起偏器的光的偏振面改变了某一角度，导致视场发生了变化，不再是全暗的。要使视场重变黑暗，必须将检偏器也旋转同样的角度，才能使透过的光的强度与原来相同（如图2所示）。旋光仪就是据此原理设计的。

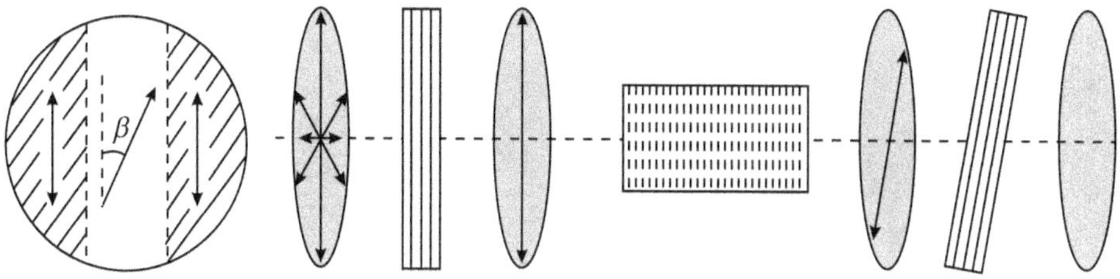

图 2　旋光角度测定原理示意图

偏振面旋转角度的大小主要取决于物质本身的结构，还与偏振光透过物质的厚度，以及测量时所用光的波长和温度有关。如果被测物质是溶液，还与其浓度成正比。在不同的条件下，测定结果通常不一样。

偏振面的转角 β 可用下式来表示：

$$\beta = [\alpha]\ C \cdot l/100 \tag{1}$$

式中 l 是偏振光所透过的溶液厚度，单位为分米，C 是 100 cm^3 的溶液所含旋光物质的克数。[α] 是一与旋光物质温度及光的波长有关的系数，称为旋光率，单位为 $°/dm \cdot g \cdot cm^{-3}$。不同物质的旋光率不同。

普通糖溶液在温度为 t ℃时，对钠光（D 线 $\lambda = 5.893 \times 10^{-7}$ m）的旋光率为

$$[\alpha] = 66.5 - 0.0184\ (t - 20) \tag{2}$$

代入（1）式得 $C = \dfrac{100\beta}{l} \cdot \dfrac{1}{[\alpha]}$　　(3)

如果略去温度的影响，则

$$C = (100 \times \beta)\ /\ (66.5 \times l)\ 或\ C = 1.503\ \beta/l \tag{4}$$

如果已知某一种旋光溶液的浓度 C，测出 l 及旋转角度 β，由（1）式便可决定该溶液在一定的温度和一定光波长下的旋光率。反之，当给定 [α] 及 l，测得 β 值，由（4）式也可以算出溶液的浓度 C。将算出的 C 与配制浓度 C_0 相比，还可计算出糖溶液的纯度 P。

实验装置

旋光仪、待测蔗糖溶液。

旋光仪的外形与结构见图 3。由结构图可知，在起偏器后有一石英片，这是为提高测量精度所附加的装置。

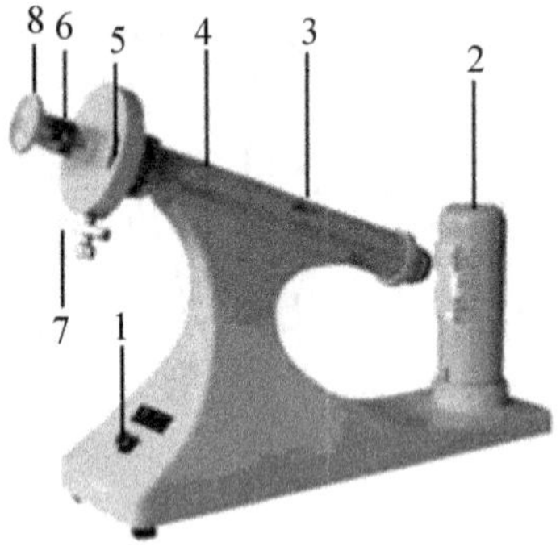

(a) 外形图

1. 电源开关 2. 钠光源 3. 镜筒 4. 镜筒盖 5. 刻度游标盘 6. 视度调节螺旋 7. 刻度盘调节手轮 8. 目镜

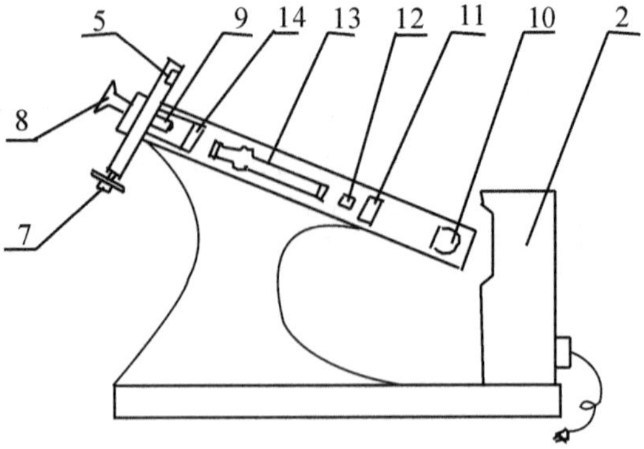

(b) 结构图

9. 物镜 10. 会聚透镜 11. 起偏片 12. 石英片 13. 测试管 14. 检偏片

图3 圆盘旋光仪

由于人的生理原因，通过检偏器很难用肉眼判断偏振光通过旋光物质前后的强度是否相同。在旋光仪内的起偏器后放置一块狭长的石英片（石英片的旋光率 = 21.724 度/毫米），当起偏器透过来的偏振光通过石英片时，由于石英片的旋光性，使中间那部分的光相对于起偏器振动面旋转了一个角度 β（见图4）。通过镜前观察，视场就成了三分视界。检偏器与刻度盘连在一起，转动刻度盘调节手轮即转动检偏器，可以看到三分视场各部分的亮度变化情况，如图5所示。

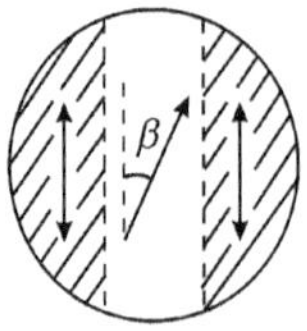

图4 三分视场

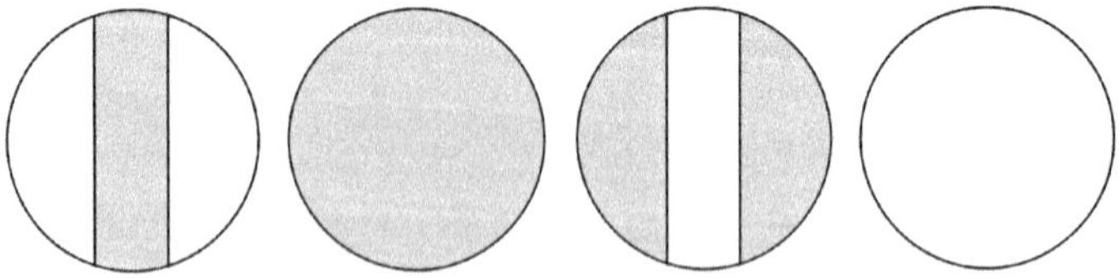

图5 三分视场的亮度变化

在进行测量时，先要找出作为参考的零度视场（取三分视野内暗度相同的视场），此位置记作 θ_0。将装有蔗糖溶液的试管放入旋光仪后，由于溶液具有旋光性，视场中三分光都一齐被旋转了 β 角，视场发生了变化。调节检偏器，转至 θ_1，就可观察到重新出现的暗度相同的三分视场。从刻度盘游标处装有放大镜的视窗读数，算出待测旋光物质旋转角 β，就可计算出该物质的浓度或旋光率。

实验内容

一、必做部分：测量蔗糖溶液的浓度及纯度

（1）钠光灯发光正常后，调节望远镜目镜，使视场清晰。

（2）利用旋光仪区分装有水和蔗糖溶液的两个试管。

（3）确定零度视场。

将盛满水的试管放入旋光仪中（用毛巾抹干水雾，特别是管两端的玻璃片。若管内有气泡该如何处理?），使能清楚地看到视场中明暗分界线。转动检偏器，使视场三部分暗度相同。从刻度盘中记下两边读数 θ_0，重复三次，求其平均值。(为什么?)

（4）测量蔗糖溶液的浓度及纯度。

①把装满待测蔗糖溶液的试管放入旋光仪中，转动检偏器，调至重新出现暗度相同的三分视场。记下刻度盘读数，重复三次，求其平均值。它与零度视场之差就是待测物质对入射偏振光的旋转角。

②记下观察管的长度（以分米表示）和糖溶液配制浓度 C_0 = 20.0 g/100 ml。由（4）式计算出蔗糖溶液的实际浓度 C，并计算出糖溶液的纯度 P。

二、选做部分

（1）检验旋光角度大小与溶液长度的关系。

①取装有相同浓度蔗糖溶液的不同长度的试管，分别放入旋光仪中，列表记录数据。

②作旋光角度与长度之间的关系图，分析旋光角度大小与溶液长度的关系。

（2）用旋光仪区分葡萄糖溶液与蔗糖溶液，并比较二者的旋光方向及旋光角度的大小。

注意事项

（1）实验中所用的钠光灯发出波长为 589.3 nm 的黄色单色光，由于其与旋光仪固定相连，无须校正照明位置。

（2）旋光仪上的刻度盘由两个 180°组成，每格为 1°。游标有 20 个小格，每小格为 0.05°。计算时要注意是否存在跨零读数（旋光仪的读数方法及跨零读数处理参看实验 2.9 的附录）。

思考题

1. 旋光角度的大小与哪些因素有关？

2. 旋光仪中可观察到的光强相同的视场有几个？为什么测量时的零度视场选择的是暗度相同的视场？

3. 何为跨“0”读数？实验中如果出现跨“0”读数，应如何处理？

4. 试管上的外凸结构其作用是什么？

2.11 等厚干涉实验

两列频率相同、振动方向相同和位相差恒定的相干光在空间相交区域将会发生相互加强或减弱现象，即光的干涉现象。光的干涉是重要的光学现象之一，是光的波动性的重要实验依据。

光的干涉分为等厚干涉和等倾干涉两种。可见光的波长虽然很短（390～780 nm），但干涉条纹的间距和条纹数却很容易用光学仪器测得。根据干涉条纹数目和间距的变化与光程差、波长等的关系式，可以推出微小长度变化（光波波长数量级）和微小角度变化等，因此干涉现象在照相技术、测量技术、平面角检测技术、材料应力及形变研究等领域有着广泛地应用。但在专业出版印刷领域胶片扫描中却干扰着图像清晰度，影响图像的印刷质量。

本实验要求观察等厚干涉现象及其特点；加深对等厚干涉原理的理解；掌握用干涉法测量透镜的曲率半径、微小直径或厚度；熟悉读数显微镜的结构原理，学会它的调节和使用方法。

实验原理

当用单色光垂直照射厚度不均匀的空气薄层时，从空气薄层上下两个表面反射的光束在空气薄层表面附近相遇产生干涉，空气薄层厚度相等处形成相同的干涉条纹，这种干涉现象称为等厚干涉。牛顿环和劈尖是常见的等厚干涉装置。

一、牛顿环

如图 1（a）所示，当一块曲率半径 R 很大的平凸透镜置于一块平面玻璃板上时，就成为牛顿环仪。在牛顿环仪中，透镜凸面与平面玻璃板之间形成一层以接触点为中心，向四周逐渐增厚的空气薄层。当以平行的单色光垂直照射牛顿环仪时，在薄层的上、下表面形成的两束反射光将发生干涉（其光程差即为该处空气薄层厚度的两倍）。形成的干涉条纹是以接触点为中心的明暗相间、内疏外密的同心圆环，称为牛顿环，如图 1（b）所示。

由图 1（a）可知，空气薄层的厚度：

$$h = R - \sqrt{R^2 - r^2} \approx \frac{r^2}{2R} \qquad (1)$$

在空气薄层上下表面反射的光所产生的光程差为：

$$\Delta = 2h + \frac{\lambda}{2} \qquad (2)$$

式中附加光程差 $\lambda/2$ 是光从光疏媒质（空气）到光密媒质（平面玻璃板）反射时产生的半波损失（λ 是入射单色光的波长）。

实验时常用暗环作为测量对象(为什么?)，反射光干涉形成暗环的条件为：

$$\Delta = (2k+1)\frac{\lambda}{2} \quad (k=0,\ 1,\ 2,\ 3,\ \cdots) \qquad (3)$$

由（2）和（3）式可得 k 级暗环处空气厚度满足的条件为：

$$2h = k\lambda \qquad (4)$$

由式（1）和（4）可得 k 级暗环的半径为：

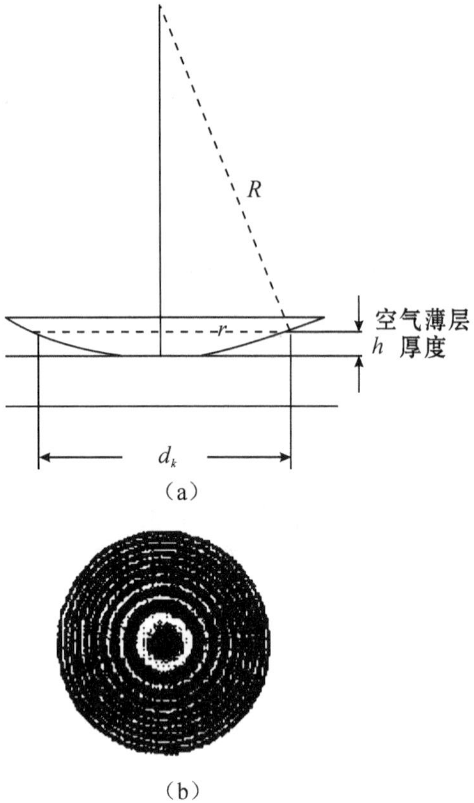

图 1　牛顿环示意图

$$r_k = \sqrt{kR\lambda} \qquad (5)$$

平凸透镜中心与平面玻璃板的接触点处，理论上讲 $h=0$，为暗斑。但在实际中，由于牛顿环压紧程度不同会引起玻璃的形变或镜面上可能存在微小灰尘、平面玻璃板本身存在缺陷等原因，干涉环的中心可能不是 0 级暗斑，因而干涉环的级次 k 很难确定。为了减小测量误差，实验中通常不去测量 k 级暗环的半径，而是测量距中心较远的两暗环的直径 d_m 和 d_n。

由式（5）可得 k 级暗环的直径为：$d_k = \sqrt{4kR\lambda}$，进而推出

$$d_m^2 - d_n^2 = 4(m-n)R\lambda \qquad (6)$$

如果光源波长已知，由式（6）可求出平凸透镜的曲率半径：

$$R = \frac{d_m^2 - d_n^2}{4(m-n)\lambda} \qquad (7)$$

由于在实验中牛顿环的中心较难确定，要准确测出直径是困难的。但根据平面几何的勾股定理可以证明：

$$(A'A)^2 - (B'B)^2 = (C'C)^2 - (D'D)^2 \tag{8}$$

即测量弦长和直径是一样的，测量线可以不经过干涉环的中心（见图2）。（但测量时显微镜内十字准线的竖线要垂直读数尺，如何达到此要求？）

劈尖干涉

将待测薄片（细丝或纸片）放在两块平板玻璃之间的一端，在两块平板玻璃之间就形成一空气劈尖，如图3所示。两块平板玻璃的交线称为劈棱，在平行于劈棱的线上，空气隙的厚度是相等的。

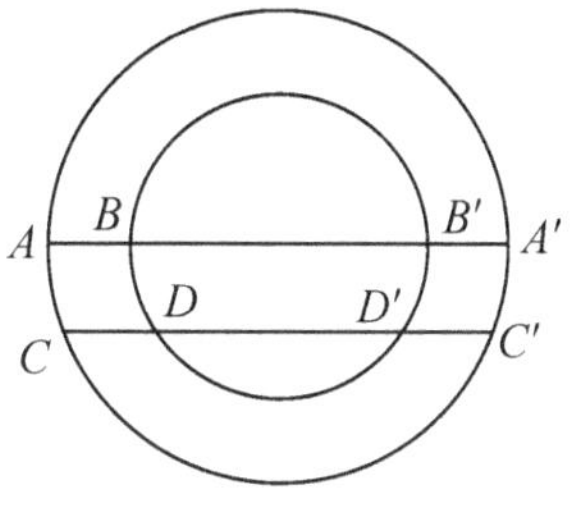

图2

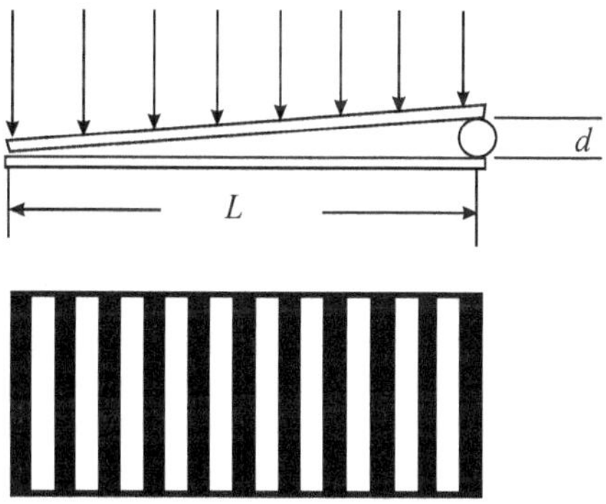

图3 劈尖干涉

当单色光垂直照射在平板玻璃上，则在空气隙的上表面会形成干涉条纹。条纹是平行于劈棱的一组明暗相间的等距离直线，劈棱处为暗纹。相邻两条暗纹所对应的空气隙厚度差为半个波长。

设入射光波长为 λ，待测薄片（细丝或纸片）的厚度为 d，薄片距劈棱的距离为 L，单位长度中含的暗条纹数为 n，则

$$d = nL\lambda/2 \tag{9}$$

若 λ 已知，测出 n 和 L 后，即可求得待测薄片的厚度 d。

实验装置

牛顿环仪、读数显微镜、平板玻璃、钠光灯等。

实验内容

一、必做部分：测量平凸透镜的曲率半径

（1）如图4所示，用钠光灯S作为单色光源，使其位于显微镜的正前方。实验前钠光灯需预热约5分钟。正常工作后，钠光灯发出的光照射到读数显微镜镜筒M上的45°半反射镜F上。左右旋转半反镜F，使显微镜中光场最亮，有一部分反射光接近垂直地入射到牛顿环仪N上。

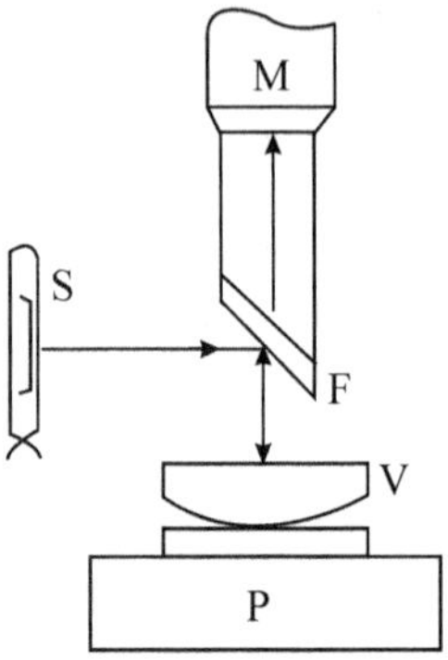

图4　牛顿环光路示意图

（2）将读数显微镜的镜筒处于刻度尺中间位置，并且垂直对准N的中央（读数显微镜的结构和使用方法见附录）。

调节目镜使十字准线清楚；上下调节镜筒，使能看到清晰的牛顿环。转动读数显微镜的读数鼓轮，将镜筒左右来回移动，使十字准线交点大致通过牛顿环中心。十字准线的竖线与镜筒移动方向垂直。

（3）转动读数鼓轮，使十字准线左移至22环，然后再退回到20环读数，沿着一个方向依次从左20环测量到右侧20环，或反之。中途绝不能反转。

测量时，要注意用十字准线对准牛顿环各条暗环的中央（即暗环的最暗处），并要消除读数显微镜的视差和螺距误差。

（4）用逐差法计算直径平方差 Δd^2 的平均值代入公式（7），求出 R。

实验数据记录表（钠光灯波长：589.3 nm）

环序 m	暗环位置（mm）		暗环直径 d_m	环序 n	暗环位置（mm）		暗环直径 d_n	$d_m^2-d_n^2$
	x_1（左）	x_2（右）			x_1（左）	x_2（右）		
20				10				
19				9				
18				8				
17				7				
16				6				

其中 m 和 n 是从中心数起的环序，并不代表干涉级次。

二、选做部分：测量微小厚度

（1）取一纸片（或一根头发），放在两块平板玻璃搭成的空气劈尖的一端。纸片（或头发）与劈棱平行。用读数显微镜测出多条等厚暗纹的间距，量出劈棱到待测物间的总长度 L，计算出待测物的厚度。

（2）直接用读数显微镜读出待测物的厚度，与劈尖干涉的结果进行比较。

注意事项

（1）在关掉钠光灯后，若要重新开启必须间隔 5 min 以上。

（2）调节显微镜上下位置时，一定要从下往上调，以免损坏玻璃片、物镜和待测物。

（3）牛顿环仪上的三个螺丝不要旋得过紧，以防发生形变。

（4）测量过程中测微鼓轮不许倒转，以消除螺距差。

思考题

1. 若所看到的牛顿环内凹或外凸，这说明了什么？
2. 若圆环中心是亮斑而不是暗斑，产生的原因是什么？对测量结果有无影响？
3. 为什么牛顿环的干涉条纹是内疏外密的？
4. 牛顿环与劈尖干涉有何异同？

附录　　读数显微镜

读数显微镜（又称移测显微镜）是可以测量微小长度的光学仪器，其结构如图 5 所示，主要由显微镜和读数装置组成。

在使用读数显微镜前，应先仔细调节显微镜，以消除视差。光学测量仪器的视差是由于被测物的像与进行度量的标尺不处于同一平面所造成的。判断视差的常用方法是，当观察者的眼睛移动时，像与标尺之间存在相对位移。

读数显微镜的显微镜部分由物镜和目镜组成，它的标尺（通常称为十字准线）位于物镜与目镜之间。为消除视差，应先旋转目镜，使十字准线像清晰；再调节升降旋钮，使被测物的像也清晰。而后移动眼睛，如被测物的像与十字准线像没有相对位移，则表明被测物与标尺已处于同一成像面。

读数显微镜的读数装置与螺旋测微器类似，也应用了螺旋测微的原理。它的主尺量程是 50 mm，最小分度是 1 mm。读数鼓轮上有 100 个格，鼓轮转动一周，主尺移动 1 mm，即鼓轮上的1个格为0.01 mm，可估计到0.001 mm。由于任何螺旋测量装置的内螺纹与外螺纹之间都有间隙，故不同旋转方向所对应的读数必有差别，这种差别称为螺距误差。因此在用读数显微镜进行长度测量时应使十字准线沿同一个方向前进，先后与被测物两端对齐，中途不要倒退，以避免螺距误差。

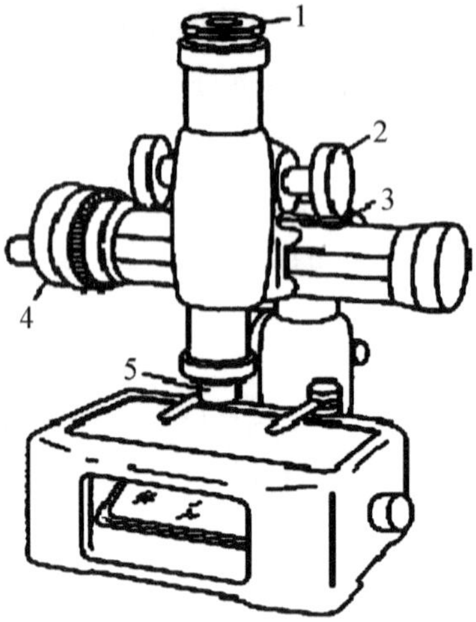

1. 目镜　2. 升降旋钮
3. 主尺　4. 读数鼓轮　5. 物镜

图5　读数显微镜

2.12 迈克尔逊干涉仪测激光波长

迈克尔逊干涉仪（如图1）是1883年美国物理学家迈克尔逊和莫雷合作，为研究“以太”漂移而设计制造出来的精密光学仪器。它是利用分振幅法产生双光束以实现干涉的光学仪器，它设计巧妙，包含极为丰富的实验思想，在物理学发展中具有重大的历史意义。利用该仪器的原理，研制出了多种专用干涉仪。在近代物理和近代计量技术中，如在光谱线精细结构的研究和用光波标定标准米尺等实验中都有着重要的应用。本实验要求了解迈克尔逊干涉仪的基本结构，学会调节迈克尔逊干涉仪，利用等倾条纹的变化测激光波长。

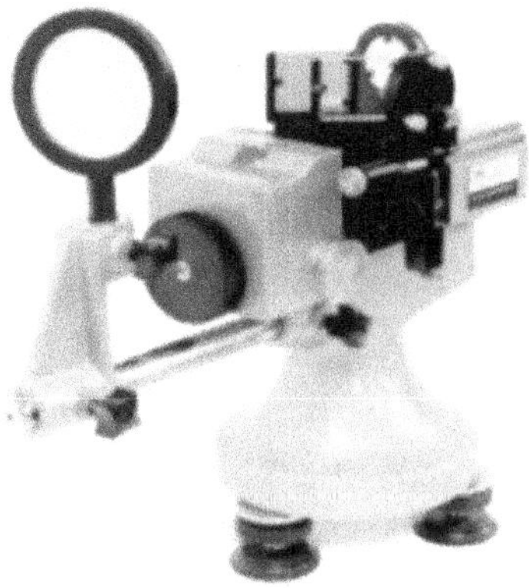

图1 迈克尔逊干涉仪的外形图

实验原理

一、迈克尔逊干涉仪的光路

图2是迈克尔逊干涉仪的光路示意图，图中M_1和M_2是在相互垂直的两臂上放置的两个平面反射镜，其中M_2是固定的；M_1由精密丝杆控制，可前后移动，移动的距离由刻度尺和刻度转盘（由粗读和细读两组刻度盘组合而成）读出。在两臂轴线相交处，有一与两轴成45°角的平行平面玻璃板G_1，它的后表面上镀有半反射膜（一般镀银），以便将一束垂直的入射光分成两束振幅接近相等的反射光①和透射光②，故G_1又称为分光板。G_2也是平行平面玻璃板，与G_1平行

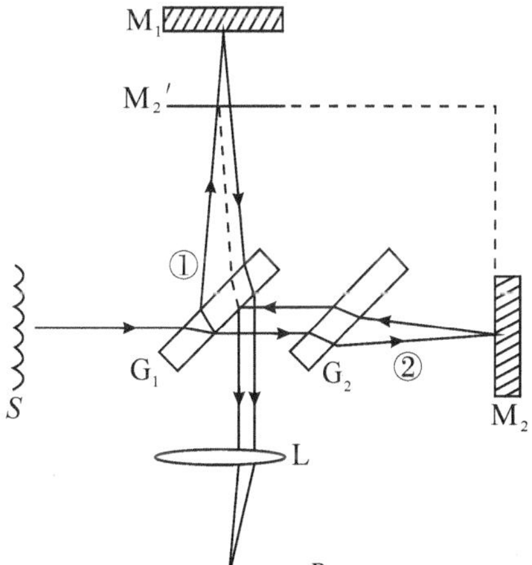

图2 迈克尔逊干涉仪光路图

放置，厚度和折射率均与 G_1 相同。由于它补偿了光线①和②因穿越 G_1 次数不同而产生的光程差，故称为补偿板（没有 G_2 时，①光三次穿过 G_1 板，而②光只穿过 G_1 一次，这样两光线到达 P 处会存在较大的光程差。加上 G_2 后，②光往返穿过 G_2 板两次，从而使得②光与①光在玻璃介质中的光程相同）。

二、干涉条纹

（1）面光源产生的干涉条纹。从面光源 S 射来的光在迈克尔逊干涉仪的 G_1 处分成两部分，反射光①经 G_1 反射后向着 M_1 前进，透射光② 透过 G_2 向着 M_2 前进，这两束光分别在 M_1、M_2 上反射后逆着各自的入射方向返回，最后都达到 P 处。因为这两束光是相干光，因而在 P 处的观察者就能够看到干涉条纹。

当观察者从 P 处向 G_1 看去时，除直接看到 M_1 外，还能看到 M_2 在 G_1 中的虚像 M'_2，于是①光和②光就如同从 M_1 和 M'_2 反射来的两束光，因此迈克尔逊干涉仪中的干涉与厚度为 d 的空气膜产生的干涉一样，这里 d 为 M_1 和 M'_2 虚像的间隔。

（2）等倾干涉条纹。当 M_1 和 M'_2 平行时（此时 M_1 和 M_2 严格互相垂直），将观察到环形的等倾干涉条纹。

由 M_2 和 M_1 反射的两束光到 P 处的光程差为（见图 3）

$$\Delta = AC + CB - AD$$

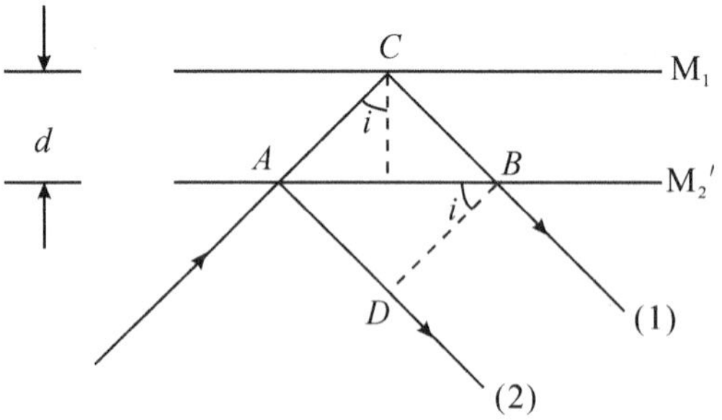

图 3　等倾干涉光路图

由于 $AC = CB = d/\cos i$，$AD = AB\sin i = 2d\tan i\sin i$

所以

$$\Delta = 2d\cos i \tag{1}$$

其中 i 为反射光（1）在平面镜 M_1 上的入射角。

根据光的干涉加强和减弱的条件

$2\,d\cos i_k = k\lambda$ 时，为干涉明条纹

$2\,d\cos i_k =(2k+1)\lambda/2$ 时，为干涉暗条纹 (2)

式中 $k=0, 1, 2, \cdots$ 为干涉级次。

当 d、λ 一定时，干涉级次 k 随倾角 i 变化。由于具有相同倾角的所有光线的光程差都相同，对应同一干涉级次 k，故称这种干涉为等倾干涉。干涉图样是以光轴为中心的同心圆环，中心干涉级次最高，越向外干涉级次越低。

当 k、λ 一定时，减小 d，倾角 i 必须减少，则干涉圆环缩小，逐渐向中心淹没，条纹变粗变疏。当 $d=0$（即 M_1 与 M'_2 重合）时，整个视场均匀一片，看不到干涉圆环。当 d 增加时，倾角 i 必须增大，则干涉条纹外扩，中心不断有圆环涌出，条纹变细变密。每当 M_1 和 M'_2 的间距 d 变化 $\lambda/2$ 时，就有一个条纹涌出（或淹没）。

因此，当 M_1 镜移动时，若有 N 个条纹陷入中心，则表明 M_1 相对于 M'_2 移近了

$$\Delta d = N\frac{\lambda}{2} \tag{3}$$

反之，若有 N 个条纹从中心涌出来时，则表明 M_1 相对于 M'_2 移远了同样的距离。如果精确地测出 M_1 移动的距离 Δd，则可由式（3）计算出入射光波的波长。

（3）等厚干涉条纹。若 M_1 和 M_2 不垂直，M_1 和 M'_2 有微小夹角，即形成一空气劈尖时（如图 4），将能观察到近似平行的直线条纹，即等厚干涉条纹。离中央条纹较远处，条纹发生弯曲，凸向中央条纹。

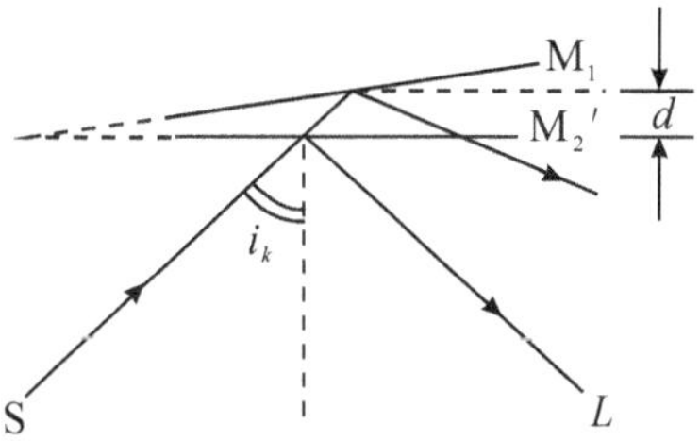

图 4　等厚干涉光路图

（4）点光源的非定域干涉条纹。点光源发出的光（见图 5），经迈克尔逊干涉仪的 M_1、M'_2 的反射后，等效于沿轴向分布的两个虚光源 S'_1、S'_2 所产生的干涉。因 S'_1、S'_2 发出的球面波在它们相遇的空间处处相干，所以观察屏 P 放在不同位置上，则可看到圆、椭圆、双曲线、直线等不同形状的干涉条纹，故称为非定域干涉条纹。

当 P 垂直于 S'_1、S'_2 的连线时，调整 M_1 和 M_2 的方位也可观察到等倾、等厚干涉条纹。

三、测量钠双线波长差 Δλ

钠光两条强谱线的波长相差很小，分别为 $\lambda_1 = 589.0$ nm 和 $\lambda_2 = 589.6$ nm。钠光经迈克尔逊干涉仪的 M_1、M'_2 的反射后，当光程差满足

$$k_1\lambda_1 = \left(k_2 + \frac{1}{2}\right)\lambda_2$$

这时光波 λ_1 生成亮环的位置，恰好与光波 λ_2 生成暗环的位置重合。如果两列光波的强度相等，则在此处干涉条纹的视见度应为零（即条纹消失）。

继续移动 M_1 时，视见度会逐渐提高。干涉场中相邻的两次视见度为零时的光程差的变化为

$$\Delta L = k\lambda_1 = (k+1)\lambda_2 \quad （其中 k 为正整数）$$

化简后得 $\Delta\lambda = \lambda_2 - \lambda_1 = \dfrac{\lambda_1\lambda_2}{\Delta L} = \dfrac{\bar{\lambda}^2}{\Delta L}$

式中 $\bar{\lambda}$ 为 λ_1、λ_2 的平均波长。

对于视场中心来说，设 M_1 镜在相继两次视见度为零时移动距离为 Δd，则光程差的变化 ΔL 应等于 $2\Delta d$，所以

$$\Delta\lambda = \frac{\bar{\lambda}^2}{2\Delta d} \tag{4}$$

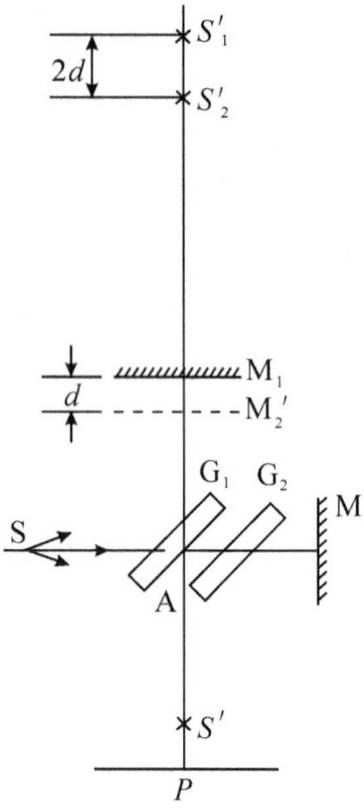

图5　点光源干涉光路图

对钠光 $\bar{\lambda} = 589.3$ nm，如果测出在相继两次视见度最小时 M_1 镜移动的距离 Δd，就可以由式（4）求得钠光 D 双线的波长差。

实验装置

迈克尔逊干涉仪的结构如图6所示。

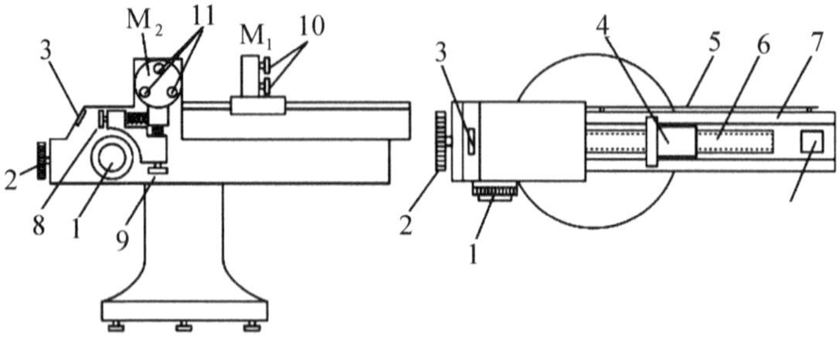

1. 微调手轮　2. 粗调手轮　3. 粗调读数窗口　4. 动镜 M_1　5. 主尺
6. 精密丝杆　7. 导轨　8. 水平拉簧　9. 垂直拉簧　10、11. 粗调螺丝

图6　迈克尔逊干涉仪的结构图

1. 调节系统

动镜 M_1 出厂时已调好，在实验过程中千万不要动它背面的螺丝 15。

定镜 M_2 的粗调由背面的螺丝 16 调节，细调借助水平拉簧螺丝 13 和垂直拉簧螺丝 14 调节。

2. 动镜的读数系统

M_1 装在滑块上，滑块由精密丝杆带动可以沿导轨移动。M_1 的位置由 3 个读数尺确定：主尺是精度 1 mm 的刻度尺，在导轨侧面。毫米以下的读数由两个螺旋测微装置读出，即粗调手轮 2 和微动手轮 1。三者的关系是：微动手轮转一周（100 个刻度），粗调手轮读数窗内移动一个刻度；粗调手轮转一周（100 个刻度），主尺移动 1 mm。因此，系统的精度为 0. 000 1 mm，可估读到 0. 000 01 mm。

实验内容

一、必做部分

1. 点光源非定域干涉现象观察及激光波长的测定

调整激光器，使之位于分光板和 M_2 镜的中心线上且等高。转动粗调手轮，使 M_2 与 M_1 镜距分光板 G_1 的中心大致相等（约在主尺的 32 cm 处）。

在光源与分光板 G_1 之间插入毛玻璃，用眼睛透过 G_1 直视 M_1 镜，可看到两排光点。细心调节 M_2 镜后面的 3 个调节螺丝，使两排光点重合。当两排光点完全重合时，去掉毛玻璃，插上观察屏后，将看到明暗相间的干涉圆环。

若干涉环模糊，可轻轻转动粗调手轮，改变一下 M_1 镜的位置，干涉环就会出现。再仔细调节 M_2 镜的两个拉簧螺丝，把干涉环中心调到视场中央。只有当干涉环中心随观察者的眼睛左右、上下移动而移动，但干涉环的大小不变、圆心没有“涌出”或“陷入”现象时，观察到的干涉条纹才是严格的等倾干涉条纹。

转动手轮，将干涉中心调到最暗或最亮，记下此时反射镜 M_1 的位置，之后每变化 100 条记录一个读数，共记录 10 个数，注意消除螺距差（即空程差）。用逐差法由式（3）计算 He-Ne 激光器的波长，并与标准值（632. 8 nm）进行比较求出相对误差。

2. 观察等厚干涉和白光干涉条纹

在等倾干涉的基础上，移动 M_1 镜，使干涉环由细密变粗疏，直到整个视场条纹变成等轴双曲线形状时，说明 M_1 与 M'_2 接近重合。细心调节水平和垂直拉簧螺丝，使 M_1 与 M'_2 有一很小夹角，视场中便出现等厚干涉条纹，观察和记录条纹的形状、特点。

用白炽灯照明毛玻璃做光源。细心缓慢地旋转微动手轮，当 M_1 和 M'_2 达到“零程”（即 $d=0$）时，在 M_1 和 M'_2 的交线附近就会出现彩色条纹。记录观察到的条纹形状和颜色分布。

调节白光干涉的彩色条纹时，应耐心、缓慢地旋转微动手轮找到中央条纹。转动微动手轮时不要触动 M_2 的拉簧螺丝，不要转动一会儿不见彩色条纹就反转，仪器回程差较大，反转很费时。

二、选做部分

1. 观察扩展光源的等倾干涉条纹并测钠双线的波长

用钠光灯加毛玻璃做光源。调节、测量步骤同“必做部分 1”。观察并记录每“涌出”或“陷入”50 个干涉环时，M_1 镜位置，连续记录 6 次。用逐差法求出钠双线的平均波长，并与标准值进行比较。

2. 测定钠双线的波长差

移动 M_1 镜，使视场中心的视见度最小，记录 M_1 镜的位置；沿原方向继续移动 M_1 镜，使视场中心的视见度由最小到最大直至又为最小，再记录 M_1 镜的位置，连续测出 6 个视见度最小时 M_1 镜的位置。用逐差法求 Δd 的平均值，计算钠双线的波长差。

注意事项

（1）迈克尔逊干涉仪系精密光学仪器，使用时动作要轻、要缓，尽量使身体部位离开实验台面，以防震动。严禁手摸光学元件的光学表面，不要对着仪器说话、咳嗽等。

（2）激光束光强极高，切勿用眼睛直接观看。

（3）仪器零点的调整方法：将微调手轮沿某一方向（如顺时针方向）旋至零，再沿同一方向转动粗调手轮，让读数窗口基准线对准任一刻度，然后旋转微调手轮一周，检查读数窗中的刻度，如刚好转动一格就已调好。

（4）空程差消除方法：测量时，微调鼓轮只向一个方向转，中途不倒退。

（5）切记不要调节分光板 G_1、补偿板 G_2 和动镜 M_1 后面的螺丝。

（6）M_2 镜后的调节螺丝不要旋得过紧，以防镜片受压变形或损坏螺丝。仪器不用时，M_2 的两个拉簧调节螺丝要旋至放松状态，即不要把拉簧拉长。

思考题

1. 调节迈克尔逊干涉仪时看到的亮点为什么是两排而不是两个？两排亮点是怎样形成的？

2. 实验中毛玻璃起什么作用？为什么观察钠光等倾干涉条纹时要用通过毛玻璃的光束照明？

3. 等倾干涉环里边的级次高还是低？为什么牛顿环中心的条纹级次最小？

4. 迈克尔逊干涉仪产生的干涉条纹与牛顿环产生的干涉条纹有何异同？

5. 用方程 $2d\cos i_k = k\lambda$ 解释等倾干涉条纹在调节过程中的变化特征。

6. 用迈克尔逊干涉仪观察干涉现象时，M_1 与 M'_2 的距离 d 有无限制？

3

参数测定

3.1　冰的熔解热的测定

在一定压强下，晶体熔化时的温度称为该晶体在此压强下的熔点，在熔点温度下，单位质量的晶体物质从固态全部变成液态所需要的热量叫做该晶体物质的熔解热。

本实验用混合量热法测定冰的熔解热。混合量热法是热学中常用的方法，它根据热平衡的原理，用混合法测定物体间的热交换。混合量热法要求的基本实验条件是保持系统为孤立系统。为了较为准确地测出冰的熔解热，本实验将从仪器装置、测量安排以及实验操作等方面尽量满足该条件。

由于被测系统与外界环境的温度不是每时每刻都相同，量热器不可避免地要与外界进行热交换，因此，要想得到比较准确的实验结果，就必须做一些必要的修正。本实验采用图解法对水的初温及热平衡温度做了简便和粗略的修正。

实验原理

一、测量方法

混合量热法的基本做法是：把待测系统Ⅰ和一个已知其比热容的系统Ⅱ混合起来，并设法使它们形成一个与外界没有热量交换的孤立系统Ⅲ（Ⅲ = Ⅰ + Ⅱ）。这样Ⅰ（或Ⅱ）所放出的热量全部为Ⅱ（或Ⅰ）所吸收。由于已知比热容的系统Ⅱ在实验过程中所传递的热量 Q 可以由其温度的改变 ΔT 和比热容 c 计算出来，即

$$Q = c\Delta T$$

因此，系统Ⅰ在实验过程中所传递的热量就可以求得了。

量热器基本上可以称为是一个孤立系统（图1所示）。将质量为 m_2、温度为 T_2℃的冰放到装有质量为 m_1、温度为 T_1℃的水的量热器中，此时水逐渐降温，而冰逐渐升温、熔化直至系统处于动态热平衡。设在实验室环境下冰的熔点为 T_0℃，系统平衡温度为 T_3℃，水的比热容为 c_1，冰的比热容为 c_2，冰的比熔解热为 λ，量热器内筒与搅拌器的材料相同，总质量为 m_3，比热容为 c_3，温度计探头的吸热与放热忽略，并假设在混合过程中量热器与周围空间无热量交换，则

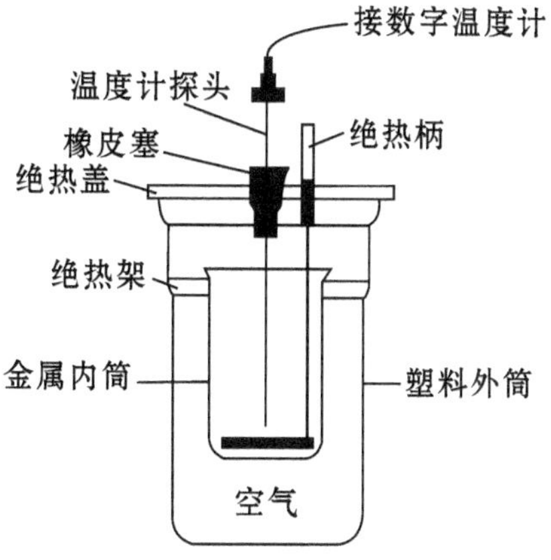

图1　量热器

$$m_2c_2(T_0-T_2)+m_2\lambda+m_2c_1(T_3-T_0)=(m_1c_1+m_3c_3)(T_1-T_3)$$

$$\lambda=\frac{1}{m_2}(m_1c_1+m_3c_3)(T_1-T_3)-c_2(T_0-T_2)-c_1(T_3-T_0) \tag{1}$$

因此，只要测得冰、水、量热器内筒与搅拌器的质量，冰、水的初始温度及系统平衡温度，就可以求得冰的熔解热 λ。

二、水的初温与终温的修正

公式（1）是在假定量热器与外界无热交换的基础上得出的。实际上，实验系统不可能与环境温度始终一致，可能会吸收或散失能量。因此，应该考虑如何防止热散失，以及如何修正热散失的影响。

牛顿冷却定律告诉我们，一个系统的温度 T 如果略高于环境温度 θ（两者的温度差不超过10 ℃），系统就会散失热量，反之，就从环境吸收热量，散热速率（或吸热速率）与温度差成正比，用数学形式表示为

$$T>\theta,\ 散热\quad \frac{\delta Q}{\delta t}=k(T-\theta)\ 或\frac{\delta Q}{k}=(T-\theta)\delta t \tag{2}$$

$$T<\theta,\ 吸热\quad \frac{\delta Q}{\delta t}=k(\theta-T)\ 或\frac{\delta Q}{k}=(\theta-T)\delta t \tag{3}$$

式中 k 为散热常数，它与系统及系统周围介质的性质和状态等多种因素有关。图2为量热器对周围散热和从周围吸热时，其温度随时间变化的曲线。从 a、b、c 三点对时间轴做垂线 at_1、bt_θ、ct_3，并在 $[t_1, t_\theta]$ 和 $[t_\theta, t_3]$ 区间分别对（2）、（3）式进行积分，得到

$$\frac{Q_A}{k}=S_A \text{ 和 } \frac{Q_B}{k}=S_B \tag{4}$$

式中 Q_A 为 t_1 到 t_θ 时间内量热器对环境总的散热量，S_A 为 abd 所围成的面积；Q_B 为 t_θ 到 t_3 时间内量热器从周围吸收的总热量，S_B 为 bce 所围成的面积。如果我们适当选择系统参量（如量热器中水的质量，水的初、终温，以及冰块的大小等），使 S_A 与 S_B 接近相等，就能使系统向周围吸、放的热量基本上相互抵消。但实际上这种方法很难做到完全抵消。

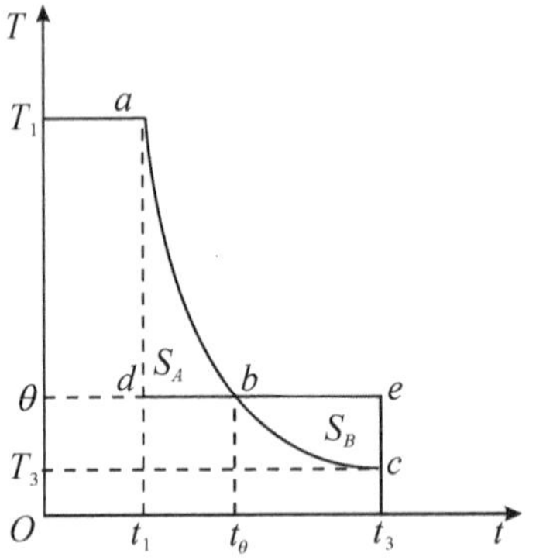

图 2

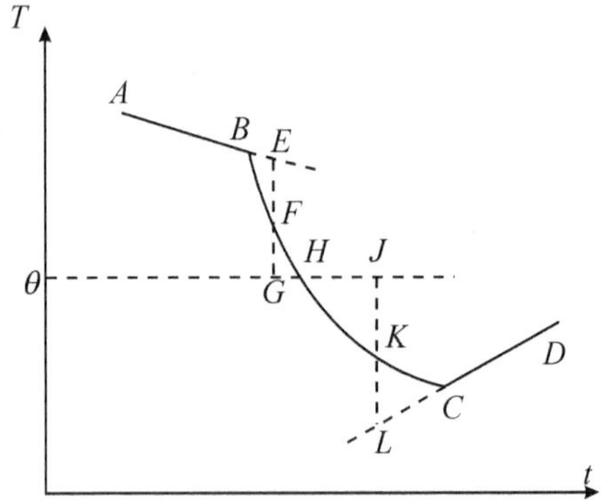

图 3

由于混合过程中量热器与环境有热交换，因此，由温度计量出的水的初温 T_1℃ 与热平衡温度 T_3℃都与无热交换时的不同。因此，应该对 T_1℃和 T_3℃进行修正。下面我们用图解法对放冰块时的水温及热平衡时的温度进行修正，如图 3 所示。

实验时，从放冰前 5、6 分钟开始测水温，每半分钟测一次，记下数据，即图 3 中的 AB 线；在 B 点时刻记下此时的温度（即水的初温 T_1℃）及时间后投放冰块（B 点的选择要根据式 $T_1-\theta\approx\theta-T_3$ 来估计，此时 T_3 未知，因此 B 点的选择部分靠经验）；用搅拌器不停地搅拌并继续每半分钟记录一次水温，这对应于图 3 中的 BC 段曲线；在 C 点冰全部溶化，混合物温度最低，且此温度持续时间较长，记下此时的温度（即水的终温 T_3℃）及时间；之后，温度开始升高，每一分钟测一次水温，在图 3 中对应于 CD 线。BC 曲线与 θ（为环境温度）线交 H，延长 AB 和 DC，作 EFG 线（与 T 轴平行），使 BEF 面积等于 FGH 面积，得到 $BEFGH$ 与 BFH 这两条图线各自相应的过程中对外界所散失的热量必然相等。同样作 JKL 线（与 T 轴平行），使 HJK 面积等于 KLC 面积，得到 $HJKLC$ 与 HKC 这两条图线各自相应的过程中从外界吸收的热量必然相等。因此 $BFHKC$ 过程可等效为 BE、EG、GJ、JL 和 LC 五段过程。因此，系统由于投入冰而引起的降温过程，可等效为由冰在瞬间全部溶化为水的过程，即令 T_E 和 T_L 为公式（1）中的 T_1 和 T_3，就可以求得冰的熔解热 λ。

实验装置

量热器、电子天平、温度计、冰、水、烧杯、停表、干燥的布。

一、量热器

量热器是一种通过测量物体间传递的热量来得出物质的比热容、潜热或化学反应热的仪器，其结构如图 1 所示。量热器的外筒用绝热盖盖住，使内筒上部的空气不与外界发生对流，常将外筒内壁与内筒镀亮，以减少辐射影响。

二、电子天平

电子天平的主要部件为荷重传感器、电子线路和数字显示器等。本实验室的电子天平有两个规格，一个最大称量为 500 g，最小分度值为 0.001 g，另一个最大称量为 100 g，最小分度值为 0.000 1 g。

电子天平的操作规则为：

（1）在无风、防震的环境中使用，要防止任何液体渗漏进电子天平的内部。

（2）开机后应有 30 min 预热时间。

（3）在测量前先要调节天平水平，再按说明书进行校准，并每隔一定时间校准一次。

（4）将待测物置于秤盘中央，关好门后再进行称量。负载量不得超过天平的最大称量，不能用电子天平直接称量具有腐蚀性和带有磁性的物品。

实验内容

一、必做部分

1. 质量、温度的测量

（1）称量热器内筒的质量。

（2）将温度适当的水倒入量热器，水的体积不应超过内筒容量的 2/3。

（3）采用间接的方法测量制备好的透明、洁净的冰的质量（在冰溶化以后称量冰加水的总质量，再减去水的质量）。

（4）考虑如何才能测准系统在某一时刻的温度，如何准确测量水的初温 T_1 和系统的热平衡温度 T_3，用温度计上的读数代表被测系统的温度。

(5) 先做一次实验，在分析实验现象和结果的基础上，确定 T_1、T_3 及冰的质量以多少为宜后，再重复实验，直至找到上述物理量的合适数值。

2. 测定实验过程中系统温度随时间的变化关系（即确定 $T-t$ 曲线）

(1) 在量热器内加入温度合适、质量一定的水，在测完水的质量后，每隔一定时间（如 30 s）测量一次水温，直到水温降至按上述估算得到的 T_1。

(2) 测量已准备好的冰的温度，在揩干其表面的水后放入水中，继续记录，直至冰溶化后的混合水的温度升至适当数值（使初温、终温分别与室温的绝对差值大致相等）。

3. 数据处理

在冰的质量、$T-t$ 曲线的数据点测量完毕后画出 $T-t$ 曲线，找出正确的 T_1 和 T_3 值，代入公式（1）计算冰的熔解热。

水的比热容 c_1 为 $4.187\times10^3\,\mathrm{J\cdot kg^{-1}\cdot ℃^{-1}}$，量热器内筒（包括搅拌器）为铜制的，其比热容 c_3 为 $0.389\times10^3\,\mathrm{J\cdot kg^{-1}\cdot ℃^{-1}}$，冰（$-40$ ℃ ~0 ℃）的比热容 c_2 为 $1.80\times10^3\,\mathrm{J\cdot kg^{-1}\cdot ℃^{-1}}$。

二、选做部分

测出系统的散热常数 k（想一想是否可用必做内容中所得数据?）。

注意事项

(1) 量热器中温度计位置要适中，不要使其碰到冰块。若为数字温度计，注意保护温度计的传感器部分。

(2) 水的终温不宜比室温低得过多，因为温度过低可能使量热器附近的温度降到露点（通常空气中总是含有水蒸气的，若气温下降到某一数值时水蒸气达到饱和，此时所对应的气温就称为露点）。致使量热器外侧出现凝结水，而在温度升高后这凝结水蒸发时将散失较多的热量。

(3) 整个实验过程中，要不断进行搅拌，搅拌时不要过快，以防水溅出。

思考题

1. 冰块在放入量热器之前为什么要揩干水? 如果不这样做对实验结果有何影响?

2. 混合量热法必须保证的实验条件是什么? 在本实验中是如何实现的?

3. 实验中忽略了温度计探头的吸热或放热，用你所得到的实验数值去确定是否可以忽略该部分热量。

3.2 弦振动实验

驻波是一种波的干涉现象，在管、弦、膜、板等多种振动中普遍存在。在声学、无线电学和光学等学科中都有重要的应用，可以借助于它来确定振动系统的固有频率，或用来测量波长等。本实验介绍了一种利用驻波原理测量音叉频率的方法。

实验原理

如图 1 所示，将弦线的一端固定在电音叉上，另一端跨过滑轮 S，挂上砝码，使弦线具有一定的张力。当音叉振动时，弦线也随之振动，形成了沿弦线传播的行波（横波），其弦振动频率与音叉频率相同。由波动学知道，波的传播速度 V 与频率 ν 和波长 λ 之间有如下关系：

$$\nu = \frac{V}{\lambda} \tag{1}$$

若知道了波长和横波传播速度，就能求得频率 ν。

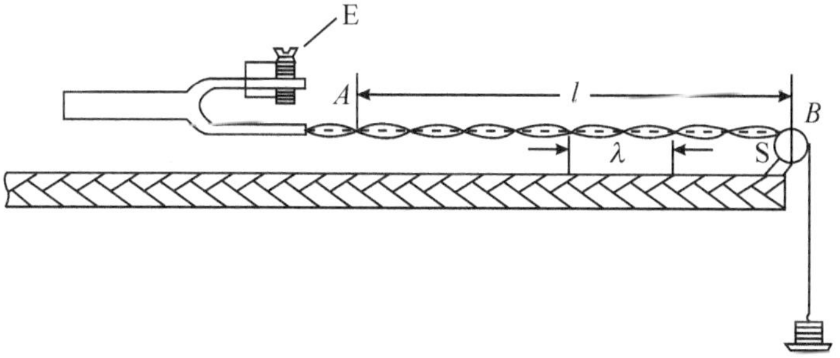

图 1　弦振动实验装置

当由音叉振动产生的波动传至弦线与滑轮 S 的接触点 B 时，产生了反射，形成了反射波，于是弦线上同时有前进波和反射波，这两列波的振动方向相同、频率相同、周相相同或相差恒定、振幅相等、传播方向相反，是满足相干条件的相干波，在波的重叠区将会发生波的干涉现象，即形成驻波。此时弦线分段振动，弦线上有些点振动的幅度最大，称为波腹（如图 1 所示）。有些点

振动的幅度为零，称为波节。相邻两个波节（或波腹）之间的距离为半个驻波波长。可以证明，当弦线长度为半波长的整数倍时，即

$$l = n \cdot \frac{\lambda}{2} \tag{2}$$

时，弦线上形成的驻波振幅最大也最稳定。

在一根张紧的弦线上，若其张力为 T，弦线的线密度（即单位长度的线的质量）为 ρ，则沿弦线传播的横波应满足下述运动方程：

$$\frac{\partial^2 y}{\partial t^2} = \frac{T}{\rho}\frac{\partial^2 y}{\partial x^2}$$

式中 x 为波在传播方向（与弦线平行）上的位置坐标，y 为振动位移。将上式与简谐波的波动方程 $\frac{\partial^2 y}{\partial t^2} = V^2\frac{\partial^2 y}{\partial x^2}$ 相比较，即可得到波的传播速度

$$V^2 = \frac{T}{\rho}$$

即
$$V = \sqrt{\frac{T}{\rho}} \tag{3}$$

假设弦线的质量与砝码相比可略去，滑轮的摩擦力也可略去，则弦线所受张力为：

$$T = Mg \tag{4}$$

其中 M 为所加砝码（包括钩码）的质量，g 为重力加速度。弦线的线密度为

$$\rho = \frac{m}{L} \tag{5}$$

其中 m 为弦线的质量，L 为弦线的长度。

将式（2）、(3)、(4)、(5）代入（1），可得

$$\nu = \frac{n}{2l}\sqrt{\frac{T}{\rho}} \tag{6}$$

$$\nu = \frac{n}{2l}\sqrt{\frac{MgL}{m}} \tag{7}$$

测出上式右边各量，就可求出音叉振动频率 ν。

实验装置

（1）电音叉、弦线、滑轮、米尺、砝码和钩码等（装置如图1）。

（2）电子天平。

实验内容

一、必做部分：测量音叉频率（数据记录表格自拟）

（1）用米尺量出弦线长度 L，用电子天平称出弦线的质量 m，记下音叉的标准频率 $\nu_{标}$。

（2）把弦线的一端固定在音叉脚上的小螺钉上，然后跨过滑轮，在弦线的另一端悬挂钩码，调节滑轮高度及方向使悬线与滑轮相切，且使悬线大致与桌面平行。

（3）接通电音叉的电源，仔细调节起振螺钉E，使音叉振动幅度最大后扭紧螺钉。

（4）在钩码上挂上适当的砝码，调节音叉到滑轮间的距离，使在弦线上形成振幅最大且稳定的驻波。

（5）用米尺测出从与音叉相邻的第一个波节到滑轮顶端的最后一个波节（即 n 个驻波）的长度 l，为准确起见，l 值应测量5次，每次都应较大幅度地移动音叉，并重新获得振幅较大且波形稳定的同样波数的驻波后再测量（这五次测量中 n 不变）。记下砝码与钩码的总质量 M。

（6）改变弦线的张力（即增减砝码）进行 l 的测量（此时驻波个数可能会有变化），改变张力两次，得到三组数据。

（7）将测出的三组 M、$\bar{l}$、n 值及弦线长度 L 分别代入（7）式，求出三组音叉频率的测量值。取一组较为准确的测量值与音叉的标准频率进行比较，求出相对误差。

（8）根据公式（7）来分析音叉频率的不确定度，选取一组数据进行不确定度的计算，并正确表示测量结果。

二、选做部分：研究横波波长与弦线线密度的关系

（1）推出波长与张力及线密度的函数关系式。

（2）固定弦线上的张力，取不同质量的弦线，用驻波法测量各相应的波长。

（3）作 $\ln\lambda-\ln\rho$ 直线图，验证横波波长与弦线线密度的关系。

注意事项

（1）在连续使用电子天平时，上一次测量完后拿出物体，天平的显示屏上显示为0.000 0 g时才能进行下一次称量。

（2）在测量驻波的长度时，视线应正对着被测驻波的波节。

思考题

1. 实验中可能存在哪些误差？哪些是系统误差？哪些是随机误差？
2. 测 l 时，驻波的个数 n 是多一些好还是少一些好？为什么？

3.3 重力加速度的测定

重力加速度 g 是一个反映地球引力强弱的地球物理常数，它与地球上各个地区的经纬度、海拔高度及地下资源的分布有关（两极的 g 最大，赤道附近的 g 最小，两者相差约 1/300）。重力加速度的测定在理论、生产和科学研究中都具有重要意义。测定重力加速度的方法很多，复摆法和单摆法是两种比较典型的方法。本实验详细介绍了两种方法的测量原理，学生可以从实验原理、测量方法、测量结果来分析比较两种方法的优缺点。

实验原理

一、单摆法测量原理

把一个金属小球悬挂在一根不可伸长的细长线的末端，如图 1 所示。如果细线的质量比小球的质量小得多，则此装置可看做是一根不计质量的细线系着一个质点，这就是单摆。

设小球的质量为 m，其质心到悬挂点 O 的距离为 l（称为摆长）。小球的重力在其运动的切向方向的分力大小为 $mg\sin\theta$，它总是指向平衡点 O'，当角 θ 很小时，有 $\sin\theta \approx \theta$，此时切向力近似为 $mg\theta$，忽略空气的阻力，由牛顿第二定律得到质点的运动方程为

$$ma_{切} = -mg\theta$$

$$ml\frac{\mathrm{d}^2\theta}{\mathrm{d}t^2} = -mg\theta$$

即

$$\frac{\mathrm{d}^2\theta}{\mathrm{d}t^2} + \frac{g}{l}\theta = 0 \qquad (1)$$

（1）式为简谐振动方程，该简谐振动的周期为

$$T = 2\pi\sqrt{\frac{l}{g}} \qquad (2)$$

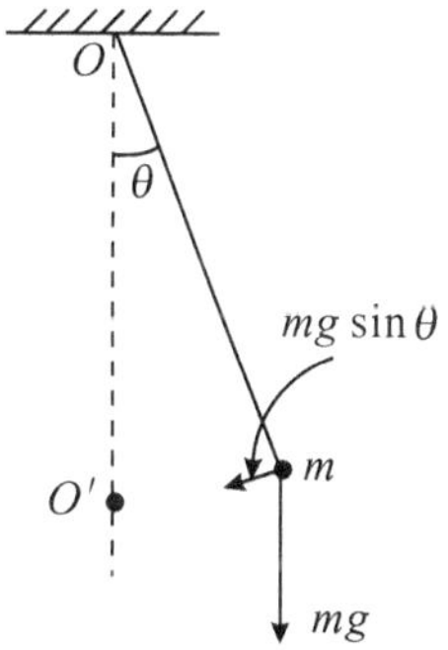

图 1 单摆示意图

从而得到

$$g=\frac{4\pi^2 l}{T^2} \tag{3}$$

因此，若测出单摆的摆长 l 和周期 T，则由（3）式可以近似算出实验所在地的重力加速度 g。

二、复摆法测量原理

图 2 是复摆的示意图，设一刚体的质量为 m，重心 G 到转轴 O 的距离为 h，刚体绕 O 轴的转动惯量为 I，当 OG 连线与铅垂线的夹角为 θ 时，刚体受到的重力矩：

$$M=-mgh\sin\theta \tag{4}$$

（4）式中的负号表示力矩的方向与角位移的方向相反。当摆角很小时（一般 $\theta<5°$）时，$\sin\theta\approx\theta$，则

$$M=-mgh\theta \tag{5}$$

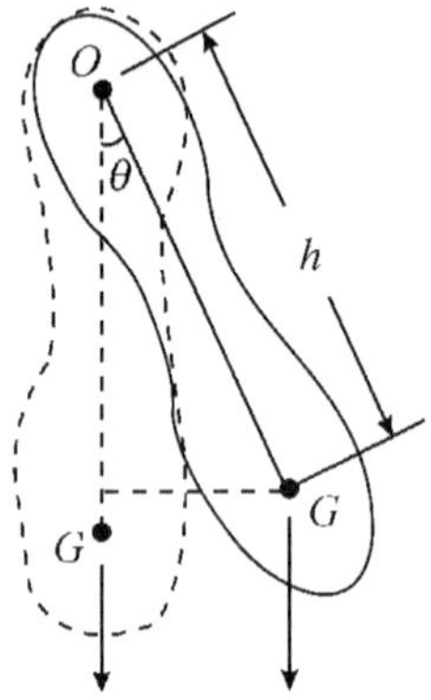

图 2　复摆示意图

于是，由刚体转动定律 $M=I\frac{d^2\theta}{dt^2}$ 可得

$$\frac{d^2\theta}{dt^2}=-\frac{mgh}{I}\theta \tag{6}$$

令 $w^2=\frac{mgh}{I}$，可得复摆的运动方程：

$$\frac{d^2\theta}{dt^2}+w^2\theta=0 \tag{7}$$

因此，其摆动周期为

$$T=\frac{2\pi}{w}=2\pi\sqrt{\frac{I}{mgh}} \tag{8}$$

设复摆通过重心 G 的转动惯量为 I_G，当 G 轴与 O 轴平行时，有

$$I=I_G+mh^2 \tag{9}$$

将此式代入（8）式得

$$T=2\pi\sqrt{\frac{I_G+mh^2}{mgh}} \tag{10}$$

若令 $L' = \frac{I}{mh} = \frac{I_G + mh^2}{mh}$，则（7）可写为：

$$T = 2\pi\sqrt{\frac{L'}{g}} \tag{11}$$

（11）式与（2）式形式完全相同，因而又把 L' 称为复摆的等值单摆长（即等效摆长）。可见，只要能测出复摆的周期 T 及其等效摆长 L' 就可求出重力加速度为：

$$g = \frac{4\pi^2}{T^2} \cdot L' \tag{12}$$

复摆的周期可以测得非常精确，但利用 $L' = \frac{I_G + mh^2}{mgh}$ 来确定 L' 相当困难。因为重心 G 的位置不易测定，因而 h 也难以精确测定。又由于复摆不可能做成理想的、规则的形状，且其密度也难做到绝对均匀，想精确计算其转动惯量是不可能的。我们只有利用复摆上两点的共轭特性来间接测量 L'。

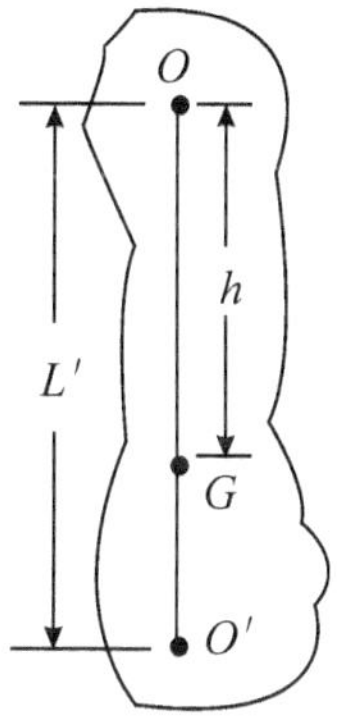

图 3 共轭点示意图

在复摆重心 G 的两旁，总可以找到两点 O 和 O'（与重心三点共线），如图 3 所示，使得该摆以 O 为悬点的摆动周期 T_1 与以 O' 为悬点的摆动周期 T_2 相同，那么可以证明（见附录）$\overline{OO'}$ 就是我们要求的等效摆长 L'。

实验装置

单摆装置、米尺、游标卡尺、电子停表、光电计时器、复摆、测重心位置用的支架等。

实验内容

一、必做部分

1. 用单摆法求重力加速度 g

（1）测量摆长。如图 4 所示，用米尺测量悬点 O 到小球最低点 A 的距离 l_1，再用游标卡尺测量小球直径 d（沿摆长方向）3 次，由

$$l = l_1 - \frac{\bar{d}}{2} \text{和} u_l = \sqrt{u_{l_1}^2 + \left(\frac{u_d}{2}\right)^2}$$

得到摆长。

（2）测量单摆周期。使单摆作小角度（$<5°$）摆动，等摆动稳定后，用停表或光电计时器测量摆动 30 个周期所需的时间，并重复 5 次，求得 $30\bar{T}$ 和 $u_{30\bar{T}}$。

（3）根据公式（3）计算重力加速度 g 及其不确定度（计算时可以将 $30T$ 作为一个数，而不必求出 T，为什么?），正确表达测量结果。

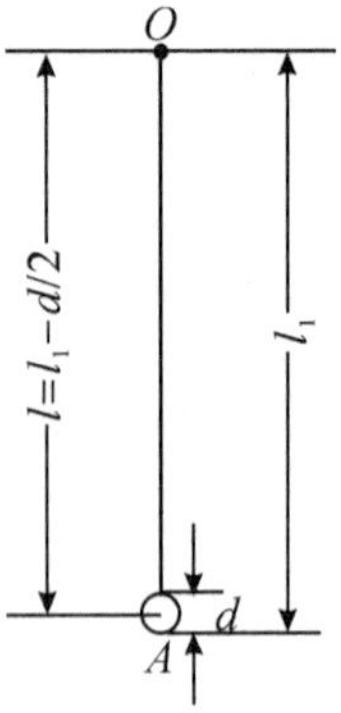

图 4　摆长测量

2. 用复摆法求重力加速度 g

（1）测量复摆重心 G 的位置 s_G。将复摆水平放在支架的刀刃上（图 5），利用杠杆原理寻找 G 点的位置，并记录。

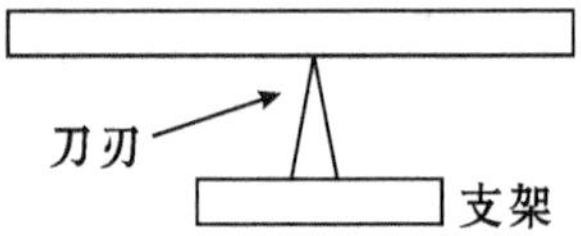

图 5　测量重心示意图

（2）测量对应不同支点的复摆周期。支点位置由 a 端开始，逐渐移向 b 端，记录支点所在位置相对于 G 点的距离 h。在每一支点处测量 30 个周期所用时间，复摆摆角均小于 5°。改变支点 20 次左右，如图 6 所示。

（3）以重心为原点，作 $T-h$ 图线，如图 7 所示，接着在坐标图上作一条 $T=T_i$ 的直线 AB，它与 $T-h$ 曲线有 A、B、C、D 四个交点（其中 C 与 E 共轭、D 与 F 共轭）；最后由交点坐标计算与复摆周期 T_i 相对应的等效摆长 $L' = \frac{\overline{CE} + \overline{DF}}{2}$。由（12）式可得重力加速度 g。

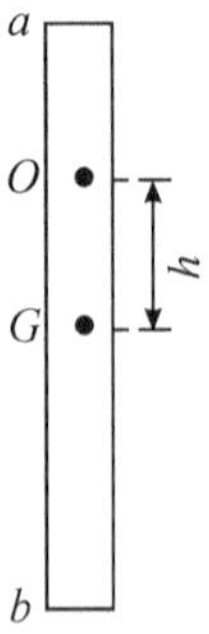

图 6

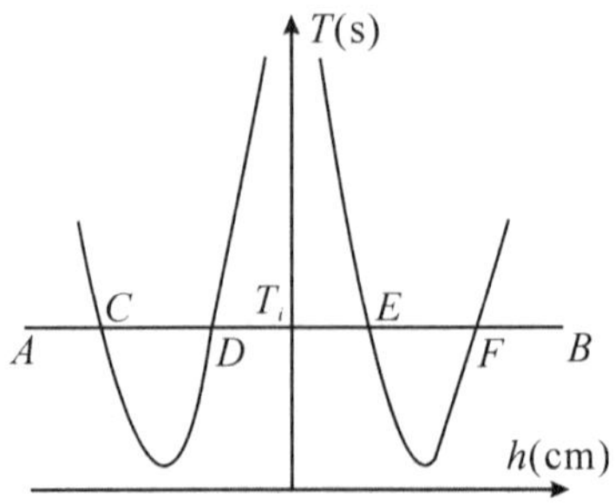

图 7　$T-h$ 示意图

二、选做部分

1. 改变单摆摆长，测定重力加速度 g

（1）使 l 分别为 60、70、80、90、100、110 cm 左右，准确测出摆长及不同摆长下稳定摆动 $30T$ 的时间。

（2）用直角坐标纸作 $l-(30T)^2$ 图，利用此图求 g 及其不确定度。

2. 拟合 T^2h-h^2 直线，求得复摆对 G 轴的转动惯量 I_G 及重力加速度 g

将 I_G 写成 $I_G=mk^2$，k 就是复摆对 G 轴的回转半径，由此可将（10）式改为

$$T=2\pi\sqrt{\frac{k^2+h^2}{gh}} \qquad (13)$$

此式可变形为 $T^2h=\frac{4\pi^2}{g}k^2+\frac{4\pi^2}{g}h^2$ （14）

令 $y=T^2$，$x=h^2$，则上式又成为

$$y=\frac{4\pi^2}{g}k^2+\frac{4\pi^2}{g}x \qquad (15)$$

将实验所得的若干组（x，y）值，用最小二乘法求出拟合直线 $y=A+Bx$，再由 A、B 求出 g 和 I_G 的值。

注意事项

（1）单摆与复摆的摆幅都不能超过 5°。

（2）单摆与复摆都必须在同一平面内摆动，不能出现圆锥摆。

（3）由于数据处理时要从坐标图上读取数据，作图时必须使用面幅足够大的坐标纸，实测数据的可靠位必须能用坐标格子准确表示，不能估计。

思考题

1. 设想一下，若在复摆的某一位置上加上一配重块，其振动周期将如何变化？

2. 还有哪些方法可以用来测重力加速度？各有何优缺点？从理论上讲，哪种方法更准确？为什么？

3. 假设单摆不在竖直平面内运动，而是作圆锥形运动，在摆角不变的情况下，测量结果是偏大还是偏小？为什么？

附录　　等效摆长的证明

设复摆对重心 G 轴的转动惯量为 I_G，根据平行轴定理可得复摆对转轴 O（到重心的距离为 h）的转动惯量：

$$I = I_G + mh^2 \tag{i}$$

复摆以 O 为悬点的等效摆长：

$$L' = \frac{I}{mh} = \frac{I_G}{mh} + h \tag{ii}$$

同理可以求得复摆以 O' 为悬点（到重心的距离为 $L'-h$）的等效摆长：

$$L'' = \frac{I'}{m(L'-h)} = \frac{I_G + m(L'-h)^2}{m(L'-h)} = \frac{I_G}{m(L'-h)} + L' - h \tag{iii}$$

由（ii）式得到 $\frac{I_G}{m(L'-h)} - h = 0$，于是由（iii）式可得 $L'' = L'$。可见，以 O' 为悬点的等效摆长与以 O 为悬点的等效摆长相同，因而它们的摆动周期也相同，都等于：

$$T = 2\pi\sqrt{\frac{L'}{g}} = 2\pi\sqrt{\frac{I_G + mh^2}{mgh}}$$

3.4 伸长法测杨氏模量

材料受外力作用时必然发生形变，在弹性范围内，其应力（单位面积上受力大小）和应变（即相对形变）的比值称为弹性模量，这是衡量材料受力后形变大小的参数之一，是设计各种工程结构时选用材料的主要依据之一。如果应力使物体长度发生拉伸或压缩形变，则对应的弹性模量称为杨氏模量。杨氏模量的测量方法有动态法与静态法，本实验所用的伸长法是静态法的一种，常用的静态法还有梁弯曲法。本实验用显微镜对微小形变量进行直接测量，并学习采用作图法进行数据处理。

实验原理

1. 杨氏模量

长度为 L、横截面为 S 的各处均匀的物体沿长度方向受力 F 作用时，会有长度变化 δL。由胡克定律知，在弹性形变范围内，相对形变量 $\delta L/L$（称应变）与单位面积上的作用力 F/S（应力）成正比，于是有

$$\frac{\delta L}{L}=\frac{1}{E}\cdot\frac{F}{S} \tag{1}$$

式中 E 就称作杨氏模量。由上式得

$$E=\frac{FL}{S\delta L} \tag{2}$$

2. 测量原理

与杨氏模量相关的物理量可用待测金属丝在静态拉伸实验中测得，主要是对 δL 的测量。如图 1 所示，在悬垂的金属丝下端连着十字叉丝板和砝码盘，当盘中加上质量为 M 的砝码时，金属丝所受的拉力增大，增量为 F

$$F=Mg \tag{3}$$

在这个力的作用下金属丝产生了 δL 的拉伸形变，十字叉丝随着金属丝的伸长同样下降 δL。而 δL 通过显微镜的物镜成像在最小分度为 0.05 mm 的分划板上，再被目镜放大，所以能够用眼睛通过显微镜对 δL 做直接测量。

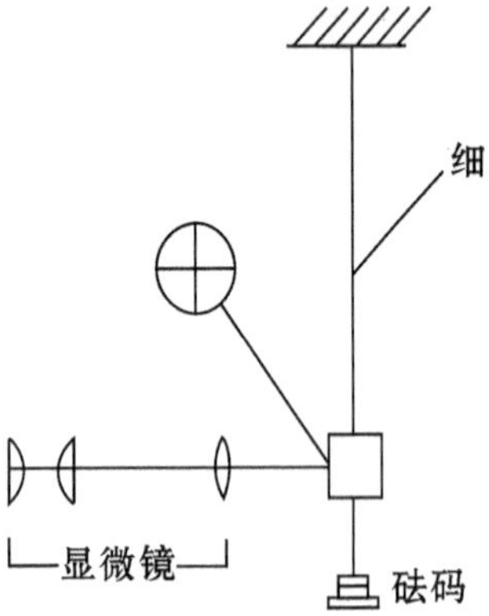

图 1　实验原理图

图 2　实验装置图

设金属丝的直径为 d，将 $S=\frac{1}{4}\pi d^2$ 及（3）式代入（2）式得

$$E=\frac{4MgL}{\pi d^2 \delta L} \tag{4}$$

L、M 由实验室给出，d 用螺旋测微器测量，广州地区的重力加速度 $g=9.788\ m/s^2$，因此，测出 δL 即可得到杨氏模量 E。

实验装置

金属丝支架、显微镜、砝码、螺旋测微器。

实验装置如图 2 所示。在两根立柱之间安装上下两个横梁。金属丝一端被上梁侧面的一付夹板夹牢，另一端用小夹板夹在连接方框上，方框下旋进一个螺钉，吊起砝码盘，框子的侧面固定一个十字叉丝板，下梁一侧有连接框的防摆动装置，只需将 2 个螺钉调到适当位置，就能够限制增减砝码引起的连接皾的扭转和摆动。立柱旁设砝码架，附 200 g 砝码 9 个，100 g 砝码 1 个，可按需要组成 200 g、400 g、600 g…或 300 g、600 g、900 g…不同序列进行等间隔测量。

实验内容

（1）调节底座上的螺钉，使十字叉丝板居中。

（2）用螺旋测微器测量金属丝的直径 d，测 5 次，求平均（数据记录表格自拟）。

（3）调节读数显微镜的目镜，对分划板进行调焦，然后沿定位板微移磁性座，在分划板上找到清晰的十字叉丝像，经磁性座升降微调，使分划板上选定的刻线（初始位置）对准十字叉丝的横线（十字叉丝的竖线应与刻度尺的边缘对齐），读出此时的示数 C_0。

（4）在砝码托盘上逐次加上 200 g 的砝码，共加九次，对应的读数为 C_i（$i=1$，2，…，8，9）。再将所加的砝码逐个减去，记下对应的读数为 C'_i（$i=8$，7，…，1，0），并将两对应读数 C_i 与 C'_i 求平均值，$\overline{C_i}=\dfrac{C_i+C'_i}{2}$（$i=$ 8，7，…，1，0，舍掉 C_9，为什么?）。

（5）由 $\delta L_i=\overline{C_i}-\overline{C_0}$（$i=1$，2，…，8）求得 δL_i（$i=1$，2，…，8）。

（6）用作图法或逐差法处理数据。若用作图法处理时，由公式 $E=\dfrac{4MgL}{\pi d^2\delta L}$，可得 $\delta L=\dfrac{4MgL}{\pi d^2 E}$，以 M 为横坐标，δL 为纵坐标作图，求图线的斜率 k，由 $k=\dfrac{4gL}{\pi d^2 E}$，求出杨氏模量 E。

注意事项

（1）在测量金属丝直径时，必须正确使用螺旋测微器，在不同高度的不同方向进行测量。测量前请先记录螺旋测微器的零点修正值。

（2）从显微镜目镜里观察，位于分划板上的刻度尺与十字叉丝的竖线平行，才能测量。

（3）测量前注意观察显微镜有没有锁紧。

（4）在十字叉丝停止晃动后，读出放置 n（$n=1$，2，…，9）个砝码后，十字叉丝的水平线对应起始刻度所移动的刻度格数。

思考题

1. 还可以用什么方法测量材料的杨氏模量？是静态法测量还是动态法测量？请简述之。

2. 本实验测量中的主要误差是什么？对测量结果有怎样的影响？

3.5 固体线膨胀系数的测定

绝大多数物质具有热胀冷缩的特性，在一维情况下，固体受热后长度的增加称为线膨胀。在相同条件下，不同材料的固体，其线膨胀的程度各不相同，我们引入线膨胀系数来表征物质的膨胀特性。线膨胀系数是物质的基本物理参数之一，在道路、桥梁、建筑等工程设计，精密仪器仪表设计，材料的焊接、加工等各种领域，都必须对物质的膨胀特性予以充分的考虑。本实验所用的固体线膨胀系数测量仪和温控仪操作简单，能比较容易地测出铜（本实验仪器中的配套材料）的线膨胀系数。

实验原理

构成物质的原子或离子在不停地振动着，其振动的平衡位置随着温度的变化而发生变化，这是物体产生热胀冷缩的原因。对于绝大多数固体材料，其长度是随温度的升高而增加的，这一现象称为线膨胀。

设在温度为 t_0 时固体的长度为 l_0，在温度为 t_1 时固体的长度为 l_1。实验指出，当温度变化范围不大时，固体的伸长量 $L=l_1-l_0$ 与温度变化量 $T=t_1-t_0$ 及固体在温度为 t_0 时的长度 l_0 成正比，即：

$$L=\alpha l_0 T \tag{1}$$

式中的比例系数 α 称为固体的线膨胀系数，由上式知：

$$\alpha=\frac{L}{l_0}\cdot\frac{1}{T} \tag{2}$$

可以将 α 理解为当温度升高 1 ℃时，固体增加的长度与原长度之比。多数金属的线膨胀系数在（0.8～2.5）$\times10^{-5}$/℃之间。

线膨胀系数是与温度有关的物理量。当温度变化（即 T）很小时，由（2）式测得的 α 称为固体在温度为 t_0 时的微分线膨胀系数。当 T 在一个不太大的变化区间时，我们近似认为 α 是不变的，此时固体的长度变化量与温度变化量的关系可认为是线性的。如果测得与一系列温度的变化量 $T_i=t_i-t_0$ 对应的长度变化量 $L_i=l_i-l_0$ 后，画出 L_i-T_i 图线，设图线的斜率为 k，则固体在 $t_0\sim t_i$ 温度范围内的线膨胀系数为

$$\alpha = \frac{k}{l_0} \tag{3}$$

由于 α 数值较小，在温度变化量 $T_i = t_i - t_0$ 不大时，固体的伸长量 $L_i = l_i - l_0$ 也很小，因此准确地控制温度、测量温度变化量及相应的长度变化量是保证测量成功的关键。

实验装置

金属线膨胀实验仪、ZKY－PID 温控实验仪、千分表。

1. 金属线膨胀实验仪

仪器外形如图 1 所示。金属棒的一端用螺钉连接在固定端，滑动端装有轴承，金属棒可在此方向自由伸长。通过流过金属棒的水加热金属，金属的线膨胀量用千分表测量。

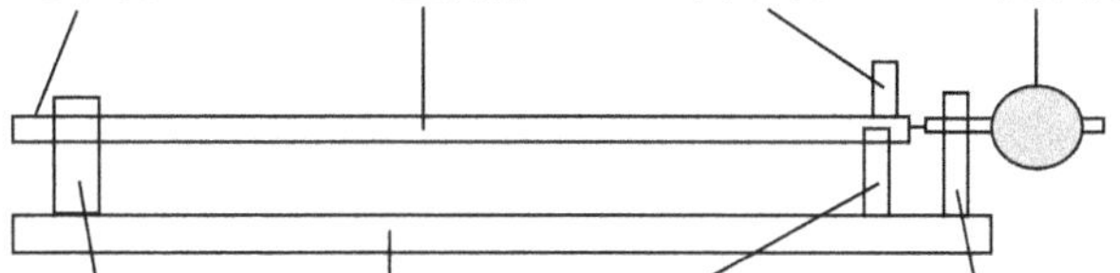

图 1　金属线膨胀实验仪

2. 开放式 PID 温控实验仪

温控实验仪包含水箱、水泵、加热器、控制及显示电路等部分。温控实验仪内置微处理器，带有液晶显示屏，具有操作菜单化、能根据实验对象选择 PID 参数以达到最佳控制、能显示温控过程的温度变化曲线和功率变化曲线及温度和功率的实时值、能存储温度及功率变化曲线等特点，仪器面板如图 2 所示。

开机后，水泵开始运转，显示屏显示操作菜单。进入测量界面后，屏幕上方显示设定温度、当前温度、当前功率等参数。图形区以纵坐标代表温度（功率），并可用▲键改变温度坐标值。仪器每隔 15 秒采集 1 次温度及加热功率值，并将采得的数据标示在图上。当温度达到设定值并保持两分钟内温度波动小于 0.1 度时，仪器自动判定系统达到平衡，并在图形区右边显示过渡时间 t_s、动态偏差 σ、静态偏差 e。一次实验完成退出时，仪器自动将屏幕按设定的序号存储（共可存储 10 幅），以供必要时分析、比较。

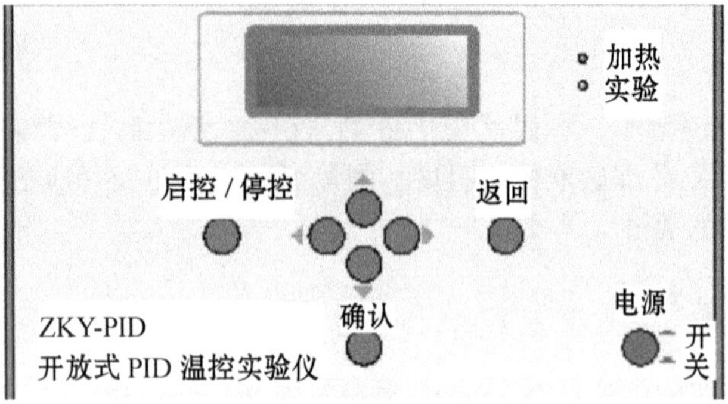

图 2　温控实验仪面板

3. 千分表

千分表是用于精密测量位移量的量具，它利用齿条—齿轮传动机构将线位移转变为角位移，由表针的角度改变量测出线位移量。大表针转动 1 圈（小表针转动 1 格），代表线位移 0.2 mm，最小分度值为 0.001 mm，可估读到 0.000 1 mm。

实验内容

（1）实验开始前先检查金属棒的两端及千分表的安装位置是否合适（将大指针对准零刻线）。

（2）设定 PID 参数。根据实验需要设定实验次数、设置温度、室温及一些经验常数，本实验中 $K_P = 12/1$，$T_I = 30$，$T_D = 1/2$ 为仪器的默认值，在实验中不改变。为保证实验安全，温控仪最高设置温度为 60 ℃。

（3）等温度达到设定值且系统处于平衡状态时，记录此时的温度 t_i（$i = 1, 2, \cdots, 6$）及固体长度的伸长量 L_i 于表中。测完一组数据，重新设定实验次数及温度后，开始下一次的测量。

（4）由实验所得数据作 $L_i - T_i$ 图，利用作图法求出固体线膨胀系数 α。

（5）根据实验所得数据用最小二乘法计算 α。并对两种数据处理方法所得的结果进行比较。

数据记录参考表格　　固体原有长度 l_0 =　　室温 t_0 =

次数	1	2	3	4	5	6	7
l_i（千分表读数）							
长度变化量 L_i							
温度 t_i（℃）							
温度变化量 T_i							

注意：$T_i = t_i - t_0$，$L_i = l_i - l_0$。

注意事项

(1) 被测金属的自由端不要固定，以免发生变形，影响测量结果。
(2) 系统一旦开始升温，就应避免再触动实验仪，要确保千分表的稳定。
(3) 所设温度不要超过温控仪的最高设置温度。

思考题

1. 对微小长度的测量你还能想出什么方法？该方法可否用来测量金属的线膨胀系数？怎样测量？

2. 对于某种材料来说，线膨胀系数一定是个常数吗？为什么？

3.6 不良导体导热系数的测量

导热系数是反映材料热性能的物理量，是工程热物理、材料科学、固体物理及能源、环保等各个领域的研究课题之一。

材料的导热机理在很大程度上取决于它的微观结构，热量的传递依靠原子、分子围绕其平衡位置运动而构成的晶格振动以及自由电子的迁移。在金属中电子流起支配作用，在绝缘体和大部分半导体中则以晶格振动起主导作用。因此，材料的导热系数不仅与构成材料的物质种类密切相关，而且与它的微观结构、温度、压力及杂质含量相联系。

在科学实验和工程设计中所用材料的导热系数都需要用实验的方法测定。导热系数的测量方法一般可分为两大类：稳态法和动态法。本实验采用的是稳态平板法测量材料的导热系数。通过本实验可以让学生掌握一种用热电转换方式对不易测量的量（温度）进行间接测量的方法。

实验原理

1822 年法国科学家傅里叶（J. Fourier）奠定了热传导理论，目前各种测量导热系数的方法都是建立在傅里叶热传导定律基础之上的。热传导定律指出：如果热量是沿着 X 方向传导，在物体内部垂直于 X 方向取一面积为 S 的层面（如图 1），则在单位时间内，从层面温度较高的一侧向温度较低的一侧所传递的热量（即传热速率），与这一层面的温度梯度 $\frac{\mathrm{d}T}{\mathrm{d}x}$ 和层面的面积 S 成正比，即

$$\frac{\mathrm{d}Q}{\mathrm{d}t}=-K\frac{\mathrm{d}T}{\mathrm{d}x}S \tag{1}$$

（1）式为热传导基本公式，式中负号表示热量从高温向低温传递；K 为导热系数，反映物质材料的导热能力。由（1）式可知，K 在数值上等于单位长度上的温度梯度为 1 个单位时，在单位时间内通过单位面积所传递的热量，在 SI 制中 K 的单位为瓦/米·开［W/(m·K)］。

本实验采用稳态法测量不良导体的导热系数。由（1）式知，要测量材料的导热系数 K，就需要知道温度梯度及传热速率。

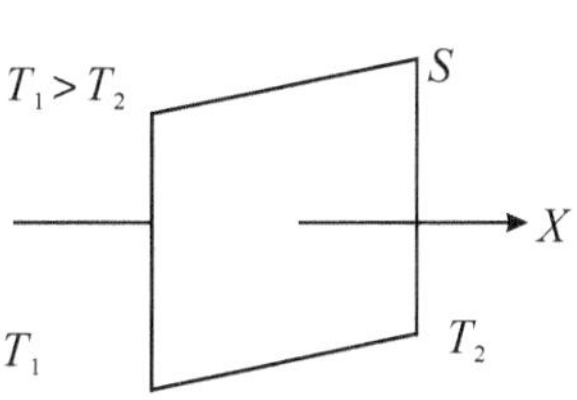

图 1　公式推导图

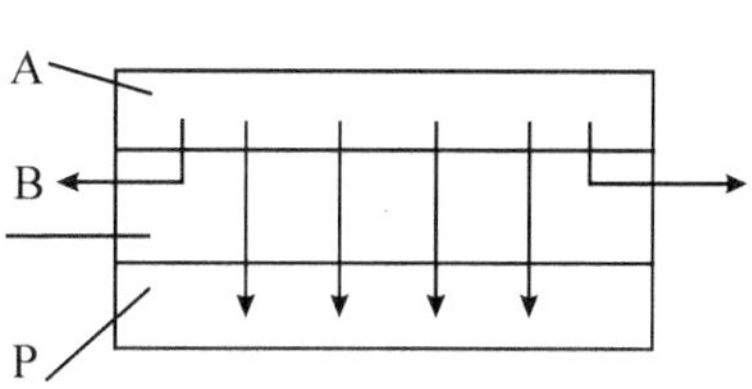

图 2　热量传递图

1. 温度梯度 $\frac{\mathrm{d}T}{\mathrm{d}x}$ 的测量

由于不良导体的导热性很差，故待测样品 B 应做成薄圆板状，以便在样品内造成一个温度的梯度分布。设样品的厚度为 h，上、下表面的温度分别为 T_1 和 T_2（$T_1 > T_2$）。由于样品较薄，其侧面积与上、下面面积相比很小，故侧面散热的影响可以忽略，此时温度梯度 $\frac{\mathrm{d}T}{\mathrm{d}x}$ 近似为

$$\frac{\mathrm{d}T}{\mathrm{d}x} = \frac{T_1 - T_2}{h} \tag{2}$$

如何测定样品上、下表面的恒定温度 T_1 和 T_2？我们的解决办法是将样品夹在两块良导体——导热铜板 A 和散热铜板 P 之间（如图 2，铜板与样品表面要紧密接触，无缝隙，且样品及两块铜板都应加工成等大的圆形，为什么？），使两块铜板分别保持在恒定温度 T_1 和 T_2，这样，在垂直于样品表面的方向上就可能形成温度的梯度分布。由于铜是热的良导体，在达到平衡时，可以认为同一铜板各处的温度相同，样品内同一平行平面上各处的温度也相同。这样与样品上表面紧密接触的铜板 A 的温度就是样品上表面温度 T_1，与样品下表面紧密接触的铜板 P 的温度就是样品下表面温度 T_2，这样，样品内的温度梯度就可以确定了。当然，此时的温度 T_1 和 T_2 也不是直接测量的，而是采用热电转换的方法间接得到的（测量方法见下文）。

2. 传热速率 $\frac{\mathrm{d}Q}{\mathrm{d}t}$ 的测量

单位时间内通过某一层面的热量 $\frac{\mathrm{d}Q}{\mathrm{d}t}$ 是一个无法直接测定的量，我们设法将这个量转化为较为容易测量的量。当传热达到稳定状态，即 T_1 和 T_2 稳定不变时，可以认为系统对导热铜板的加热速率、导热铜板向样品的传热速率及散热铜板向周围环境的散热速率相等，因而可以通过测量散热速率来求出传热速率 $\frac{\mathrm{d}Q}{\mathrm{d}t}$。但是，散热铜板的散热速率也不易测量，而散热速率与冷却速率（温

度变化率 $\frac{\mathrm{d}T}{\mathrm{d}t}$）有关，其表达式为

$$\left.\frac{\mathrm{d}Q}{\mathrm{d}t}\right|_{T_2}=-mc\left.\frac{\mathrm{d}T}{\mathrm{d}t}\right|_{T_2}$$

式中 m 为散热铜板的质量，c 为铜板的比热容，负号表示热量由高温向低温方向传递。因为质量容易直接测量，比热容 c 为常量，这样对散热铜板的散热速率的测量就转化为对散热铜板冷却速率的测量。

具体方法是：当 T_1 和 T_2 稳定不变时（10 min 内不变），移去样品，让导热铜板底部直接与散热铜板接触，使其温度高于稳定温度 T_2（高出大约 10 ℃左右），再将导热铜板移去，让散热铜板直接向周围环境散热冷却，直到温度低于 T_2，记录温度在大于 T_2 到小于 T_2 区间中随时间的变化，可以描绘出 $T-t$ 曲线，曲线在 T_2 处的斜率就是散热铜板在稳态温度 T_2 下的冷却速率 $\left.\frac{\Delta T}{\Delta t}\right|_{T_2}$，则散热铜板在 T_2 处的散热速率为 $mc\left.\frac{\Delta T}{\Delta t}\right|_{T_2}$。

但此时求得的是散热铜板全部表面（$2\pi R_p^2+2\pi R_p h_p$）（其中 R_p 和 h_p 分别是散热铜板的半径和厚度）暴露于空气中的散热速率，然而在实验中，稳态传热时，散热铜板的上表面（面积为 πR_p^2）是被样品覆盖的，由于物体的散热速率与它们的面积成正比，所以稳态时，散热铜板的散热速率的表达式应修正为：

$$\frac{\mathrm{d}Q}{\mathrm{d}t}=-mc\frac{\mathrm{d}T}{\mathrm{d}t}\cdot\frac{\pi R_p^2+2\pi R_p h_p}{2\pi R_p^2+2\pi R_p h_p} \tag{3}$$

根据前面的分析，这就是样品的传热速率。

将（2）、(3）式代入（1）式，并考虑到 $S=\pi R^2$ 可以得到导热系数：

$$K=mc\frac{R_p+2h_p}{2R_p+2h_p}\cdot\frac{1}{\pi R^2}\cdot\frac{h}{T_1-T_2}\cdot\left.\frac{\mathrm{d}T}{\mathrm{d}t}\right|_{T_2} \tag{4}$$

式中的 R 为样品的半径、h 为样品的厚度、m 为下铜板的质量、c 为铜的比热容、R_p 和 h_p 分别是散热铜板的半径和厚度。

本实验中采用热电偶来测量上、下铜板的温度。一般来说，热电偶的温差电动势 ε 与它的两个接点的温差（$T-T_0$）的关系相当复杂，在一级近似下有

$$\varepsilon=\beta(T-T_0) \tag{5}$$

其中 T 是热端温度，T_0 是冷端温度，β 为常数（称为塞贝克系数）。将（5）

式代入（4）式可得导热系数为

$$K = mc\frac{R_p + 2h_p}{2R_p + 2h_p} \cdot \frac{1}{\pi R^2} \cdot \frac{h}{\varepsilon_1 - \varepsilon_2} \cdot \left.\frac{\mathrm{d}\varepsilon}{\mathrm{d}t}\right|_{T_2} \qquad (6)$$

温差电动势 ε 的值，可直接从仪器上读出。

实验装置

导热系数测试仪、保温杯、热电偶、游标卡尺、待测物体等，如图 3 所示。

实验内容

一、必做部分：手动测量橡皮样品的导热系数

（1）用游标卡尺测量样品、散热铜板的直径和厚度，多次测量取平均值。散热铜板的质量已在铜板表面标出，铜的比热容 $c = 0.385\ \mathrm{kJ/(K \cdot kg)}$

（2）按照图 3 组装好仪器。

（3）测量稳态时的温度所对应的电动势的数值 ε_1 和 ε_2。

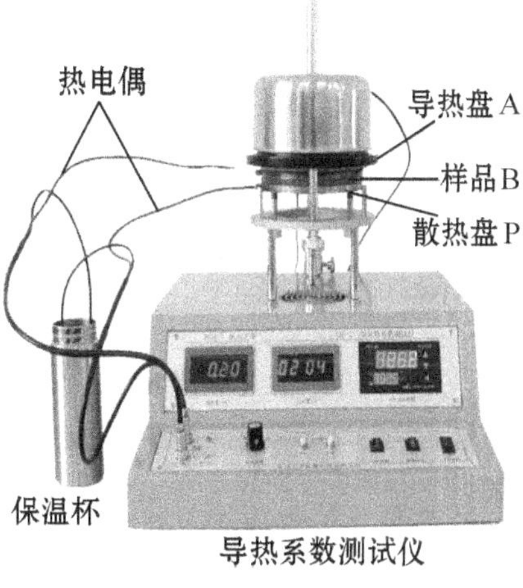

图 3　仪器装置图

先将电热板电压打到高挡，加热至 $\varepsilon_1 = 4.00$ mV（ε_1 是与导热铜板相连的热电偶的电动势，反映导热铜板的温度）后再将开关打至低挡，当 $\varepsilon_1 = 3.50$ mV 左右时，通过调节电热板电压高挡、低挡及断电挡，使 ε_1 的读数在 $\varepsilon_1 = (3.50 \pm 0.03)$ mV 范围内，同时每隔 2 min 记录一次与样品上、下铜板相连的热电偶的电动势的数值，待 ε_2（与散热铜板相连的热电偶的电动势，反映散热铜板的温度）的数值在 10 min 内不变，即可认为已达到稳定状态，记下此时的 ε_1 和 ε_2 值。

（4）让散热铜板自然散热，记录散热铜板温度随时间变化的数据。移去样品，让导热铜板与散热铜板直接接触，使散热铜板的温度比稳定时高出 10 ℃ 左右（可参考附录：铜—康铜热电偶分度表）时，移去导热铜板，让散热铜板自然冷却，每隔 30 s 记录一次数据，共记 10 次。

(5) 利用以上所得的数据，画出 $\varepsilon_2 - t$ 图，从该图上找出稳定点 ε_2，画出此点处的切线，切线的斜率即 $\left.\frac{\mathrm{d}\varepsilon}{\mathrm{d}t}\right|_{T_2}$，将其代入 (6) 式计算样品的导热系数 K。

二、选做部分

(1) 自动测量橡皮样品的导热系数。将电压选择开关打在 (0) 位置，设定好加热的最高温度之后，将电热板电压打到高挡对导热铜板进行加热。温度达到设定温度时，通过信号开关观察数字电压表上显示的与上、下铜板相连的热电偶的温差电动势 ε_1 和 ε_2，若 ε_2 的值在两分钟内保持不变即可认为已达到了稳态。

设定不同的加热温度（需高出室温 30 ℃），测量出不同温度下样品的导热系数 K。

(2) 测量胶木板的导热系数。

(3) 测量铝的导热系数。(铝是不良导体吗?)

注意事项

(1) 组装仪器时应将散热铜板、导热铜板带小孔的一边与保温瓶放在同一侧。

(2) 热电偶插入铜板上的小孔时，要抹一些硅脂，并插到洞孔底部。

(3) 待测样品与上下铜板应紧密接触，且保持水平。

(4) 加热后不要用手直接接触样品或铜板以免烫伤。

(5) 测量金属的导热系数时，ε_1 和 ε_2 是与金属样品的上下两个面的温度 T_1 和 T_2 对应的热电偶的温差电动势，此时散热铜板的温度为 T_3，与之对应的热电偶的温差电动势为 ε_3，故散热铜板的冷却速率为 $\left.\frac{\mathrm{d}\varepsilon}{\mathrm{d}t}\right|_{T_3}$。测量 ε_3 时要在 ε_1 和 ε_2 达到稳定时，将上面测量 ε_1 或 ε_2 的热电偶移下来进行测量。

思考题

1. 本实验所用的测量方法可否用来测量良导体的导热系数？如果可以，导体应做成什么形状？若不可以，请给出合理解释。

2. 实验中热电偶的冷端是否一定要放在冰水混合物中？为什么？

3. 根据本实验设备，分析产生误差的原因，这些误差会使测量结果偏大还是偏小？

附录 铜—康铜热电偶分度表

热电势										
温度（℃）	0	1	2	3	4	5	6	7	8	9
-10	-0.383	-0.421	-0.458	-0.496	-0.534	-0.571	-0.608	-0.646	-0.683	-0.720
-0	0.000	-0.039	-0.077	-0.116	-0.154	-0.193	-0.231	-0.269	-0.307	-0.345
0	0.000	0.039	0.078	0.117	0.156	0.195	0.234	0.273	0.312	0.351
10	0.391	0.430	0.470	0.510	0.549	0.589	0.629	0.669	0.709	0.749
20	0.789	0.830	0.870	0.911	0.951	0.992	1.032	1.073	1.114	1.155
30	1.196	1.237	1.279	1.320	1.361	1.403	1.444	1.486	1.528	1.569
40	1.611	1.653	1.695	1.738	1.780	1.882	1.865	1.907	1.950	1.992
50	2.035	2.078	2.121	2.164	2.207	2.250	2.294	2.337	2.380	2.424
60	2.467	2.511	2.555	2.599	2.643	2.687	2.731	2.775	2.819	2.864
70	2.908	2.953	2.997	3.042	3.087	3.131	3.176	3.221	3.226	3.312
80	3.357	3.402	3.447	3.493	3.538	3.584	3.630	3.676	3.721	3.767
90	3.813	3.859	3.906	3.952	3.998	4.044	4.091	4.137	4.184	4.231
100	4.277	4.324	4.371	4.418	4.465	4.512	4.559	4.607	4.654	4.701
110	4.747	4.796	4.844	4.891	4.939	4.987	5.035	5.083	5.131	5.179

3.7 刚体转动惯量的测定

转动惯量和转动定律是物理学的基本概念和基本定律。转动惯量是反映物体质量分布的一个特征参数，是刚体转动时惯性大小的量度。刚体转动惯量除了与物体的质量有关外，还与转轴的位置和质量分布（即形状、大小和密度分布）有关。对于均质规则物体，其对于点或轴的转动惯量可以用数学工具直接计算得到。而对于非均质或非规则的物体，计算将极为复杂，通常采用实验方法来测定。

转动惯量的测量，一般都是使刚体以一定形式运动，通过表征这种运动特征的物理量与转动惯量的关系，进行转换测量。本实验使用转动惯量实验仪使物体绕固定轴转动，用通用电脑计时器测量物体转动几周的时间，利用图解法求出物体的转动惯量，并验证平行轴定理。

实验原理

根据转动定律，当刚体绕固定轴转动时有

$$M = I\beta \tag{1}$$

式中 M 为刚体所受的合外力矩，I 为刚体对转动轴的转动惯量，β 为角加速度。本实验中，刚体所受的外力矩有绳子给予的力矩 Tr 和转动轴受到的摩擦力矩 M_μ。其中 T 为绳子的张力，与轴垂直，r 为塔轮的绕线半径。

1. 转动定律的验证及物体转动惯量的测量

设砝码加钩码的质量为 m，略去绳子的质量，并认为绳子的长度不变，若 m 以加速度 a 下落，则有

$$mg - T = ma \tag{2}$$

砝码由静止开始下落，若下落距离 h 所用的时间为 t，则有

$$h = \frac{1}{2}at^2 \tag{3}$$

式中
$$a = r\beta \tag{4}$$

由（1）~（4）式得

$$m(g-a)r-M_{\mu}=\frac{2hI}{rt^2} \tag{5}$$

在实验中若使 $a \ll g$，则有

$$mgr=M_{\mu}+\frac{2hI}{rt^2} \tag{6}$$

只要改变砝码的质量，依次测出在不同外力矩作用下 m 的下落时间 t，则由（6）式知，m 与 $\frac{1}{t^2}$ 呈线性关系。在直角坐标纸上作 $m-\frac{1}{t^2}$ 图，如得一直线，就证明转动定律是成立的，并由直线的斜率及截距，可分别求出相应物体的转动惯量和摩擦力矩。

2. 平行轴定理

刚体相对任意固定转轴的转动惯量 I_d，等于刚体对通过质心的平行轴的转动惯量 I_c 与 Mx^2 之和（M 为被测刚体的质量，x 为两平行轴之间的距离）。即 $I_d=I_c+Mx^2$，这就是平行轴定理。

本实验中，用两个相同的圆柱验证平行轴定理，每一圆柱绕自身转轴的转动惯量为 I_c，固定盘的转动惯量为 I_0，整个系统的转动惯量为 I，每一圆柱质量为 m_c，圆柱轴与固定轴的距离为 x，由平行轴定理得

$$I=I_0+2I_c+2m_cx^2 \tag{7}$$

设摩擦力矩可以忽略，将（7）式代入（6）式，经整理后得

$$t^2=\frac{4hm_c}{mgr^2}x^2+\frac{2h(I_0+2I_c)}{mgr^2}=kx^2+c \tag{8}$$

（8）式说明 t^2 与 x^2 呈线性关系。在直角坐标纸上作 t^2-x^2 图，如果是一直线，就证明平行轴定理成立，并说明转动惯量 I 随质量分布而变化。

实验装置

转动惯量实验仪、通用电脑计时仪、待测圆盘与圆环各一个、待测圆柱体两个、砝码、细线、钩码等。

1. ZKY—ZS 转动惯量实验仪

ZKY—ZS 转动惯量实验仪如图 1 所示。转动体系由载物盘和塔轮组成，载物盘两侧固定有两个遮光细棒，细棒随转动体系一起转动，依次通过光电门而遮光，两个光电门将光信号转变成电信号分别送到 ZKY—JI 通用电脑计时

仪的计时器输入端（有两个通道，实验过程中只使用一个通道），以测量系统转动 n 周所用的时间。塔轮上有五个不同半径的绕线轮，砝码钩上可以放置不同数量的砝码，以改变转动体系所受的力矩。图 2 为其俯视图。

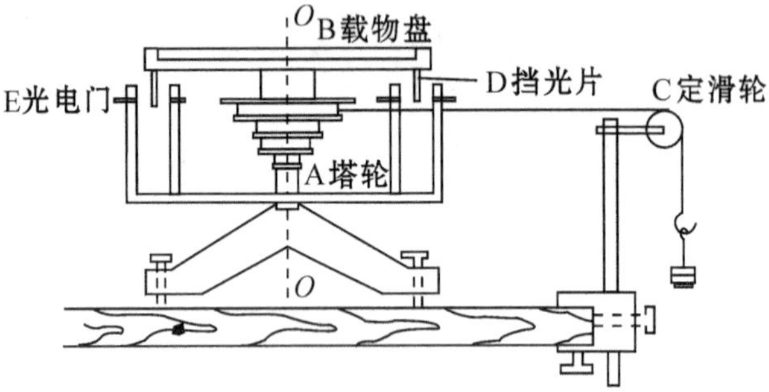

图 1　实验装置图

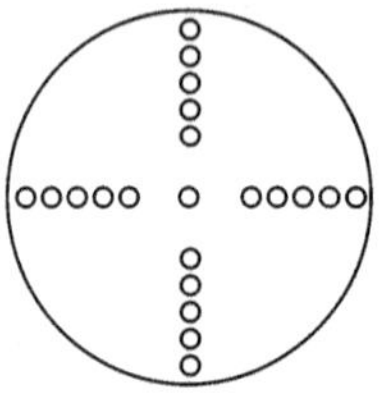

图 2　载物盘俯视图

2. ZKY—JI 通用电脑计时仪

该计时计数器用来测量物体转动 n 周的时间，它由主机和光电探头两部分组成。当转动体系转动时，若遮光细棒处于发光管和接收管（光电探头）之间，则计数器能够显示挡光次数及相应的时间。转动体系每转动一周挡光两次。

实验内容

一、必做部分

1. 检验转动定律，测定圆环的转动惯量（数据记录表格自拟）

（1）仪器调整。

①调节底座上的三颗螺钉使实验仪水平。

②调整滑轮高度及方位，使滑轮槽与选取的绕线塔轮槽等高，且其方位相互垂直。

③调整通用电脑计时器的工作状态。

（2）载物盘转动惯量的测量。

①在中间的塔轮上密排细线，在钩码上放一质量为 5 g 左右的砝码。让砝码及钩码由静止开始下落（此时挡光片应恰好处于光电探头前，一运动就挡光的位置），由计时器记下圆盘转动 4 周所用的时间 t，测 3 次，求平均值。

②保持塔轮半径 r、砝码及钩码下落高度 h 不变，改变砝码质量 4 次（每次增加一个 10 g 左右的砝码），测出每次圆盘转动 4 周的时间及平均值。

③测量塔轮半径 r 和各次所加砝码质量。通过作图求得载物盘的转动惯

量 I_1。

（3）圆环转动惯量的测量。将质量为 $m_{环}$ 的圆环放置于底盘上，测量方法同（2）。由所得数据作图求得圆环与载物盘的转动惯量之和 I_2，则圆环的转动惯量为 $I_3=I_2-I_1$。

（4）数据处理。

①以 m 为纵坐标，$1/t^2$ 为横坐标，用描点法由两组数据做出两条直线，由直线的斜率及截距求出圆环的转动惯量及滑轮的摩擦力矩。

②由公式 $I_{理}=\frac{1}{2}m_{环}\left(R_{外}^2+R_{内}^2\right)$ 得出圆环转动惯量的理论值，求测量值的相对误差。

2. 检验平行轴定理

（1）选用中间的塔轮，一个 10 g 左右砝码，将两圆柱叠加起来放在中心插孔上，让砝码及钩码由静止开始下落，由计时器记下圆盘转动 4 周所用的时间 t，测 3 次，求平均值。

（2）保持塔轮半径 r、砝码质量及砝码和钩码下落高度 h 不变，逐次对称地将两圆柱放在中心孔两侧的 1～5 个插孔上，测量圆盘转动 4 周所用的时间 t。

（3）用游标卡尺依次测量出各孔中心到转轴中心的距离 x。

（4）以 t^2 为纵坐标、x^2 为横坐标作图，由所得图形得出自己的结论。

二、选做部分

将两圆柱不对称地放在中心插孔的两侧，测量圆盘转动 4 周所用的时间 t，计算不同位置时的转动惯量，与理论值进行比较，验证平行轴定理。

注意事项

（1）在移动转动惯量实验仪时，请不要碰位于实验仪两侧的信号线。

（2）实验前必须将转动惯量实验仪调至水平，并注意保持细线与塔轮轴垂直。

（3）释放砝码时，挡光杆应位于光电门之前、一经释放就能挡光的位置，且手不可以给圆盘任何的切向力。

思考题

1. 实验中如何保证 $a \ll g$ 的条件？由于这一近似，会对结果产生多大的影响？
2. 如何测定任意形状的物体绕特定轴转动时的转动惯量？

3.8 声速的测量

声波是一种在弹性媒质中传播的机械波，声速是描述声波在媒质中传播特性的一个基本物理量，它的测量方法可分为两类：第一类方法是根据关系式 $V=L/t$，测出传播距离 L 和所需时间 t 后，即可算出声速 V；第二类方法是利用关系式 $V=f\lambda$，测量出声波的频率 f 和波长 λ 来算出声速 V。本实验所采用的共振干涉法和相位比较法属于后者，时差法则属于前者。

由于超声波具有波长短、易于定向发射及抗干扰等优点，所以在超声波段进行声速测量是比较方便的。通常利用压电陶瓷换能器来进行超声波的发射和接收。

实验原理

1. 超声波与压电陶瓷换能器

频率为 20 Hz ~ 20 kHz 的机械振动在弹性介质中传播形成声波，高于 20 kHz 称为超声波，超声波的传播速度就是声波的传播速度，而超声波具有波长短、易于定向发射等优点，声速实验所采用的声波频率一般都在 20 ~ 60kHz。在此频率范围内，采用压电陶瓷换能器作为声波的发射器、接收器，效果最佳。

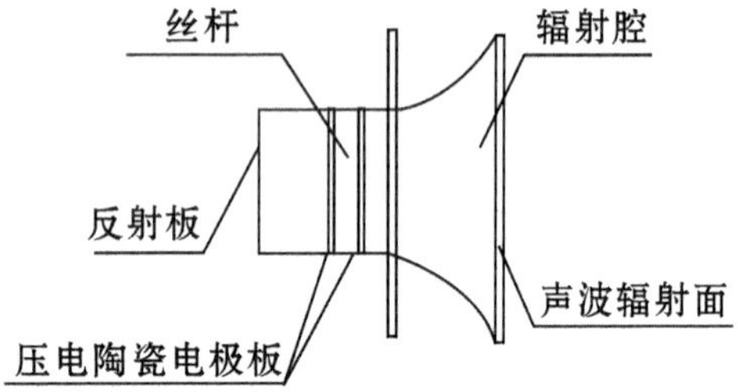

图 1　纵向换能器的结构简图

压电陶瓷换能器根据它的工作方式，分为纵向（振动）换能器、径向（振动）换能器及弯曲振动换能器。声速教学实验中大多数采用纵向换能器，如图 1 所示。

2. 共振干涉法（振幅极值法或驻波法）

振幅极值法测量是基于如下的原理，由发射器（发射换能器）发出的平面波，经空气传播到相距一定距离的接收器（接收换能器），如果接收面与发射面严格平行，入射波即在接收面上垂直反射，在接收面上的反射波到达发射面上时又可反射回去，这样，在发射面与反射面之间，往返的声波多次叠加。由于入射波与反射波同频率、振动方向相同、振幅相同（由于距离很短，忽略反射波的能量损失）、相位差恒定而传播方向相反，因此，当发射面与接收

面之间的距离 l 为 $\lambda/2$ 的整数倍时，形成稳定的驻波。在相邻两波节之间各质元同时达到各自的最大位移时，其速度均为零，而形变各不相同，波节处形变最大，波腹处形变为零。形变最大对应着声压最大，因此，声压的极大值随距离呈周期性变化，相邻两声压极大值之间的距离为 $\lambda/2$。

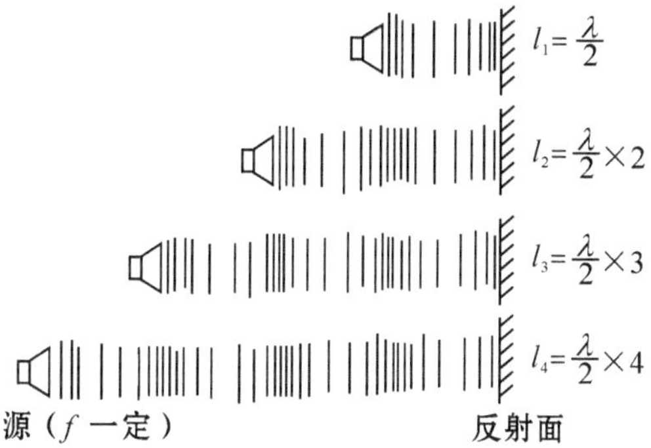

图 2　声压共振干涉（驻波）示意图

因此，若保持声源的频率 ν 不变，改变发射面与接收面之间的距离，则在一系列特定的距离上，可测得接收器处声压振幅为极大值的位置 l_1、l_2、l_3…（图 2），而相邻两次极大值之间的距离满足下式：

$$|l_{i+1}-l_i|=\lambda/2$$

由此可求出声波波长 λ，再结合声波频率 f，我们可由公式 $V=f\lambda$，运用测量数据计算出声速。

3. 相位比较法

发射波通过传声媒质，经过距离 Δx 后到达接收器，所以在同一时刻，发射处的波与接收处的波的相位不同，若将发射信号与接收信号分别接到示波器的 CH1（X）与 CH2（Y），其相位差 φ 可利用示波器的李萨如图形来观察。

由于发射信号与接收信号同频率，故李萨如图形如图 3 所示。

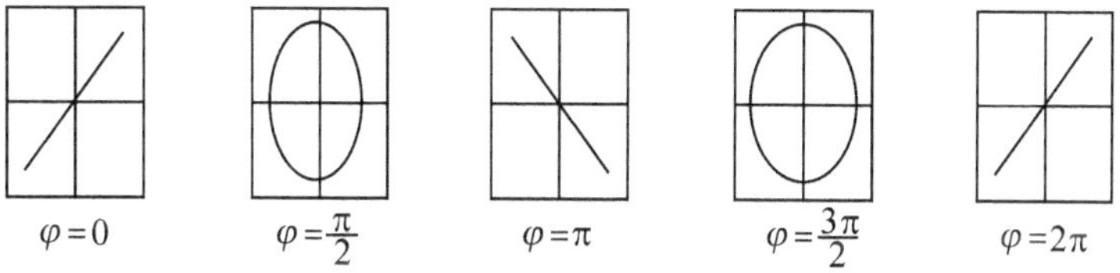

图 3　同频率垂直振动合成的李萨如图

φ 和角频率 ω、传播时间 t 之间有如下关系：

$$\varphi=\omega t$$

同时有，$\omega=2\pi/T$，$t=\frac{\Delta x}{V}$，$\lambda=TV$（式中 T 为周期，V 为速度），代入上式得

$$\varphi = 2\pi\Delta x/\lambda$$

当 $\Delta x = n\lambda$ （$n = 1, 2, 3, \cdots$）时，得 $\varphi = 2n\pi$。

实验时，通过改变发射器与接收器间的距离，可观察到相位的变化。而当相位差改变 2π 时，相应的距离 l 的改变量即为一个波长。由波长和频率值可求出声速。

4. 时差法

连续波经脉冲调制后由发射换能器发射至被测介质中，声波在介质中传播，经过 t 时间后，到达 L 距离处的接收换能器。由运动定律可知，声波在介质中传播的速度可由以下公式求出：

$$V\text{（速度）} = L\text{（距离）}/t\text{（时间）}$$

通过测量换能器发射平面与接收平面之间的距离 L 及相对应的时间 t，就可以计算出当前介质下的声波传播速度。

5. 声速理论值的计算

因声速还与介质温度有关，故要记录下实验时的介质温度 t ℃，声速在标准大气压下与传播介质（空气）的温度关系为：$V = (331.45 + 0.59t)$ m/s。

实验装置

如图 4 所示，通过距离调节鼓轮移动数显游标卡尺，可精密地调节两换能器之间的距离 L。超声换能器的头部是用轻金属铝大致做成喇叭的形状，而尾部则用重金属制成，螺钉则从压电陶瓷环中穿过。这种结构增加了辐射面积，增强了振子与介质的耦合作用。工作中 S_1 和 S_2 之间的距离最好不要太近，一般其间距≥50 mm 较好。

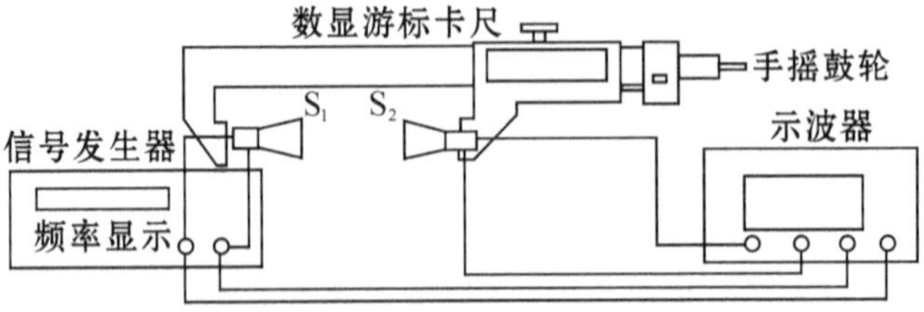

图 4　声速实验装置

实验内容

一、必做部分：测量声波在空气中的传播速度

1. 仪器的使用

仪器在使用之前，开机预热 15 min。接通市电后，自动工作在连续波方式（用干涉法与相位法测声速时，均设置在此方式）。

2. 线路连接

声速测试仪和声速测试仪信号源及双踪示波器之间的连线按图 4 所示进行。

3. 测定压电陶瓷换能器的最佳工作点

各仪器都正常工作以后，调整信号频率（在 25 ~ 45 kHz），调节示波器的扫描时间，使其在示波器上获得稳定波形，观察频率调整时接收波的电压幅度变化，在某一频率点处（34.5 ~ 39.5 kHz）电压幅度最大（如波形有畸变，调节信号发生器上的增益调节旋钮，以减小信号强度），同时声速测试仪信号源的信号指示灯亮，此频率即是与压电换能器 S_1、S_2 相匹配的频率点（即谐振频率，在该频率上换能器能输出较强的超声波），记录频率 f_N，改变 S_1 和 S_2 间的距离，适当选择位置，重复调整，再次测定工作频率，共测 5 次，取平均频率 $\bar{f}$，即谐振频率。

4. 干涉法（振幅极值法）测量声速

首先旋转声速测试仪信号源的频率旋钮，使其显示频率等于 $\bar{f}$，然后测量声波波长。转动距离调节鼓轮，当在示波器上观察到一接收波形的最大值（对应声压最大值）后，设定此位置为 l_1。连续地移动接收端的位置（向前或者向后，必须是一个方向），测量相继出现 8 个极大值所对应的各接收面的位置 l_i $(i=1, 2, \cdots, 8)$，用逐差法处理数据，求得波长，再由 $V=f\lambda$ 求出声速。

5. 相位法（李萨如图法）测量声速

在用相位比较法时，将信号源的发射端与示波器的 CH1（X）相连，接收端与示波器的 CH2（Y）相连，即可利用李萨如图形观察发射波与接收波的相位差。适当调节 y 轴和 x 轴的灵敏度，就能获得比较满意的李萨如图形。对于两个同频率互相垂直的谐振动的合成，随着两者之间相位差从 $0\to2\pi$ 变化，其李萨如图形由斜率为正的直线变为椭圆，再由椭圆变到斜率为负的直线。记录游标尺上读数时，应选择李萨如图形为斜率相同的直线时所对应的位置。

测量波长：转动距离调节鼓轮，连续地移动接收端的位置（向前或者向后，必须是一个方向），每移动一个波长，就会重复出现斜率为正（或负）的

直线图形。测量相继出现 8 个斜率为正（或负）的直线图形时相应的各接收面的位置 s_i（$i=1, 2, \cdots, 8$），用逐差法处理数据，求得波长；由 $V=f\lambda$ 求出声速。

6. 时差法测量声速

将测试方法设置到脉冲波方式。改变接收端的位置，观察在不同位置处，信号发生器上显示的时间读数是否稳定，若不稳定，调节接收增益，使在整个工作范围内都能够稳定，此时仪器内置的定时器工作在最佳状态，之后的测量中不要再改变增益。将接收端调节到适当位置，此时，时间读数稳定，记录此时的距离值和显示的时间值 L_1、T_1，转动距离调节鼓轮，移动接收面，每移动 10 mm 左右，观察时间显示窗，若数值稳定，即可记录下这时的距离值和显示的时间值 L_i、T_i（$i=1, 2, \cdots, 8$）。用逐差法处理数据，求得 $\overline{L}$、$\overline{T}$，再由 $V=\overline{L}/\overline{T}$ 求得声速。

7. 将所测得的声速与理论值比较，计算相对误差

二、选做部分：测量声波在液体和固体中的传播速度

1. 当使用液体为介质测试声速时，先在测试槽中注入液体，直至把换能器完全浸没，但不能超过液面线。然后将信号源面板上的介质选择键切换至“液体”，即可进行测试，方法与第一部分相同。

2. 用时差法测量固体棒中的纵波声速

（1）选取与声速测试仪配套的同一种材料的两根固体棒（配套的固体材料为塑料棒与铝棒。每种材料有长、中、短三根，其长度分别为 220 mm、150 mm、100 mm 左右）。

（2）在固体中传播的声波是很复杂的，它包括纵波、横波、扭转波、弯曲波、表面波等，而且各种声速都与固体棒的形状有关，金属棒一般为各向异性结晶体，沿任何方向可有三种波传播，只有在特殊情况下为纵波。因此要将固体棒放在专用支架上，再一起放入收发换能器中间，将固体棒两端对准换能器发射面和接收面的中心，再将固体棒夹紧（为了很好耦合，应将固体棒夹得很紧）。长、中、短塑料棒以及短铝棒夹紧后，数据很稳定，而对长、中铝棒，在夹紧后还须用手将铝棒向下按牢，以使铝棒中的非纵波受到抑制，得到稳定的数据。

（3）测量时，须将接收增益调到最大，传播介质设为“固体”。用第一部分所介绍的时差法测量固体棒中的纵波声速。

注意事项

（1）使用时，应避免声速测试仪信号源的信号输出端短路。

（2）测试槽为有机玻璃，容易破碎，使用时应谨慎，以防止发生意外。

（3）在测试槽内注入液体时请用液体进出通道。

（4）在液体（水）作为传播介质测量时，严禁将液体（水）滴到数显尺杆和数显表头内，如果不慎将液体（水）滴到数显尺杆和数显表头上，请用 70 ℃ 以下的温度将其烘干，即可使用。

（5）应避免液体接触到其他金属件，将金属物件腐蚀。

（6）使用完毕后，用干燥清洁的抹布将测试槽及螺杆清洁干净。

思考题

1. 实验前为什么先要找到压电陶瓷换能器的最佳工作点？怎样调整其最佳工作点？

2. 用干涉法测量声速时，在改变发射面与接收面间距的过程中，示波器上显示的图形有时极大，有时极小，说明极大或极小时气柱处于什么状态？

3. 用干涉法测量声速时，为什么要求发射面与接收面严格平行？在相位法测量中这个要求有没有必要？

4. 干涉法与相位法相比哪种测量方法更好？为什么？

3.9 霍尔效应法测磁场

霍尔效应是1879年24岁的德国研究生霍尔在他的导师罗兰指导下，研究载流导体在磁场中导电的性质时发现的一种电磁效应。他在长方形导体薄片上通一电流，沿电流的垂直方向加磁场，发现在与电流和磁场两者垂直的两侧面产生了电势差。

霍尔效应发现约100年后，德国物理学家冯·克利青，在极低温度和强磁场中研究半导体时发现了量子霍尔效应，为此获得了1985年诺贝尔物理学奖。其后美国劳克林、斯特默、美籍华裔物理学家崔琦在更强磁场下研究量子霍尔效应时发现了分数量子霍尔效应，使人们对宏观量子现象的认识更深入一步，他们也由此获得了1998年的诺贝尔物理学奖。

本实验的主要目的是了解产生霍尔效应的机理，通过霍尔效应法测磁场，学习用“对称测量法”消除副效应影响，加深对霍尔元件特性的认识。

实验原理

一、霍尔效应

如图1所示，将导体或半导体制成的薄片置于磁场中，在其水平方向通以电流 I_S，在 Z 方向（垂直于纸面向外）加磁场 B，薄片内定向移动的载流子（电荷携带者）在磁场中就要受到洛仑兹力 $F=qV\times B$ 的作用。

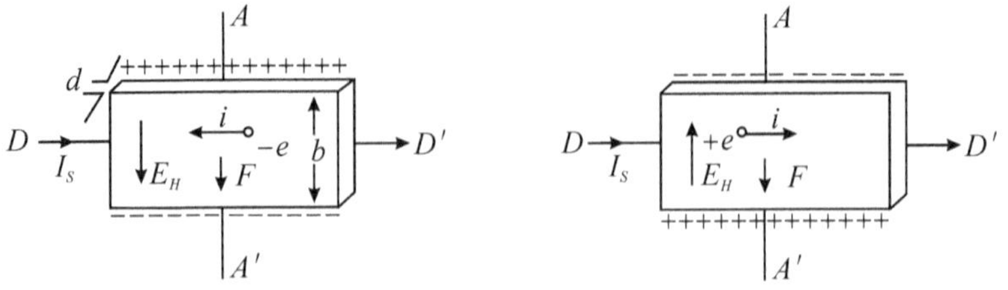

图1

在洛仑兹力的作用下，载流子发生偏移，从而在 Y 方向即薄片 A、A'两侧出现电荷积聚，产生电位差 U_H，形成一个电场 E_H。当载流子带正电时，A'侧和 A 侧分别积累的是正电荷和负电荷，A'的电势高于 A（当载流子带负电时，则情况相反）。该电场将阻止载流子继续偏移，当载流子所受的电场力 qE_H 与洛伦兹力相等时，薄片两侧电荷的积累就达到平衡状态。

这种当电流垂直于外磁场方向通过导体或半导体时，在垂直于磁场和电流的方向上产生电势差的现象称为霍尔效应。此时在薄片上下端面间建立的电场称为霍尔电场，相应的电压称为霍尔电压。

设薄片的宽为 b，厚度为 d，载流子浓度为 n，载流子在电流方向上的平均漂移速率是$\overline{V}$，由于

$$qE_H = q\overline{V}B \tag{1}$$

电流密度应为
$$j = nq\overline{V}$$

则通过薄片的电流强度为：

$$I_S = jbd = nq\overline{V}bd \tag{2}$$

由（1）、（2）两式可得霍尔电压

$$U_H = E_H b = \frac{1}{nq}\frac{I_S B}{d} = R_H \frac{I_S B}{d} \tag{3}$$

（3）式中比例系数 $R_H = \frac{1}{nq}$称为霍尔系数，它由材料性质决定，是反映材料的霍尔效应强弱的重要参数。

由（3）式可知，霍尔电压 U_H（A、A'电极之间的电压）与工作电流 I_S 和磁感应强度 B 成正比，与薄片厚度 d 成反比。

二、霍尔元件

根据霍尔效应制成的电磁转换元件称为霍尔元件。由于金属材料的载流子浓度 n 很高，其霍尔系数 R_H 很小，不宜做霍尔元件。当载流子浓度远比金属小得多的半导体出现以后，霍尔效应的应用才得以发展。

一般霍尔元件是长方形，有四根引线。长的方向有两根电流电极，为工作电流输入端。宽的方向有两根霍尔电极，为霍尔电压输出端。对于成品的霍尔元件，其 R_H 和 d 已知，因此在实用上将（3）式写成

$$U_H = K_H I_S B \tag{4}$$

（4）式中 $K_H = \frac{R_H}{d} = \frac{1}{nqd}$称为霍尔元件的灵敏度，与霍尔元件的材料性质、几何尺寸有关。一般要求 K_H 越大越好，由于 K_H 与载流子浓度 n 和片厚 d 成反

比，所以用半导体材料制作的霍尔元件都做得很薄。每个霍尔元件上均注有材料类型、K_H（mV/mA · kGS）值、最大工作电流、电阻、几何尺寸等参数。

在一定的工作电流 I_S 下，霍尔电压 U_H 与外磁场磁感应强度 B 成正比。若 I_S、K_H 已知，只要测出霍尔电压 U_H，即可算出磁场 B 的大小

$$B = \frac{U_H}{K_H I_S} \tag{5}$$

这就是霍尔效应测磁场的基本理论依据。

通电导线周围存在磁场，这磁场的强弱与导线中的电流成正比，利用霍尔元件测出磁场，还可求得通电导线中待测电流的值。这种方法不需要断开待测电流，不消耗待测电流的电源功率，对被测回路没有影响，特别适用于检测几千至数万安培的强大直流电流。

霍尔效应也是研究半导体材料的重要手段。利用霍尔效应可以判断材料的导电类型、测定载流子浓度及载流子迁移率等重要参数。若知载流子类型（n 型半导体带负电荷，P 型半导体带正电荷），则由霍尔电压 U_H 的正负可定出磁场方向，反之，若已知磁场方向，则可判断载流子类型。知道电流、磁场、霍尔电压，还可以研究材料载流子浓度与温度的变化规律。

由于霍尔电场建立所需的时间很短（$10^{-12} \sim 10^{-14}$s），因此霍尔元件使用交流电或者直流电都可。使用交流电时，得到的霍尔电压也是交变的，（4）中的 I_S 和 U_H 应理解为有效值。

三、霍尔电压的测量

在产生霍尔效应的同时，因伴随着多种副效应，以致实验测得的 A、A' 两电极之间的电压并不等于真实的 U_H 值，而是包含着由各种副效应引起的附加电压，影响到测量的精确度。这些副效应是：

1. 不等位电压 U_0

由于制造工艺技术的限制，霍尔元件两侧的霍尔电极 A、A' 不可能绝对对称，当电流 I_S 流过霍尔元件时，即使不加磁场，两电极也不在同一等位面上，此间产生的电位差 U_0 称不等位电压。不等位电压 U_0 的正负只与工作电流 I_S 的方向有关，而与磁场 B 的方向无关。

2. 温差电压 U_E

由于载流子迁移速率服从统计分布规律，在磁场作用下，慢速载流子和快速载流子受到的洛伦兹力大小不同，在洛伦兹力和霍尔电场的共同作用下，它们会向 Y 轴的正向或反向两侧偏转。载流子的动能在两侧转化为热能，两侧

间产生温差，从而出现温差电压 U_E。U_E 的正负与 I_S、B 的方向有关。

3. 附加电压 U_N

由于两个电流电极与霍尔元件的接触电阻不同，当有电流通过时，发热程度不同，引起两电流电极间的温差电动势。此温差电动势产生的热电流在磁场的作用下将发生偏转，结果在 Y 方向产生附加电压 U_N。U_N 的正负仅取决于磁场 B 的方向。

4. 温差电压 U_R

由于热电流的载流子的迁移率不同，在磁场作用下，还将在 Y 方向产生附加的温差电压 U_R。U_R 的正负仅与 B 的方向有关。

由于各种副效应引起的附加电压的符号与磁场、电流方向有关。因此在测量时只要采用电流和磁场换向的对称测量法，即在（$+I_S$，$+B$）、（$-I_S$，$+B$）、（$-I_S$，$-B$）、（$+I_S$，$-B$）四种条件下进行测量，将测量到的四个电压值取平均作为 U_H 的测量结果，基本上能够把副效应的影响从测量的结果中消除。

具体方法是：保持 I_S 和 B（即 I_M）的大小不变，并在设定电流和磁场的正、反方向后，依次测量由下列四组不同方向的 I_S 和 B 组合的 A、A'两点之间的电压 U_1、U_2、U_3 和 U_4，即：

当（$+B$，$+I_S$）时测量 U_1，$U_1=U_H+U_0+U_E+U_N+U_R$ （6）

当（$+B$，$-I_S$）时测量 U_2，$U_2=-U_H-U_0-U_E+U_N+U_R$ （7）

当（$-B$，$-I_S$）时测量 U_3，$U_3=U_H-U_0+U_E-U_N-U_R$ （8）

当（$-B$，$+I_S$）时测量 U_4，$U_4=-U_H+U_0-U_E-U_N-U_R$ （9）

式（6）－（7）＋（8）－（9），并取平均值，则得

$$U_H+U_E=\frac{1}{4}\left(|U_1|+|U_2|+|U_3|+|U_4|\right)$$

这样处理后，除温差电压 U_E 外，其他几个主要的附加电压全部被消除了。又因 $U_E \ll U_H$，引入的误差不大，可以忽略不计，所以霍尔电压 U_H 可近似用下式计算

$$U_H=\frac{1}{4}\left(|U_1|+|U_2|+|U_3|+|U_4|\right) \tag{10}$$

实验装置

霍尔效应螺线管磁场实验仪、霍尔效应螺线管磁场测试仪、导线等（如图 2 所示）。

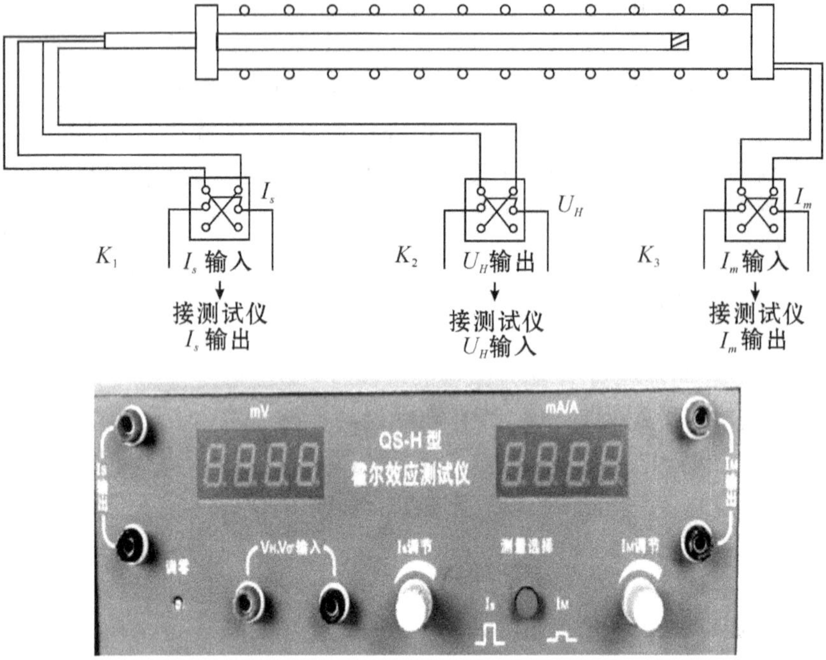

图 2

霍尔效应螺线管磁场实验仪由霍尔元件、长螺线管及相应的开关组成。霍尔元件安装在探杆支架的右端，其平面与螺线管轴线垂直。探杆支架由左侧的旋钮 X_1、X_2 控制，可沿长螺线管的中心轴线移动。工作电流和霍尔电压引线分别接入各自的换向开关 K_1 和 K_2。通电螺线管提供了一个与霍尔元件垂直的均匀磁场，其励磁电流引线接入换向开关 K_3。

实验内容

一、必做部分

1. 霍尔元件输出特性测量

(1) 霍尔电压与工作电流的关系。取 $I_M = 0.500$ A（I_M 的可取范围为 0 ~ 1 A），测试过程中保持不变。按下表所列数据依次调节 I_S，用对称测量法测出相应的 U_1、U_2、U_3 和 U_4。根据测量数据，绘制 $U_H - I_S$ 曲线，验证霍尔电压与工作电流的线性关系。

$I_M = 0.500\text{A}$

I_S (mA)	U_1 (mV)	U_2 (mV)	U_3 (mV)	U_4 (mV)	$U_H = \frac{1}{4}(\lvert U_1\rvert + \lvert U_2\rvert + \lvert U_3\rvert + \lvert U_4\rvert)$ (mV)
	$+I_S$、$+B$	$+I_S$、$-B$	$-I_S$、$-B$	$-I_S$、$+B$	
1.00					
2.00					
3.00					
4.00					
5.00					
6.00					

（2）霍尔电压与磁场（即励磁电流）的关系。取 $I_S = 5.00$ mA（I_S 的可取范围为 0～10 mA），测试过程中保持不变。励磁电流 I_M 从 100 mA 增加到 700 mA，每隔 100 mA 用对称测量法测量一次相应的 U_1、U_2、U_3 和 U_4。自拟数据记录表格。根据测量数据，绘制 $U_H - I_M$ 曲线，讨论霍尔电压与磁场（即励磁电流）的关系。

2. 利用霍尔元件测绘螺线管轴线上磁感应强度的分布

螺线管是由绕在圆柱面上的导线构成的。对于密绕的螺线管，可以看成是一列有共同轴线的圆形电流的并排组合，因此一个载流长直螺线管轴线上某点的磁感应强度，可以从对各圆形电流在轴线上该点所产生的磁感应强度进行积分得到。

对于一细长的螺线管，在距离两端等远的中心点，磁感应强度最大，其值为

$$B_0 = \mu_0 N I_M \tag{11}$$

式中 $\mu_0 = 4\pi \times 10^{-7}\ \text{N} \cdot \text{A}^{-2} = 4\pi \times 10^{-7}\ \text{H} \cdot \text{m}^{-1}$ 为真空的磁导率，N 为螺线管单位长度的线圈匝数，I_M 为线圈的励磁电流。

由图 3 所示的长直螺线管的磁力线分布可知，其内腔中部磁力线是平行于轴线的直线，渐近两端口时，这些直线变为从两端口离散的曲线，说明内部的磁场是均匀的，仅在靠近两端口时，才呈现明显的不均匀性。根据理论计算，长直螺线管一端的磁感应强度为内腔中部磁感应强度的 1/2。

（1）取 $I_S = 5.00$ mA，$I_M = 0.500$ A，测试过程中保持不变。调节旋钮 X_1、X_2 使霍尔元件由螺线管的一端移到另一端。至少取 17 个点，用对称测量法测出相应的 U_1、U_2、U_3 和 U_4。自拟表格记录数据。

（2）计算出 U_1、U_2、U_3 和 U_4 的算术平均值 U_H 后，利用式（5）求出磁

感应强度 B 的大小，并填入表中。根据表格中的数据，绘制螺线管内磁场分布曲线，即 $B-X$ 曲线。

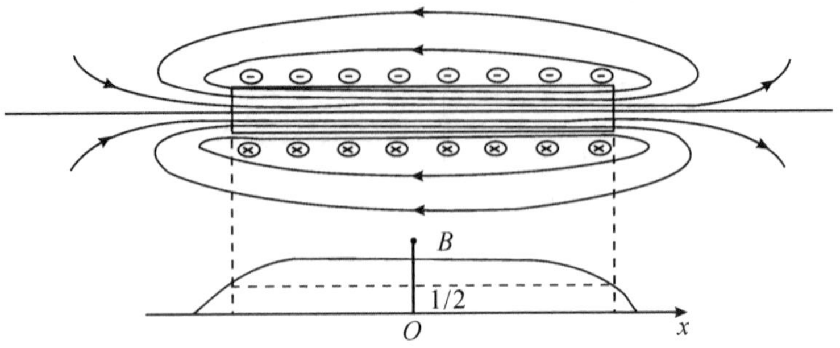

图 3

(3) 由式 (11) 计算螺线管中点磁感应强度的理论值［单位为特斯拉，1 T（特斯拉）＝10 kGS（千高斯）］，将实验值与其进行比较，求出相对误差。

二、选做部分

自设计实验方法测出霍尔元件的灵敏度 K_H，并与实验室给出的值进行比较。

注意事项

(1) 实验前先按图 2 连接测试仪和实验仪之间相对应的 I_S、U_H 和 I_M 各组连线。"U_H 输出"开关始终保持闭合状态，并将测试仪的"I_S 调节"和"I_M 调节"旋钮均置于零位（即逆时针旋到底）。

(2) 检查无误后开启测试仪的电源。当按下或放开"测量选择"键时电流表、电压表均显示零，若不为零，应调节"调零"电位器。

(3) 转动霍尔元件探杆支架的旋钮 X_1、X_2 时要细心、缓慢。当霍尔元件在螺线管最右端时，$X_1=0$，$X_2=0$。若想使之移往左端，为调节顺手，应先调节处于下端的 X_1 旋钮，使 X_1 从 0.00→14.00 cm，再调节 X_2 旋钮，使 X_2 从 0.00→14.00 cm。反之要使霍尔元件从螺线管左端移至右端，应先调节 X_2 旋钮。

(4) 进行霍尔元件输出特性测量时，霍尔元件处于螺线管的中心位置，即 $X_1=14.00$ cm，$X_2=0.00$ cm。

(5) 霍尔元件的霍尔灵敏度 K_H 以及螺线管单位长度线圈匝数 N 的具体数

值均标在实验仪上。

思考题

1. 若磁场与霍尔元件表面不垂直，能否准确测出磁场？如何用实验方法判断元件表面与 B 是否垂直？

2. 在测量磁场的过程中是否一定要保持电流 I_S 不变？为什么？

3. 利用霍尔元件可以读取磁带或磁盘记录的信息，试说明其原理。

3.10 四端接法测低电阻

单臂电桥（即惠斯通电桥）测量电阻用的是两端钮接法（如图1所示），其中的附加电阻（待测电阻和接线端钮之间的接触电阻及引线电阻的总称）与待测电阻是串联的，所以，测量值实际是待测电阻与附加电阻的总和。由于中值电阻（$1\ \Omega \sim 10^6\ \Omega$）比附加电阻（约为 $10^{-3}\ \Omega$）大得多，这些附加电阻的影响完全可以忽略不计。但要测量变压器或电机绕组的电阻、金属材料的电阻率等 $1\ \Omega$ 以下的低电阻，由附加电阻引起的误差就无法忽略。

要实现对低电阻的准确测量，就要消减附加电阻的影响。在两端钮接法的基础上，经过改进，产生了四端接线法。单臂电桥也发展成了双臂电桥（又名开尔文电桥）。本实验的主要目的是在掌握四端接法测量低电阻原理的基础上，用双臂电桥测出金属材料的电阻率。

实验原理

两端钮接法测量中值电阻时存在的附加电阻 r_1 和 r_2，如图1(a) 等效电路所示。

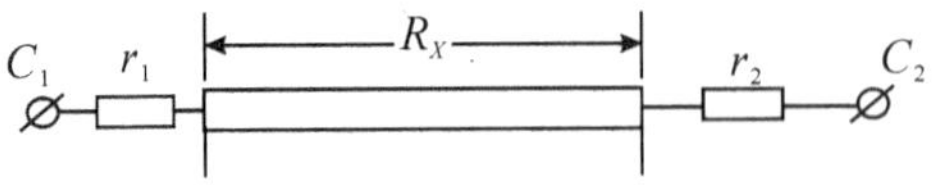

(a) 两端钮接法等效电路

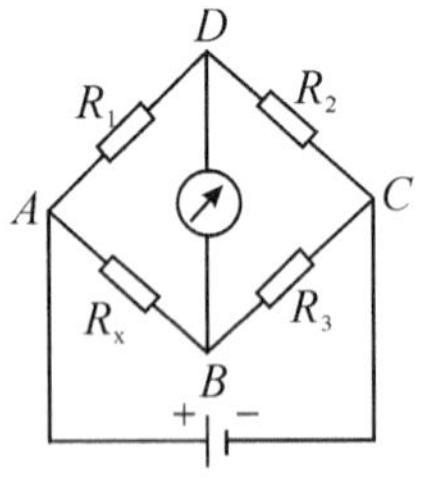

(b) 单电桥电路

图1

测量低电阻时，为了将附加电阻所引起的误差降至最小，待测电阻 R_X 和用作比较的标准电阻 R_N 均为四端接法，即有四个接线端；检流计支路中增加了两个高阻值电阻 R_3、R_4，构成双臂电桥的“内臂”。

双臂电桥的线路结构及其等效电路如下图（a）、（b）所示。

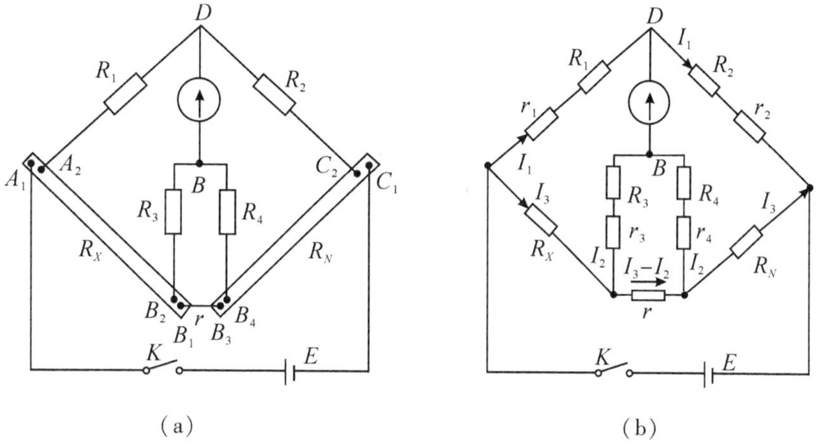

图2　双臂电桥及其等效电路

图2（a）中，四端电阻 R_X、R_N 外侧的两个接点 A_1、C_1 称为电流端，接电源回路，从而转移了附加电阻的相对位置。电流端的附加电阻不再与低电阻 R_X 和 R_N 相串联，而是折入了电源内阻，因此消除了它们对测量的影响。

四端电阻 R_X、R_N 内侧的两个接点称为电压端，连接在双臂电桥的电压测量回路中。图2（a）中，A_2、C_2 端接触电阻和 B_2、B_4 端接触电阻都与较大的桥臂电阻 R_1、R_2、R_3、R_4 相串联，故其影响可以忽略不计。电压端之间的部分即为低电阻本身，无另外的连接导线，故有效地消除了引线电阻的影响。

B_1、B_3 两接点用短粗导线相连，设 B_1、B_3 间的附加电阻为 r。调节双臂电桥平衡，即调节电阻 R_1、R_2、R_3、R_4 和 R_N，使 B、D 两处等电位，检流计电流 $I_g=0$。考虑到 $R_1 \gg r_1$，$R_2 \gg r_2$，$R_3 \gg r_3$，$R_4 \gg r_4$，由图2（b）中所示电流方向，可列出方程：

$$I_1R_1 = I_3R_X + I_2R_3$$
$$I_1R_2 = I_3R_N + I_2R_4$$
$$I_2(R_3+R_4) = (I_3-I_2)r$$

联立求解得

$$R_X = \frac{R_1}{R_2}R_N + \frac{rR_4}{R_3+R_4+r}\left[\frac{R_1}{R_2} - \frac{R_3}{R_4}\right] \quad (1)$$

式中 R_1/R_2（或 R_3/R_4）称为电桥比例臂（或称为倍率）。(1) 右边第二项中含有 r 这一不能忽略的附加电阻，若使上式第二项满足

$$\frac{R_1}{R_2} = \frac{R_3}{R_4}$$

则 $$R_X = \frac{R_1}{R_2} R_N \tag{2}$$

测得的 R_X 就消除了附加电阻 r 的影响。

为了保证 $R_1/R_2 = R_3/R_4$ 在电桥使用过程中始终成立，双臂电桥中两对比率臂 R_1/R_2 和 R_3/R_4 做成双十进电阻箱，在这种电阻箱里，两个相同十进电阻的转臂安装在同一转轴上，在转臂的任一位置上都保持 R_1 和 R_3 相等，R_2 和 R_4 相等。所以式（2）就是双臂电桥的平衡条件。只要待测低电阻按四端接法接入测量，根据式（2）就可计算出 R_X。

实验装置

单、双臂两用电桥，待测导线，标准电阻，检流计，直流毫安表，滑线变阻器，换向开关，单刀开关，导线，螺旋测微器，米尺等。

QJ19 型单、双臂两用电桥的面板如图 3（a）所示。测量低值电阻时其外部电路按图 3（b）连接。实际中的四端电阻其中两个较粗的接头为电流接头，较细的两个接头为电压接头。

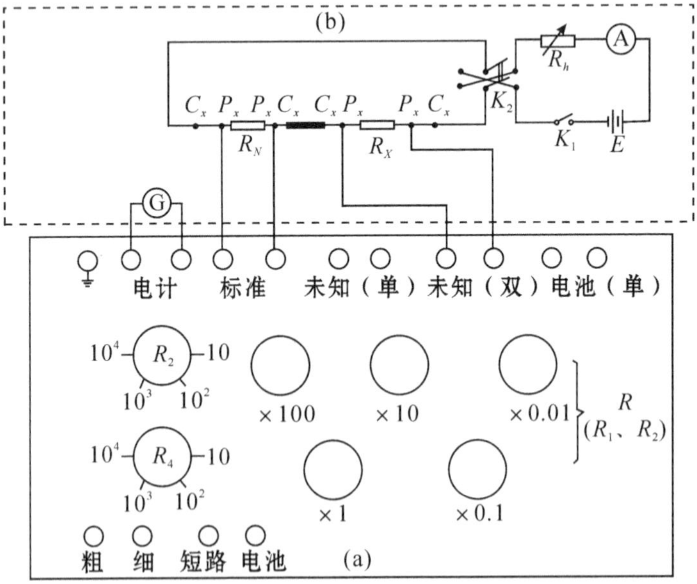

图 3　QJ19 型单、双臂两用电桥的面板及外部电路

实验内容

一、必做部分

1. 测量导线的电阻

（1）先用单臂电桥粗测待测导线电阻的阻值。

（2）根据粗测值由表1选择标准电阻 R_N 及 R_2、R_4 的阻值。

（3）按图3(b)连接线路。

（4）把变阻器 R_h 置于电阻最大处，合上开关 K_1、K_2，再调节 R_h 使电路中的电流在400 mA左右。

（5）按下按钮“粗”，调节 R_1 旋钮，使检流计指零。放开按钮“粗”，按下“细”以提高电桥的灵敏度，再进行细调使检流计再次指零。用碰触法检验，记下电阻的数值 R_1^+。在细调时，若旋钮“×0.001”改变几位数字而检流计无变化，表明电桥灵敏度较低，应适当调小 R_h 以增大工作电流，直至改变1位数字检流计有变化为止。

表1

R_X（Ω）		R_N（Ω）	$R_2=R_4$（Ω）
从	到		
10	100	10	100
1	10	1	100
0.1	1	0.1	100
0.01	0.1	0.01	100
0.001	0.01	0.001	100
0.000 1	0.001	0.001	100

（6）用换向开关 K_2 改变电流方向，仿照上述方法再测一次，记下 R_1 的数值 R_1^-。

（7）利用式（2）计算 R_X，并算出两次测量的平均值。

2. 测出导线的电阻率

（1）用螺旋测微器测出导线的直径，在不同位置测三次，取平均值。

（2）用米尺测量导线电压接头间的长度，测三次，取平均值。

（3）用下式计算导线的电阻率：

$$\rho = R_X \frac{S}{l} = R_X \frac{\pi d^2}{4l}$$

3. 估算ρ的不确定度

数据记录参考表格：

<table>
<tr><td>$R_{X粗}$ (Ω)</td><td colspan="2"></td><td colspan="2">R_N (Ω)</td><td colspan="2"></td><td>$R_2=R_4$ (Ω)</td><td></td></tr>
<tr><td>R_1^+ (Ω)</td><td colspan="2"></td><td colspan="2">R_X^+ (Ω)</td><td colspan="2"></td><td rowspan="2">$\overline{R}_X$ (Ω)</td><td rowspan="2"></td></tr>
<tr><td>R_1^- (Ω)</td><td colspan="2"></td><td colspan="2">R_X^- (Ω)</td><td colspan="2"></td></tr>
<tr><td>d (m)</td><td></td><td></td><td></td><td colspan="2">$\overline{d}$ (m)</td><td></td><td>ρ (Ω·m)</td><td></td></tr>
<tr><td>l (m)</td><td></td><td></td><td></td><td colspan="2">$\overline{l}$ (m)</td><td></td><td>U_ρ (Ω·m)</td><td></td></tr>
</table>

二、选做部分

测量双臂电桥的灵敏度：

在电桥平衡的基础上将R_1调偏ΔR_1，使检流计偏离平衡位置Δn格，记录ΔR_1和Δn，利用$S=\dfrac{\Delta n}{\Delta R_1/R_1}$计算双臂电桥的灵敏度$S$。

注意事项

（1）连接导线应短而粗，测量0.1 Ω以下电阻时，测量用的连接导线电阻应小于0.01Ω。

（2）各接头必须干净、接牢。

（3）标准电阻和待测低电阻的电流接头和电压接头不可接错。

（4）由于测低电阻时通过待测电阻的电流较大，通电时间应尽量短暂。

思考题

1. 测量低电阻为什么要用四端接线法？

2. 试比较双臂电桥与单臂电桥在线路结构上的不同。

3. 画出将测量电路中标准电阻和待测电阻的电流端和电压端互换后的等效电路，并与互换前的等效电路进行比较。

4. 双臂电桥平衡时有$R_X=(R_1/R_2)R_N$，故有同学认为待测低电阻R_X与R_X及R_N之间的附加电阻r无关，R_X与R_N之间连接线的粗细对R_X测量的准确度无影响。此说法对否？说出你的理由。

3.11 交流电桥

交流电桥是由电阻、电容或电感等元件组成的桥式电路，交流电桥不但可以测交流电阻、电感、电容，还可以测量材料的介电常数、电容器的介质损耗、线圈间的互感系数、磁性材料的磁导率和液体的电导率等。由于交流电桥的平衡还与交流电源的频率有关，所以交流桥路还可以做成各种滤波网络或者用于测量交流电频率。因此，交流电桥在无线电仪器设备中以及自动控制电路中广泛应用。本实验使用交流电桥测量电感和电容及损耗，要求掌握电桥平衡的原理和调节平衡的方法。

实验原理

一、交流电桥平衡原理

交流电桥的构造及原理与直流单臂电桥相同，也由四个桥臂组成。不同之处在于，在交流电桥中，用交流电源（低频信号发生器）和交流示零仪（如交流毫伏表）分别代替直流电桥中的直流电源和检流计；组成桥臂的元件中不仅有电阻，还包括电容、电感或互感等。它们的电路如图 1 所示，其中 Z_1，Z_2，Z_3，Z_4 分别为四个桥臂的复阻抗。

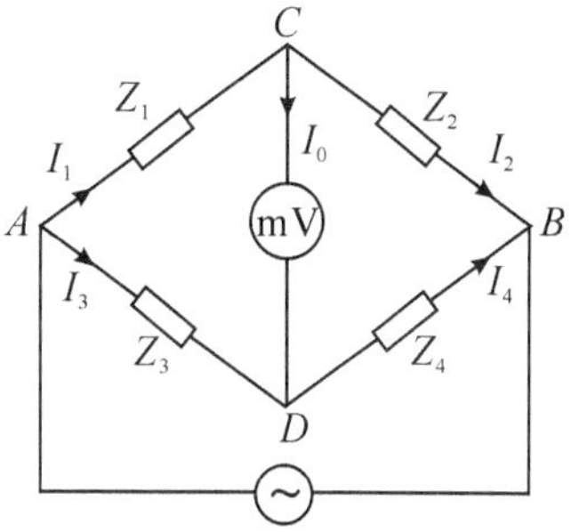

图 1　交流电桥

当电桥平衡时，没有电流流过示零仪，即 C、D 两点的电势在任一瞬间都相等，由欧姆定律得：

$$\dot{I}_1\dot{Z}_1=\dot{I}_3\dot{Z}_3$$
$$\dot{I}_2\dot{Z}_2=\dot{I}_4\dot{Z}_4 \qquad (1)$$

而且有
$$\dot{I}_1=\dot{I}_2,\ \dot{I}_3=\dot{I}_4 \qquad (2)$$

其中$\dot{I}_1$，$\dot{I}_2$，$\dot{I}_3$，$\dot{I}_4$分别是通过$\dot{Z}_1$，$\dot{Z}_2$，$\dot{Z}_3$，$\dot{Z}_4$的复有效电流值。

对上式解方程得
$$\dot{Z}_1\dot{Z}_4=\dot{Z}_2\dot{Z}_4 \qquad (3)$$

（3）式称为交流电桥的平衡条件。

又有复阻抗$\dot{Z}_i = R_i + jX_i = Z_i e^{j\phi_i}$，将其代入（3）式可得

$$|\dot{Z}_1\dot{Z}_4| = |\dot{Z}_2\dot{Z}_3| \Rightarrow \frac{Z_1}{Z_2} = \frac{Z_3}{Z_4} \text{ 或 } \frac{Z_1}{Z_3} = \frac{Z_2}{Z_4} \quad (4)$$

和

$$\varphi_1 + \varphi_4 = \varphi_2 + \varphi_3 \quad (5)$$

式中 Z_1，Z_2，Z_3，Z_4 为阻抗有效值，φ_1，φ_2，φ_3，φ_4 为初相位。显然，交流电桥平衡时，除了阻抗大小成比例外，还必须满足相位条件，这是它与直流电桥的不同之处。

二、实际电容器和电感的等效电路

1. 实际电容器的等效电路

实际电容器的两极板间所充介质并不是理想介质，而存在“漏电”现象，在电路中要消耗一定的能量。因此，实际电容器相当于理想电容与一个电阻并联的等效电路，如图 2（a）所示，则电容器的复阻抗

$$\dot{Z}_C = \frac{R_C(1 + j\omega CR_C)}{1 + (\omega CR_C)^2} \quad (6)$$

当 $R_C \gg \frac{1}{\omega C}$时，$\dot{Z}_C \approx \frac{1}{R_C(\omega C)^2} + \frac{1}{j\omega C}$ (7)

上式表明，实际电容器也等于理想电容与一个阻值为 $r_C = \frac{1}{R_C(\omega C)^2}$的电阻串联，如图 2（b）所示，当 $R_C \to \infty$ 时，电容器成为理想电容器。一般情况 R_C 为一个较大的阻值，所以正弦交流电通过时，电容器两端电压和通过的电流之间的相位角不是$\frac{\pi}{2}$，而是$\frac{\pi}{2} - \sigma$，其中 σ 称为介质损耗角，它是衡量实际电容器与理想电容器差别的一个重要参数。为方便起见，一般用 $D = \tan\sigma = \frac{1}{\omega CR_C} = r_C\omega C$ 来表示电容器的损耗。

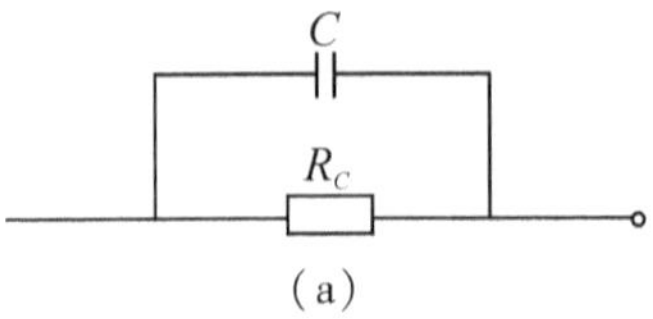

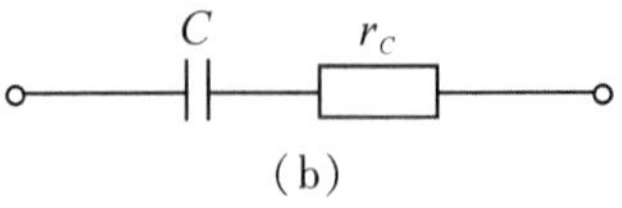

图 2　实际电容器等效电路

2. 实际电感的等效电路

电感是由电线绕制而成的，因此它具有导线电阻，由导线的相对位置决定的分布电容以及由绕线线圈本身决定的电感量，它等效于一个 RLC 的串联电路，如图 3 所示。电感工作在低频范围内，C 的旁路作用可忽略，此时实际电感的复阻抗可表示为

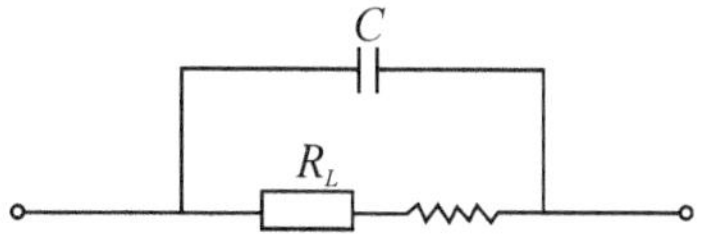

图 3　实际电感的等效电路

$$\dot{Z}_L = R_L + j\omega L \tag{8}$$

当 $R_L \to 0$ 时，实际电感可视为理想电感。电感的质量用品质因数 $Q = \frac{\omega L}{R_L}$ 来描述。

三、电容电桥

电容电桥主要用来测电容器的电容量及损耗角。

1. 测量损耗小的电容电桥（串联电阻式）

图 4 为适用于测量损耗小的被测电容 C_x 的电容电桥。被测电容接到电桥的第一臂，它的损耗以等效串联电阻 R_x 表示，与被测电容相比较的标准电容 C_n 接入相邻的第四臂，同时与 C_n 串联一可变电阻 R_n，桥的另外两臂为纯电阻 R_2 及 R_3，当电桥平衡时，由（3）式有

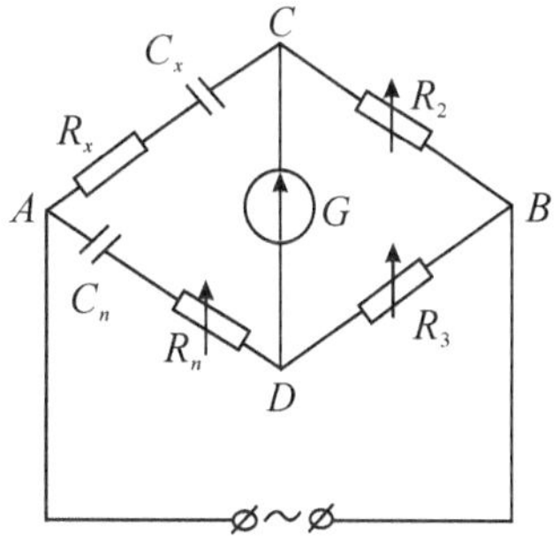

图 4　串联电阻式电容电桥

$$\left(R_x + \frac{1}{j\omega C_x}\right) R_3 = \left(R_n + \frac{1}{j\omega C_n}\right) R_2$$

解之得
$$C_x = \frac{R_3}{R_2} C_n \quad R_x = \frac{R_2}{R_3} R_n \tag{9}$$

即电桥调至平衡之后，C_x 和 R_x 值可以由（9）式求出。

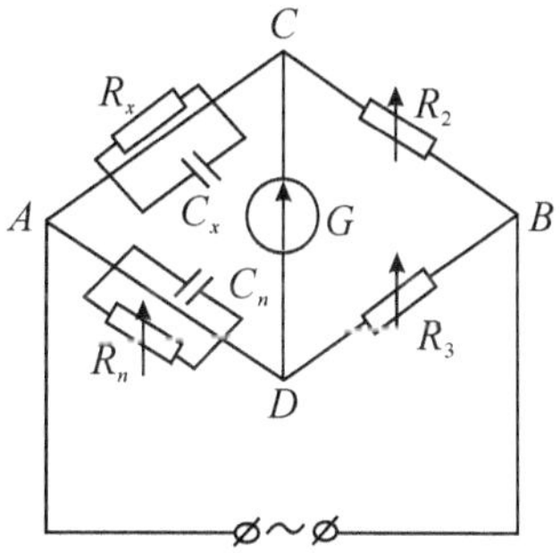

图 5　并联电阻式电容电桥

被测电容器的损耗因数

$$D = \tan\sigma = \omega C_x R_x = \omega C_n R_n \tag{10}$$

2. 测量损耗大的电容电桥（并联电阻式）

若被测电容的损耗大，用上述电桥测量时，与标准电容串联的电阻 R_n 必须很大，这样会降低电桥的灵敏度。因此需采用图 5 所示的另一种电路来进行测量。它的特点是标准电容 C_n 与电阻 R_n 是并联的，若以等效并联电路表示被测的实际电容器，则根据交流电桥的平衡条件（3）式有

$$R_2 \frac{1}{\frac{1}{R_n}+j\omega C_n} = R_3 \frac{1}{\frac{1}{R_x}+j\omega C_x}$$

整理后可得：

$$C_x = \frac{R_3}{R_2}C_n \quad R_x = \frac{R_2}{R_3}R_n \tag{11}$$

而损耗因数为

$$D = \tan\sigma = \frac{1}{\omega C_x R_x} = \frac{1}{\omega C_n R_n} \tag{12}$$

四、电感电桥

电感电桥用于测量电感，它有多种线路，大都采用标准电容作为与被测电感相比较的标准元件，这一标准电容一定要安置在与被测电感相对的桥臂中。

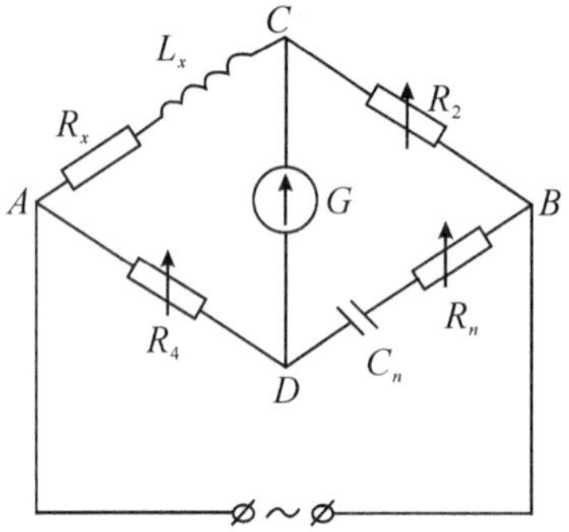

图 6　测高 Q 值电感的电桥

1. 测量高 Q 值电感的电感电桥

测量高 Q 值电感的电桥原理线路如图 6 所示。这种电桥线路也叫做海氏电桥，当调节电桥达到平衡时，根据两相对臂的阻抗的乘积彼此相等的平衡条件可得

$$(R_x + j\omega L_x)\left(R_n + \frac{1}{j\omega C_n}\right) = R_2 R_4$$

简化和整理后得

$$L_x = \frac{R_2 R_4 C_n}{1 + (\omega C_n R_n)^2}$$

$$R_x = \frac{R_2 R_4 R_n (\omega C_n)^2}{1 + (\omega C_n R_n)^2} \tag{13}$$

由上式可知，海氏电桥平衡条件是与频率有关的，因此在应用成品电桥

时，若改用外接电源供电，必须注意使电源频率与该电桥说明书上规定的频率相符，而且电源波形必须是正弦波。

用海氏电桥测量时，被测电感的 Q 值为

$$Q=\frac{\omega L}{R}=\frac{1}{\omega C_n R_n} \tag{14}$$

由上式可知，若被测电感 Q 值过小，则要求标准电容 C_n 的值要大（但一般标准电容的容量都难以做得太大），或要求与标准电容串联的电阻 R_n 必须很大。但当电桥中某个桥臂阻抗数值过大时，将会影响电桥的灵敏度。故海氏电桥适宜于测量 Q 值较大的电感。

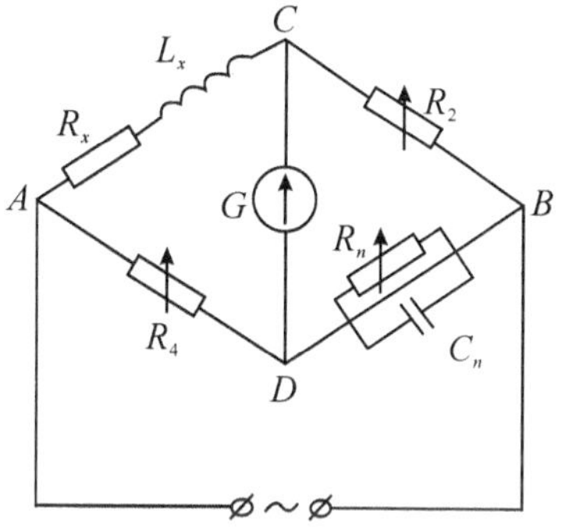

图 7　测低 Q 值电感的电桥

2. 测量低 Q 值电感的电桥

测量低 Q 值电感的电桥原理线路如图 7 所示。此电桥线路也叫做麦克斯韦电桥。麦克斯韦电桥与海氏电桥在线路上不同之处是在标准电容的桥臂中，C_n 和可调电阻 R_n 是并联的。

在电桥平衡时有 $$(R_x+j\omega L_x)\frac{1}{\dfrac{1}{R_n}+j\omega C_n}=R_2R_4$$

整理后得

$$L_x=R_2R_4C_n$$

$$R_x=(R_2R_4)/R_n \tag{15}$$

式（15）为麦克斯韦电桥的平衡条件，它表明麦克斯韦电桥的平衡是与频率无关的，即在电源为任何频率或非正弦的情况下，电桥都能平衡。但是实际上，由于电桥内各元件间的相互影响，交流电桥的使用频率范围仍受到很大的限制。

用麦克斯韦电桥测量时，被测电感的 Q 值为

$$Q=\frac{\omega L_x}{R_x}=\omega R_n C_n \tag{16}$$

实验装置

信号发生器、晶体管毫伏表、标准电容箱、交直流两用电阻箱（3 个）、待测电容、待测电感、开关、导线等。

实验内容

一、必做部分

1. 测量电容器的电容及损耗因数

（1）按图4连接线路。用信号发生器作为交流电源，频率取1 000 Hz。在电桥未平衡时，电源输出电压先取小一些（约2 V）；待电桥趋于平衡时，逐渐增大到5 V左右。示零仪G用晶体管毫伏表，量程暂取1 V。因待测电容 C_x 的标称值为0.22 μF，故为简便起见，标准电容 C_n 可取0.22 μF，并保持不变。与 C_n 串联之可调电阻 R_n 暂取100 Ω左右。电阻 R_2 取700 Ω，并保持不变。R_3 暂取700 Ω。

（2）接通电源。调节电阻 R_3，使晶体管毫伏计的示值逐渐减小，同时适当减小毫伏表的量程，以提高电桥的灵敏度。一直调节到当 R_3 某一步进旋钮的示值增加或减小一个单位时毫伏表的示值几乎不变为止。此时可改调 R_n，使毫伏表的示值进一步减小，一直到 R_n 某一步进旋钮示值增、减一个单位时毫伏表示值几乎不变为止。此时可认为电桥初步达到平衡。

（3）再依次反复调节 R_3 及 R_n，使毫伏表的示值进一步减小，直至 R_3、R_n 各增、减一个单位时毫伏表示值几乎不变为止。此时可认为电桥已达到平衡，在表1中记下各桥臂有关数据，计算 C_x 及其相对不确定度。

表1

f（Hz）	C_n（F）	R_n（Ω）	R_2（Ω）	R_3（Ω）	C_x（F）	D

2. 测量自感线圈的自感及品质因数

（1）按图（7）连接线路。电源用信号发生器，频率取1 000 Hz，电压先取2 V左右，待电桥趋于平衡逐渐增至5 V左右。示零仪用晶体管毫伏表，量程暂取1 V。待测线圈自感量 L_x 约为0.1 H，标准电容 C_n 可取1 μF并保持不变，与 C_n 并联的电阻 R_n 可暂取1 000 Ω。R_2 取100 Ω并保持不变。R_4 暂取2 000 Ω。

（2）接通电源。仿照实验内容1测电容时的调节方法，依次反复调节 R_4 及 R_n，直至电桥平衡为止，在表2中记下各桥臂有关数据，计算 L_x 并求出相对不确定度。

表 2

f（Hz）	C_n（F）	R_n（Ω）	R_2（Ω）	R_4（Ω）	L_x（H）	Q

二、选做部分

（1）测量一根 1 m 长的同轴电缆线的电容量，并设计一个实验，求出该电缆线中间介质的介电常数。

（2）在必做实验内容 1 测量电容的实验中，如果选择 R_2 和 R_3 作为可变参量进行反复调节是否也能使电桥平衡？试利用复数与复平面的点相对应的数学知识分析之。

注意事项

（1）交流电桥平衡时，其平衡指示表（晶体管毫伏表）的读数不必一定是零，只需出现一个最小值即可。

（2）在使用电阻箱前，应先旋转一下各个转盘，使盘内弹簧触点的接触性能稳定可靠。

思考题

1. 交流电桥四个桥臂的阻抗是否可随意配置而不受限制？为什么？
2. 只调节交流电桥一个桥臂能否使电桥达到平衡？为什么？
3. 哪种交流电桥适宜于测损耗小的电容？哪种适宜于测损耗大的电容？
4. 哪种交流电桥适宜于测高 Q 值电感？哪种适宜于测低 Q 值电感？

3.12 单缝及多缝衍射实验

光的本质是一种电磁波。光在传播过程中会产生一系列现象，如光的干涉、衍射等。光的衍射现象是波具有的基本特征之一，体现了光的波动性。研究光的衍射现象不仅有助于加深对光本性的理解，而且能为进一步学好近代光学技术打下基础。

根据光源和观察点到障碍物的距离不同，衍射现象可分为两类：第一类是菲涅耳衍射（近场衍射），也就是障碍物离光源和考察点的距离是有限的，或其中之一是有限的，或者说入射波和衍射波都是球面波；第二类是夫琅和费衍射（远场衍射），也就是障碍物离光源和考察点的距离可以认为是无限的，即入射波和衍射波都可看作是平面波（平行光）。

在实验室条件下，用激光作为光源（激光的光束细、方向性好、亮度高，可看作是平行光），将观察屏放在较远处（使其与缝的距离远远大于缝宽），就可以满足夫琅和费的远场条件。本实验要求了解夫琅和费多缝衍射原理及现象；掌握夫琅和费单缝衍射的原理及其光强的测定。

实验原理

一、夫琅和费单缝衍射

当光在传播过程中经过障碍物时，例如，不透明物体的边缘、不透明物体中的小孔、细线、狭缝等，一部分光会传播到几何阴影中去，产生衍射现象。如果障碍物的尺度与波长相近，这样的衍射现象就比较容易观察到。

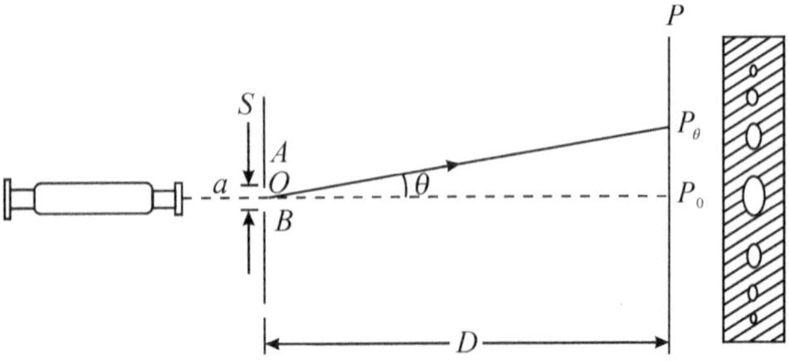

图1　单缝衍射光路图

当发散角极小的激光器产生的激光束垂直通过一条很细的狭缝（0.1 ~ 0.3 mm 宽），在狭缝后大于1.5m的地方放上观察屏，就可看到左右对称的衍射条纹。衍射使光强在空间重新分布，如图1所示。若在观察屏位置处放上光电传感器（如线阵 CCD），就可将光强的大小转换成对应的电信号，用仪器或电脑记录下来。利用光电元件测量光强的相对变化，是光学精密测量的常用方法。

根据惠更斯—菲涅耳原理，当激光照射在单缝上时，单缝上每一点都可看成是向各个方向发射球面子波的新波源。由于子波叠加的结果，在屏上可以得到一组平行于单缝的明暗相间的条纹。P_0 点位于光轴上，是中央亮纹的中心，其光强为 I_0；与光轴成 θ 角的衍射光束落在 P_θ 点。夫琅和费单缝衍射光强分布规律为

$$I_\theta = I_0 \frac{\sin^2 \varphi}{\varphi^2}$$

$$\varphi = \frac{\pi a}{\lambda}\sin\theta \tag{1}$$

式中 a 是单缝宽度，λ 是入射光的波长，θ 是衍射角，$\frac{\sin^2\varphi}{\varphi^2}$为衍射因子。图 1 中的 D 表示单缝位置到接受面（本实验为到 CCD 光敏面）P 的距离。

单缝衍射的光强分布如图 2 所示，图中纵坐标 I_θ/I_0 表示相对光强。由（1）式可知：

（1）当 $\theta=0$ 时，P 处的光强 $I_\theta=I_0$ 为最大值，称中央主极大，即衍射后绝大部分光能都落在中央主极大上。

（2）当 $\sin\theta=\frac{K\lambda}{a}$（$K=\pm1$，$\pm2$，…）时，$I_\theta=0$，为第 K 级暗纹。由于夫琅和费衍射时，θ 很小，有 $\theta\approx\sin\theta$，因此出现暗纹的条件为

$$\theta = \frac{K\lambda}{a} \tag{2}$$

若第 K 级极小值与中心点 P_0 的距离为 x，则第 K 级暗纹所对应的衍射角为

$$\theta = \frac{x}{D} = \frac{K\lambda}{a}\ （K=\pm1,\ \pm2,\ \cdots）$$

（3）$K=\pm1$ 时，中央主极大两侧暗纹间的角宽度（中央亮纹的角宽度）为：$\Delta\theta_0=\frac{2\lambda}{a}$，其他任意相邻暗纹间的角宽度为 $\Delta\theta_k=\frac{\lambda}{a}$，即中央亮纹宽度是其他各级亮纹宽度的两倍。

（4）次极大值的位置在 $\varphi=\pm1.43\pi$，$\pm2.46\pi$，$\pm3.47\pi$，…处，其相对

光强 I/I_0 依次为 0.047，0.017，0.008，…，中央主极大两侧的各级极小是等间隔的、次极大是不等间隔的。

单缝衍射的暗条纹是以光轴为对称轴，等间隔、左右对称分布的。中央亮条纹的宽度 Δx 可用 $K=\pm1$ 的两条暗条纹间的间距确定，$\Delta x=2\lambda D/a$；某一级暗条纹的位置与缝宽 a 成反比，a 大，x 小，各级衍射条纹向中央收缩，当 a 宽到一定程度，衍射现象便不明显了，只能看到中央位置有一条亮线，这时可认为光线是沿直线传播的。如果测得了第 K 级暗条纹的位置 x，就可求得单缝的宽度为

$$a=K\lambda D/x \qquad (3)$$

因此，利用光的衍射可以测量细缝的宽度。

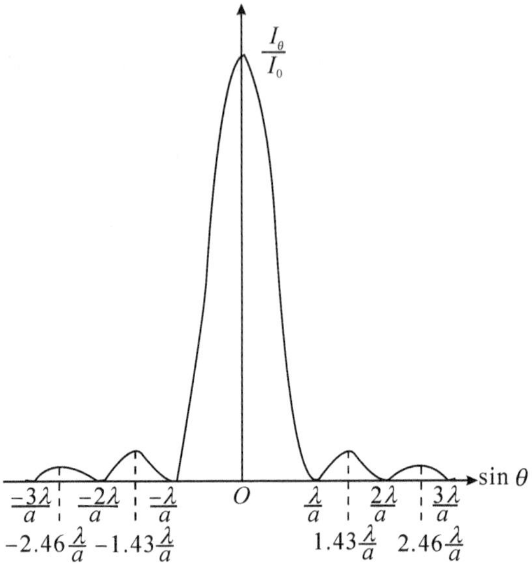

图 2　单缝衍射光强分布

根据互补原理，光束照射在细丝上时，其衍射效应和狭缝一样，在接收屏上可得到同样的明暗相间的衍射条纹。因此，利用上述原理也可以测量细丝直径及其动态变化。

二、夫琅和费多缝衍射

夫琅和费多缝衍射光强公式：

$$I_\theta=I_0\frac{\sin^2 u}{u^2}\frac{\sin^2 N\nu}{\sin^2 \nu}$$

其中 $u=\frac{\pi a\sin\theta}{\lambda}$，$\nu=\frac{\pi d\sin\theta}{\lambda}$

式中 a 为缝宽；$d=a+b$ 为缝距（光栅常数）；b 为中间不透光部分的宽度；N 为缝数。

$\frac{\sin^2 u}{u^2}$ 为单缝衍射因子，它所决定的光强分布曲线衍射极小位置：

$$\sin\theta=\pm k'\frac{\lambda}{a},\ k'=1,\ 2,\ 3,\ \cdots$$

$\frac{\sin^2 N\nu}{\sin^2 \nu}$为多缝干涉因子，它所决定的光强分布曲线衍射主极大位置：

$$\sin\theta = \pm k\frac{\lambda}{d}, \qquad k = 1, 2, 3, \cdots$$

多缝衍射的干涉极大若出现在衍射极小的位置上时，合光强为零，干涉极大消失，出现缺级现象。即多光束干涉图样受单缝衍射的调制，衍射条纹以单缝衍射光强分布曲线为包络线，在满足 $k = k'\frac{d}{a}$ 条件时，出现缺极。

多缝衍射强度分布为单缝衍射光强分布与多缝干涉光强分布相互作用的结果。多缝衍射相邻的主极大亮纹之间有 $N-1$ 条暗纹。相邻暗纹之间有一个次极大，即相邻的主极大之间有 $N-2$ 个次极大。

（1）光栅是 N 很大的能产生多缝衍射的光学元件。其满足的主极大条件 $d\sin\theta = \pm k\lambda$ 称为光栅方程，其物理意义是 $d\sin\theta$ 为任意相邻两缝对应点发出的光在 θ 方向的光程差，当其为波长的整数倍时，得到干涉极大。光栅相邻的亮纹（或暗纹）的间隔为 $\Delta x = x_{k+1} - x_k = \frac{\lambda D}{a+b}$ （4）

（2）当 $N=2$ 时为夫琅和费双缝衍射，衍射光强公式为 $I_\theta = I_0\frac{\sin^2 u}{u^2}\cos^2\nu$，即单缝衍射调制的双缝干涉。双缝衍射的“缺级”发生在 nm 处（m 为双缝中心间距与缝宽的比值，$n = \pm1, \pm2, \pm3, \cdots$）。

实验装置

半导体激光器、组合光栅片及光栅架、CCD 光强测量仪、计算机数据采集盒、计算机、光具座（请仔细阅读说明书的第二章和第四章）。

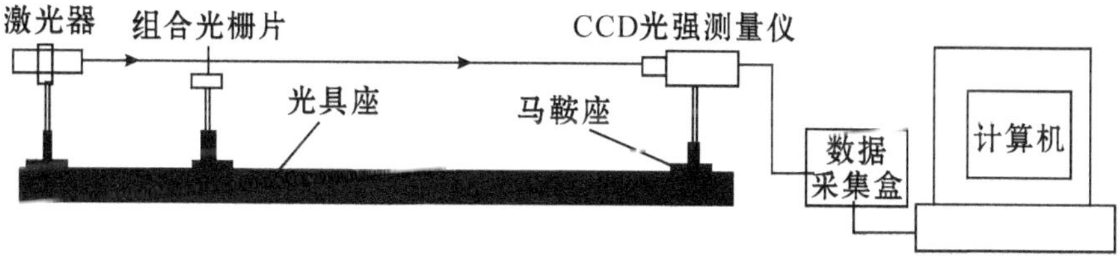

图 3 实验装置图

1. 激光器

为 LS650－5 半导体激光器，发光波长为 650 nm，光功率小于 5 mW。发光功率可由旋钮调节。

2. CCD 光强测量仪

其核心是线阵 CCD 器件。CCD 器件是一种可以电扫描的光电二极管列阵，有面阵（二维）和线阵（一维）之分。LM601S 型 CCD 光强仪所用线阵 CCD 共含 2 700 个光敏元素，光敏元尺寸为 11 ×11 μm，光敏元中心距 11 μm，光谱响应范围 0.3 ~0.9 μm，光谱响应峰值 0.56 μm。

3. 组合光栅片

光栅片上有 7 组图形（见表 1），d 为缝中心的间距与缝宽的比值。

表 1

光栅片	1	2	3	4	5	6	7
上排	单缝 $a=0.12$mm	单缝 $a=0.10$mm	单缝 $a=0.07$mm	单缝 $a=0.07$mm	单缝 $a=0.07$mm	双缝 $m=2$ $a=0.02$mm	四缝 $m=2$ $a=0.02$mm
下排	单丝 $a=0.12$mm	单丝 $a=0.10$mm	双缝 $m=2$ $a=0.07$mm	双缝 $m=3$ $a=0.07$mm	双缝 $m=4$ $a=0.07$mm	三缝 $m=2$ $a=0.02$mm	五缝 $m=2$ $a=0.02$mm

实验内容

一、必做部分

1. 仪器调整

（1）接通各部件电源。在导轨上依次摆放激光器、光栅、光强仪，调整各部件的上下左右位置，使其共轴。

（2）选择一条单缝，调节光栅架上的调节螺丝，使衍射图样清晰对称，明暗分明，并照在 CCD（光强仪的光敏面）的中间。（开始调节时，可先在 CCD 光强仪的采光窗口前放一白纸检查衍射图样，待衍射图样清晰后再移走白纸。）让激光束通过光栅片的衍射图样能射入 CCD 光强仪前端的采光窗口，从而射到 CCD 线阵上。

（3）打开光强仪后，开启电脑。点击工作软件中的“开始采集”，在屏幕上应能看到衍射曲线。根据计算机上波形情况进行仪器的进一步调整。

2. 测定单缝衍射光强及缝宽

（1）获取正确的图线后，点击“停止采集”，使待测曲线固定在屏幕上。用全局主视窗里的蓝色选择框选择要测量的图线区域，在局部放大视窗里慢慢移动鼠标，在其下面的数据栏里读取衍射图线上中央明纹、一级和二级明纹，一级、二级和三级暗纹的 X 值（代表光敏元的位置）、Y 值（为光强）。自拟表格。计算各级衍射角、相对光强和缝宽，与理论值进行比较。

(2) 用直尺测量缝到 CCD 光敏面的垂直距离 D（注意光敏面距光强仪前面板 4.5 mm）。

3. 观察双缝及多缝衍射现象

选用“组合光栅”上的双缝和 3 ~ 5 缝，观察并记录缺级及缝数与光强分布的关系。

二、选做部分（衍射法测量细丝直径）

选用“组合光栅”上的单丝，自拟实验步骤，测出单丝线径。

注意事项

(1) 保护眼睛，切勿迎着激光束看激光。

(2) 光栅模面较脆弱，勿用手碰触模面。

(3) 光栅片与 CCD 光强仪之间的距离应尽可能满足远场条件（$D \gg a^2/8\lambda$，a 为缝宽）。

(4) CCD 光强分布测量仪有很高的光电灵敏度，其光敏面至光强仪前面板距离仅 4.5 mm，应避免强光照射 CCD 的光敏面。

(5) 缝与激光束或 CCD 的光敏面不垂直，会造成的波形图线光强分布不对称。光栅片受到磨损、缝边缘或 CCD 采光窗沾上灰尘都将影响衍射图样。

(6) 采集到的图线若出现削顶，说明光源光太强或软件中的增益参数调得太大，应减小激光器功率或减小增益。

(7) 测量细丝线径时激光束的光斑和中央主极大一起落在 CCD 器件上，会引起饱和。实验时可以向正或负方向将中央主极大移至采光窗外，增加激光器的功率，让更高级次的暗纹出现在屏幕上。

(8) 某两点的数据差 ΔX 为光敏元的个数，需乘以光敏元的中心距 11 μm，才能得到衍射条纹真实的距离。

(9) 计算相对光强比时，要用测出的 Y 值减去多级暗纹 Y 值的平均值，不能直接用 Y 值相比较。

思考题

1. 夫琅和费衍射应符合什么条件？

2. 当激光器输出的光强发生变化时，单缝衍射图样和光强分布图线会有什么变化？

3. 矩形孔衍射图样是在长边方向展开得宽，还是在短边方向展开得宽？

4. 试分析本实验误差产生的主要原因。

3.13 玻璃折射率的测量

多数光源是各种色光混合而成的，由于各种色光的折射率不同，所以通过玻璃三棱镜时被色散开来，彩虹的形成也是同一原理。

折射率是描述透明物质光学性质的重要参数。测定玻璃折射率的方法有多种，如：布儒斯特角法、掠入射法、干涉法、最小偏向角法等。读数显微镜、迈克尔逊干涉仪、分光计、阿贝折射仪等仪器都可以进行折射率的测量。但有些测量方法或测量仪器对被测样品的性质和尺寸有特殊要求。

在分光计上常用最小偏向角法测定固体的折射率，这种方法需要将待测玻璃样品制成三棱镜，虽然费时、费料，但可以达到较高的测量精度。本实验要求仔细观察色散现象，学会用最小偏向角法测定玻璃三棱镜的折射率，在测量过程中复习分光计的调节和使用。

实验原理

一、玻璃色散及最小偏向角

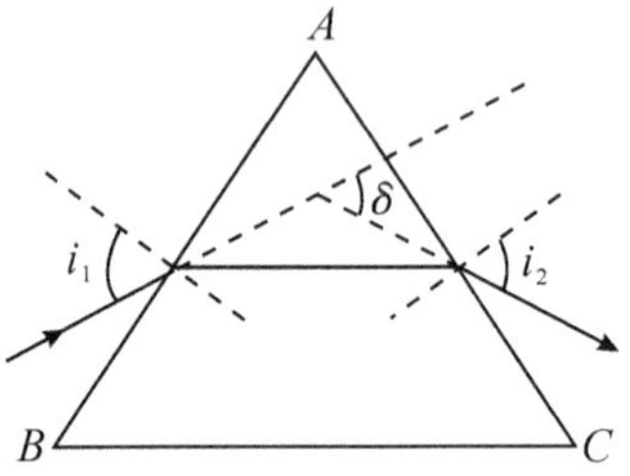

图 1　单色光在三棱镜中的折射

三棱镜是分光仪器中的色散元件，其主截面是等腰三角形，顶角 A 指两个折射面的夹角，如图 1 所示。光线以入射角 i_1 投射到棱镜的 AB 面上，经棱镜的两次折射后，以 i_2 角从 AC 面出射，出射光线和入射光线的夹角 δ 称为偏向角。δ 的大小随入射角 i_1 而改变。可以证明，当 $i_1 = i_2$ 时，偏向角为极小值，称为棱镜的最小偏向角，记为 δ_D。δ_D 与棱镜的顶角 A 和折射率 n 之间有如下关系：

$$n = \sin\frac{A+\delta_D}{2} \Big/ \sin\frac{A}{2} \tag{1}$$

因此，只要测得 A 和 δ_D 就可用上式求得待测棱镜材料对该波长的单色光的折射率。

当入射光为复色光时，虽然入射角对各种波长的光都相同，但出射角并不相同，表明折射率也不相同，即产生了色散现象（折射率随波长而变的现象称为色散)。对于一般的透明材料来说，在可见光区域内，折射率都随波长的变小而增大，这样的色散称为正常色散。如紫光波长比红光波长短，它的折射率就比红光大，在用棱镜产生的光谱中，紫光光线偏折也大。

只要测出玻璃三棱镜对各种波长光的最小偏向角，就可得到对应的折射率。这些折射率与波长的关系绘成的曲线称为该玻璃材料的**色散曲线**。不同透明材料做成的棱镜，得到的色散曲线是不同的。某种玻璃色散的大小通常用**平均色散** $=n_F-n_C$ 和**色散本领** $V=(n_F-n_C)/(n_D-1)$ 来表示。其中 n_C、n_D 和 n_F 分别表示玻璃对夫琅和费谱线①中 C 线（$\lambda_C=656.3$ nm）、D 线（$\lambda_C=589.3$ nm）和 F 线（$\lambda_C=486.1$ nm）的折射率。

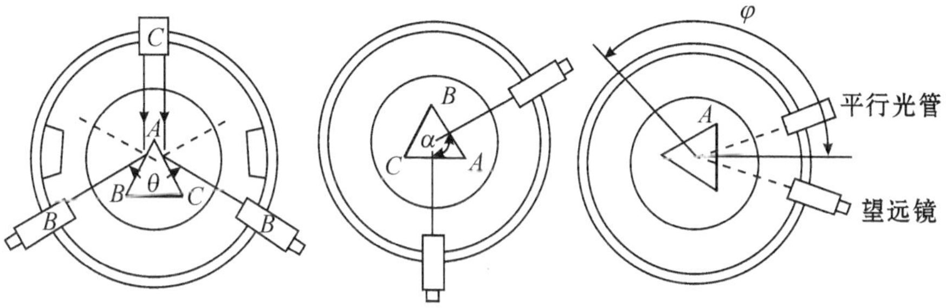

图 2　测定三棱镜顶角的方法

二、测定三棱镜顶角的方法

1. 反射法

反射法测量三棱镜顶角如图 2（a）所示。由平行光管出射的平行光照在三棱镜上，经两光学表面反射，由几何关系和反射定律得到，左右反射光线间的夹角 $\theta=2\angle A$，用望远镜分别测出左右反射光的方位角，即可求出三棱镜顶角 $\angle A$。

2. 自准直法②

自准法测三棱镜顶角如图 2（b）所示。开启望远镜内的灯，转动望远镜，使其光轴与棱镜 AB 面垂直，即亮十字与黑水平线的中点重合，记下刻度盘两端游标的读数，然后再转动望远镜，使其光轴与棱镜 AC 面垂直，记下游标的

---

① 夫琅和费谱线（Fraunhofer lines）指的是太阳内部发射的连续光谱背景上呈现的黑吸收线。德国物理学家夫琅和费首先发现，并用字母 A 到 H 标记了其中最明显的吸收线，编制出了“夫琅和费谱线表”作基准用。在标明光学玻璃或其他介质的折射率所指波长时，一般都用这些字母来表示。

② 望远镜自身产生的平行光经正对望远镜的平面镜反射后，会在望远镜中成一清晰的亮十字像，此像称为自准直像。

读数，即可计算出 α，则三棱镜顶角为 $\angle A = 180° - \alpha$。

3. 平面法线法

平面法线法测量三棱镜顶角如图 2（c）所示。使望远镜与平行光管成一角度后固定望远镜。转动游标盘（注意旋松游标盘止动螺钉 25）带动载物台上的三棱镜转动，使其中的一个光学面反射的狭缝像与望远镜的黑十字准线的竖线重合，此时该平面的法线与望远镜和平行光管之间的中分线重合，记下游标读数。然后转动游标盘使另一光学面反射的狭缝像与望远镜的黑十字准线的竖线重合，记下游标读数。两个像所成的角度即为两个反射面的法线所成的角度 φ，则三棱镜顶角为 $\angle A = 180° - \varphi$。

实验装置

分光计、氦光灯、平面镜、三棱镜、手持放大镜。

氦光灯是将稀薄的氦气（气压为 600 至 700 Pa）封闭在玻璃管内制成。管的两端各装一个电极，两电极间加高压后产生放电并且发光，通过三棱镜分光可得到氦的线光谱（见下表和图 3）。

波长（nm）	447.1	471.3	492.2	501.6	587.6	667.8	706.6
颜色	蓝紫	蓝	蓝绿	浅绿	黄	大红	暗红

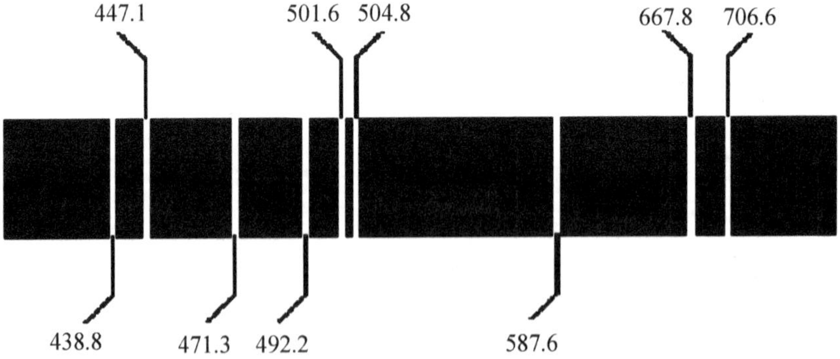

图 3　经玻璃棱镜分光的氦光谱图

实验内容

一、必做部分

1. 分光计的调整

按照实验 2.9 依次将望远镜、平行光管调好。载物台调到适合棱镜测量，调整方法如下：

将三棱镜依图4摆放在载物台上（这样放有什么好处？如果是等边三棱镜，还可以有其他放法吗？）。转动游标盘带动载物台转动，使 AB 面对准望远镜，寻找反射回来的亮十字。调节载物台下的螺钉 a，使亮十字与黑水平线的中点重合，即 AB 面垂直望远镜光轴（不可调节望远镜仰角螺钉12，为什么？）。然后再将 AC 面转向望远镜，调节载物台下的螺钉 c，使 AC 面与望远镜光轴垂直。反复调节多次，使棱镜的主截面与望远镜光轴垂直后，分光计全部调节完毕。

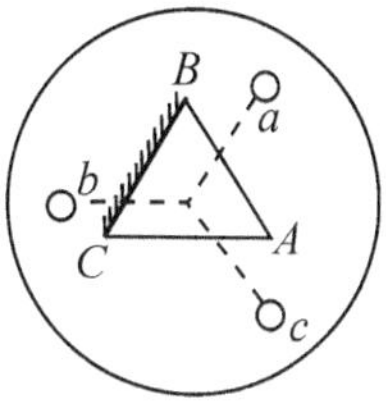

图4

2. 测量三棱镜顶角

使游标分置左右两侧，然后旋紧螺钉25固定游标盘。旋紧载物台主尺止动螺钉16，使主尺随望远镜一起转动。将三棱镜放在载物台上如图2（a）所示，顶角正对平行光管，底边尽量向载物台边缘靠拢，转动望远镜观察三棱镜左右两侧面反射的狭缝的像，记录读数，计算顶角 $\angle A$ 及其不确定度。

测量次数	AB 面反射的狭缝像		AC 面反射的狭缝像		θ_1	θ_2	θ	$\angle A$
	$\varphi_{左1}$	$\varphi_{右1}$	$\varphi_{左2}$	$\varphi_{右2}$				
1								
2								
3								
4								

$\theta_1 = n_{左1} - n_{左2} =$　　　　$\theta_2 = n_{右1} - n_{右2} =$

$\theta = \frac{1}{2}(\theta_1 + \theta_2) =$　　　　$\angle A = \frac{\theta}{2} =$

3. 测量玻璃折射率

（1）将三棱镜摆放在载物台上，使棱镜处在图5所示位置。BC 为三棱镜的磨砂底边（使其尽量靠近载物台边缘），AB 和 AC 为光学面。摆放时磨砂底边 BC 与平行光管约成150°（AC 约垂直于平行光管），望远镜与磨砂底边在同一侧。磨砂底边位于左右两侧皆可，图示为左侧观察。

先用眼睛沿棱镜出射方向观察，当看到氦光灯出射的彩色谱线时，再将望远镜移到眼睛所在方位，此时就可看到氦光灯的光谱线（即狭缝的单色像）。

（2）先让光谱的大红色谱线处在望远镜的视场中，

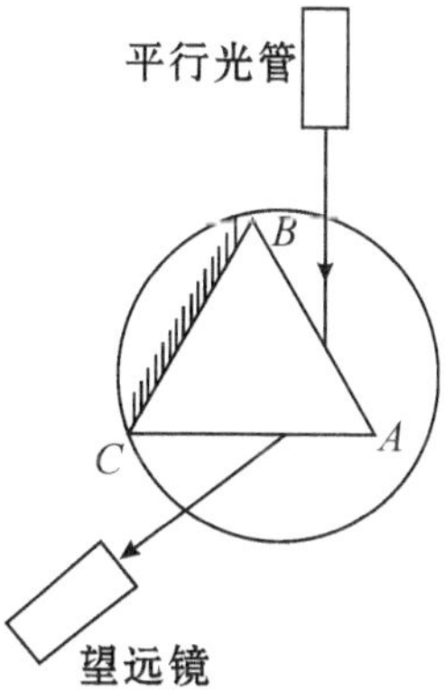

图5　观察光谱示意图

转动游标盘带动载物台上的三棱镜一起转动，使谱线朝偏向角减小的方向移动，（若所有谱线移到视场以外，请转动望远镜跟踪谱线），直到棱镜继续沿着同方向转动时，该谱线不再向前移动却反而向相反方向移动为止，此转折点即对应于谱线的最小偏向角位置。固定游标盘（旋紧螺钉25），微调望远镜的位置，使垂直准线对准大红色谱线，记下左右游标读数 φ 和 φ'。然后转动望远镜使其对准平行光管，使黑十字准线的竖线直接对准入射光的狭缝像，记下读数 φ_0 和 φ'_0，则谱线对应的最小偏向角可由下式计算 $\delta_D=[(\varphi'-\varphi'_0)+(\varphi-\varphi_0)]/2$。重复多次测量，计算对应谱线的折射率及其不确定度。

二、选做部分

（1）依上述方法，测量所有谱线，计算最小偏向角、折射率及其不确定度。

数据记录表格

入射光	$\varphi_0=$				$\varphi'_0=$				
波长 λ（nm）	438.8	447.1	471.3	492.2	501.6	504.8	587.6	667.8	706.6
左游标读数 φ									
右游标读数 φ'									
最小偏向角 δ_D									
折射率 n									

注：观察到的438.8 nm和504.8 nm谱线若不清晰，可不测量。

（2）根据折射率与波长的关系画出三棱镜的色散曲线，在图上标出 n_C、n_D 和 n_F 后，计算三棱镜的平均色散和色散本领。

注意事项

（1）三棱镜的拿取不要用手接触其光学表面，拿上下磨砂面或棱边时要小心，不要磕碰或跌落。

（2）分光计调整前应首先检查游标盘止动螺钉25和望远镜止动螺钉18是否松开。读取测量数据时一定要检查螺钉25 、18和主尺止动螺钉16是否锁紧。

（3）写出计算过程后，将结果填入表格内。角度计算时，若有游标跨过360°刻线，读数应加360°。

思考题

1. 分光计的双游标读数与游标卡尺的读数有何异同？

2. 你认为分光计调节的关键在何处？

3. 若三棱镜的放置相对于望远镜偏低，对测量有无影响？

4. 何谓最小偏向角？实验中如何确定最小偏向角的位置？

5. 是否对应每一条谱线都需重新调整最小偏向角，为什么？

6. 在测顶角的三种方法（反射法、自准直法和平面法线法）中，哪种不需调整平行光管？

7. 比较三棱镜分光与光栅分光所得光谱的特点。

3.14 双棱镜测量光波长

法国科学家菲涅耳（Augustin J. Fresnel）在1826年进行的双棱镜实验，采用了独特的分波阵面方法来实现双光束干涉，用毫米级的测量得到纳米级的精度，证明了光的干涉现象的存在。

用分波阵面的方法获得相干光源，双棱镜颇具有代表性。虽然在激光出现之后，设法获得相干光源的工作已不如早期那样重要，但双棱镜干涉实验中的物理思想、实验方法与测量技巧仍然具有现实意义。

本实验通过用菲涅耳双棱镜对钠光波长的测量，来了解双棱镜产生的干涉现象和特点，学习利用双棱镜获得双光束干涉的方法和光学测量的一些基本技巧。

实验原理

具有固定位相差的两列频率相同的光波沿着大致相同的方向传播，在两列光波相交的区域内会产生波的叠加，光强的分布不再是均匀的，在某些地方表现为加强，某些地方表现为减弱（甚至为零）的现象称为光的干涉。菲涅耳利用双棱镜获得双光束干涉现象的装置如图1所示。

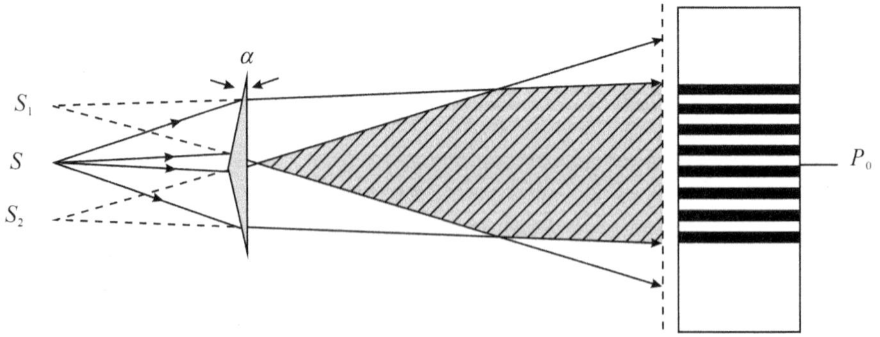

图1 双棱镜干涉原理图

图中的双棱镜是由两个折射棱角很小（$\alpha<1°$）的直角棱镜底边相接而成。借助于双棱镜可使从狭缝S发出的单色光的波阵面沿两个不同方向传播，相当于从虚光源S_1及S_2（S_1、S_2与狭缝S处于同一平面上）发出的两束相干光，在两束光交叠空间的任何位置上将有干涉发生。如果狭缝的宽度较小且双棱镜的

棱脊和狭缝平行，在该区域内可以接受并观察到平行于狭缝的明暗交替的等间距干涉条纹。P_0 处为零级亮条纹（在该点处两束光波的光程差为零）。

设两虚光源 S_1 和 S_2 之间的距离为 d，S 至观察屏的距离为 D（当用测微目镜代替屏进行观察时，D 则为 S 至目镜的可动分划板间的距离），δ 为 S_1 和 S_2 到屏上第 k 级条纹的光程差，x_k 为 P_k 点距 P_0 点的距离。当 $d \ll D$，$D \gg x_k$ 时，有

$$\delta = \frac{x_k}{D}d \tag{1}$$

由光的相干条件得知，当光程差 $\delta = \pm 2k\left(\frac{\lambda}{2}\right)$ 时，产生亮条纹，其位置 $x_k = \pm\frac{D}{d}k\lambda$（$k=0, 1, 2\cdots$）；当光程差 $\delta = \pm(2k-1)\frac{\lambda}{2}$时，产生暗条纹，其位置 $x_k = \pm\frac{(2k-1)D}{2d}\lambda$（$k=1, 2\cdots$）。

由此可得，两相邻亮条纹（或暗条纹）的距离为

$$\Delta x = x_{k+1} - x_k = \frac{D}{d}\lambda \tag{2}$$

如果测得 d、D 及 Δx 便可由（2）式求出 λ 值。

由于干涉条纹宽度 Δx 很细，需使用测微目镜进行测量。两虚光源间的距离 d 可由透镜两次成像法求得，如图 2 所示。方法是：在双棱镜与测微目镜之间放一焦距为 f 的会聚透镜 L，只要使测微目镜到狭缝的距离 D 大于 $4f$，前后移动透镜，就可以在两个不同位置上从测微目镜中看到虚光源 S_1 和 S_2 所成的实像。在位置Ⅰ透镜成放大的实像，在位置Ⅱ透镜成缩小的实像。分别测得两虚光源放大像的间距 d_1 和缩小像的间距 d_2，两虚光源之间的距离 d 即可由下式求出：

$$d = \sqrt{d_1 d_2} \tag{3}$$

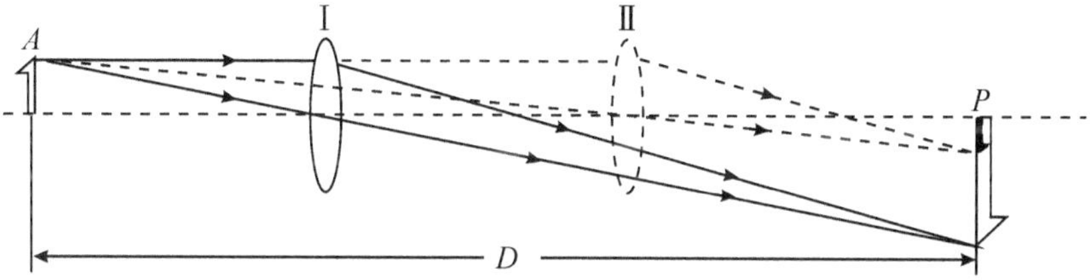

图 2　透镜的两次成像法示意图

实验装置

双棱镜、测微目镜、光具座、狭缝和透镜等。

1. 测微目镜

测微目镜是用来测量微小实像线度的仪器，其结构如图 3（a）所示。图中的玻璃标尺即为主尺，它固定在壳体上，位于目镜焦平面附近，其刻线量程为 8 mm［如图 3（b）中的 9 条短线所示］，分度值为 1 mm。在玻璃标尺后 0.1 mm 处，平行地放置了一块由薄玻璃片制成的可动分划板，其上刻有叉丝双线。人眼贴近目镜筒观察时，可同时看到玻璃标尺和可动分化板的叉丝双线，如图 3（b）所示。可动分划板的框架与读数鼓轮相连，当读数鼓轮旋转时，分划板可左右移动：鼓轮每转一圈（100 小格），分划板移动 1 mm（读数方法与螺旋测微计相似）。

测量时，先调节目镜与分划板间的距离，使能清晰地观察到分划板上的叉丝双线；然后调节测微目镜与待测像的距离使实像也清晰并与叉丝双线无视差；之后旋转鼓轮使叉丝双线对准待测像，从玻璃标尺上读取以 mm 为单位的整数部分，小数部分在鼓轮上读出（测微目镜的最大允差为 0.004 mm）。

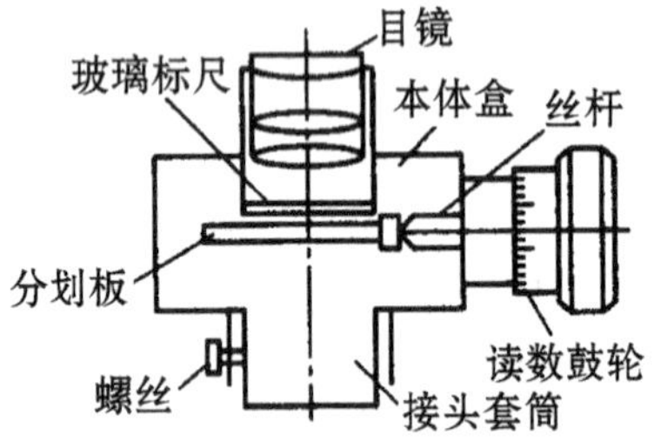

（a）

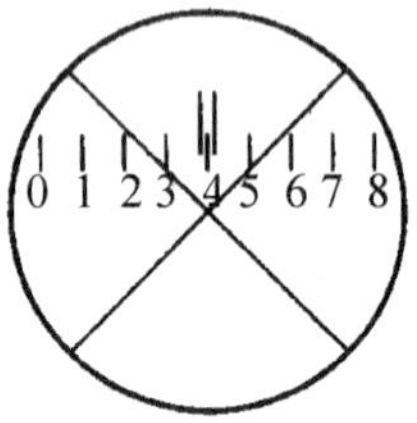

（b）

图 3　测微目镜

2. 可变狭缝

可变狭缝的方向和宽度都可调，将其放在钠光灯前就形成实验中所需要的线光源。可变狭缝的结构如图 4 所示，上方的螺丝用来调节它的方向，旁边的螺丝用来调节它的宽度。

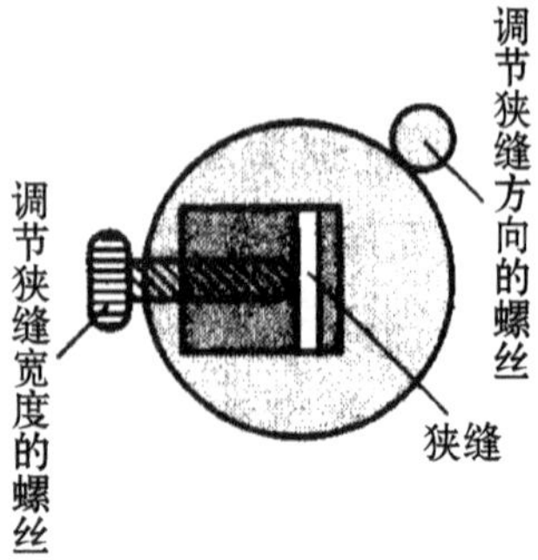

图 4　可变狭缝

实验内容

一、必做部分

1. 仪器调整（调节光路）

（1）实验装置的摆放如图 5 所示。先在钠光灯 A 前放上宽度可调的狭缝 S、凸透镜 L 和毛玻璃屏。点亮光源，均匀照亮狭缝 S。将各元件靠近，用目视粗略地调整光具座上各元件中心等高、共轴后，将各元件拉开，使屏与狭缝之间的距离大于透镜焦距的四倍，移动透镜可在屏上分别成狭缝的大像和小像。成大像时调节透镜高度，成小像时调毛玻璃屏的高度，最终使大像和小像的中心重合。

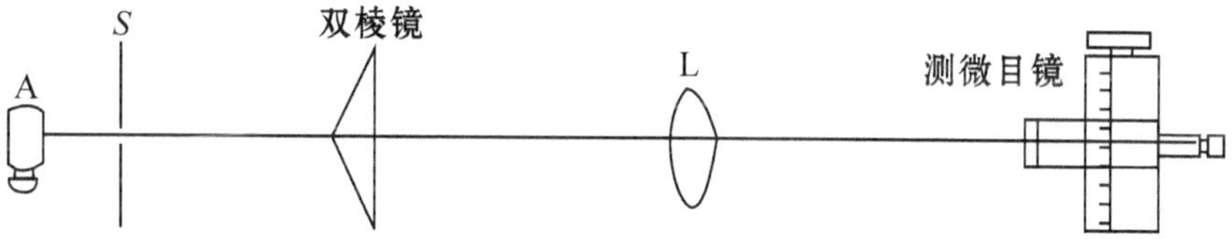

图 5　双棱镜干涉实验装置

（2）在狭缝与透镜之间插入双棱镜，调其高低左右与原光路共轴，并使双棱镜的底面与系统的光轴垂直，棱脊（中点在透镜光轴上）和狭缝的取向大体平行。上下微调双棱镜的位置，使毛玻璃屏上的两个虚光源 S_1 和 S_2 的像的光强基本相同，并尽可能地长。

（3）用测微目镜代替毛玻璃屏，细调目镜与透镜共轴，使两个虚光源 S_1 和 S_2 的像位于视野的中心部位，且与分化板的叉丝双线重合无视差。

（4）移去透镜，将测微目镜移近双棱镜，一般情况下可从测微目镜观察到不太清晰的干涉条纹（或光带）。为提高光源的空间相干性需减小狭缝宽度，且缓慢旋转控制狭缝的螺丝，或微调棱脊取向，直到显现出清晰的干涉条纹，这时棱镜的棱脊与狭缝的取向严格平行。

（5）为便于测量，在看到清晰的干涉条纹后，应将双棱镜或测微目镜前后移动，使干涉条纹的宽度适当。同时只要不影响条纹的清晰度，可适当增加缝宽，使干涉条纹有足够的亮度。

2. 数据测量与计算

（1）测量狭缝与测微目镜之间的距离 D。固定狭缝、双棱镜与测微目镜的位置（双棱镜和狭缝的距离不宜过小，因为减小它们的距离，S_1 和 S_2 间距也将减小，这对 d 的测量不利），记下狭缝 S 与测微目镜之间的距离 D 。

（2）测量干涉条纹的间距 Δx。为减小测量误差，先用测微目镜测量出 n

条（10~20 条）干涉条纹的间距，再计算出相邻两条干涉条纹的间距 Δx，重复测量三次。

（3）测量两虚光源的间距 d。保持狭缝与双棱镜原来的位置不变，在双棱镜和测微目镜之间放置一已知焦距为 f 的会聚透镜 L，移动测微目镜使它到狭缝的距离大于 $4f$，调节 L 使之与系统共轴，用测微目镜分别测得两虚光源放大像间距和缩小像间距。重复测三次，取其平均值，再计算 $\bar{d}$ 值。

（4）将上面测得的 D、$\Delta\bar{x}$、$\bar{d}$ 值代入公式（2），求出光源的波长及其不确定度。

二、选做部分

（1）用白炽灯取代钠灯，观察、记录干涉条纹的变化，并作出相应的解释。

（2）将光源换成氦氖激光器，自选实验仪器、自拟实验步骤进行双棱镜实验，并总结使用激光的方便之处。

注意事项

（1）使用测微目镜时，要注意避免螺距误差。旋转读数鼓轮时动作要平稳、缓慢，测量装置要保持稳定。

（2）在测量光源狭缝至观察屏的距离 D 时，因为狭缝平面和测微目镜的分划板平面均不和光具座滑块的读数准线共面，必须引入相应的修正（实验室参考数据：狭缝平面位置的修正量为 3.52 cm，测微目镜分划板平面的修正量为 2.75 cm），否则将引进较大的系统误差。

（3）测量 d_1、d_2 时，由于透镜像差的影响，实像的位置确定不准，将给 d_1、d_2 的测量引入较大误差，可在透镜 L 上加一直径约 10 mm 的圆孔黑纸光阑，来增加 d_1、d_2 测量的精确度。

思考题

1. 干涉条纹的间距与哪些因素有关？当狭缝 S 和双棱镜之间的距离加大时，条纹间距变大还是变小？

2. 双棱镜和光源之间为什么要放一狭缝？为什么狭缝和双棱镜的棱脊都要位于光轴上且两者要平行？为什么狭缝的宽度要适当？

3. 测量两虚光源的间距 d 时，为什么要保持狭缝与双棱镜原来的位置不变？可否移动测微目镜？

4. 用双棱镜测量波长时，怎样减少测量误差？

5. 试证明公式 $d=\sqrt{d_1 d_2}$。

3.15 密立根油滴实验

电子电荷是一个基本物理量，对它的准确测定具有重要的意义。1883 年由法拉第电解定律发现了电荷的不连续结构；1897 年 J J 汤姆逊通过对阴极射线的研究，测量了电子的荷质比，从实验上发现了电子的存在；而用个别粒子所带的电荷的方法来直接证明电荷的分立性，以及首先准确测定电子电荷的数值，则是由密立根（Millikan）从 1907 年开始，直到 1913 年才完成的。

密立根油滴实验设计思想简明巧妙，方法简单，而结论却具有不容置疑的说服力，堪称物理实验的精华和典范。密立根油滴实验测量并得到了基本电荷即电子电荷，其值 $e=1.6\times10^{-19}$C，证明了电荷的不连续性（量子性），所有电荷都是基本电荷 e 的整数倍。1923 年密立根由于在电子电荷的测量和光电效应研究方面的贡献获得诺贝尔物理学奖。

实验原理

密立根油滴法测量电子电荷，是利用带电油滴在电场和重力场中的受力分析，将微观量 q 的测量转化为宏观量油滴的运动速度 v 的测量。

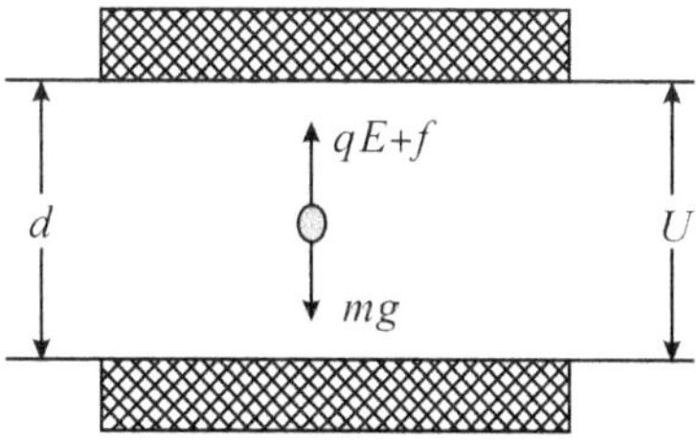

图 1 油滴在电场中的受力图

用喷雾器将油滴喷入两块相距为 d 的带电平行极板间，在喷射过程中，由于摩擦作用使油滴带电。设油滴质量为 m，电量为 q，极板间电压为 U，油滴所受空气浮力为 f，油滴所受重力 mg，电场力 Eq，受力平衡时（图 1）有

$$Eq=\frac{U}{d}q=mg-f \qquad (1)$$

若极板间电压为 0，油滴受重力作用加速下降。由于空气阻力 f_r 的作用，油滴速度达到收尾速度 v_g 后，其所受重力与空气阻力、空气浮力平衡，油滴保持 v_g 匀速运动，如图 2 所示。根据斯托克斯（Stokes）公式，此时的空气阻力为

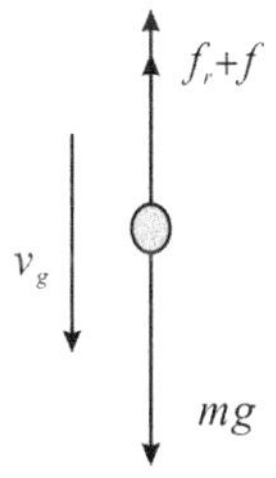

图 2 油滴匀速下落受力图

$$f_r = mg - f = 6\pi\eta r v_g \tag{2}$$

其中 η 是空气的黏滞系数，r 是油滴的半径。若油滴密度为 ρ，空气的密度 ρ'，则油滴的质量可写为

$$m = \rho V = \frac{4\pi r^3}{3}\rho \tag{3}$$

根据阿基米得定律，油滴所受空气的浮力即其排开气体的重力：

$$f = \rho' V g = \frac{4\pi r^3}{3}\rho' g \tag{4}$$

将（3）、（4）代入（2）可得油滴半径为

$$r = \sqrt{\frac{9\eta v_g}{2(\rho - \rho')g}} \tag{5}$$

可见，原则上只要知道 η，ρ，ρ'，v_g，g，即可求出 r，继而求出 m，最后可得到电量 q。

对于半径小到 10^{-6}m 的油滴，油滴的直径与空气分子的间隙相当，空气已不能看成连续媒质，黏滞系数 η 应修正为 $\eta' = \dfrac{\eta}{1 + \dfrac{b}{rP}}$，其中 $\eta = 1.83 \times 10^{-5}\text{kg} \cdot \text{m}^{-1} \cdot \text{s}^{-1}$，空气压强 $P = 76.0$ cmHg，修正常数 $b = 6.17 \times 10^{-6}\text{m} \cdot \text{cmHg}$。油滴半径 r 在修正项中，不需要十分精确，故取修正前的数值，仍用（5）式计算。

用油滴法测量电子的电荷，可以用平衡（静态）测量法或非平衡（动态）测量法。

1. 平衡测量法

平衡测量法是调节极板电压 U 使带电油滴在电场中受力平衡，此时，油滴将做匀速运动，速度 $v = \dfrac{L}{t}$，故测得油滴下降的距离和相应的时间即可，由此将电子电量的测量转化为距离和时间量的测定，得出电量的表示式为：

$$q = \frac{18\pi\eta'^{3/2}}{\sqrt{2g(\rho - \rho')}} \cdot \frac{d}{U} \cdot \left(\frac{L}{t}\right)^{3/2} \tag{6}$$

式中 U 为极板所加电压，$d = 5.00 \times 10^{-3}$m 为平行极板间的距离。

2. 非平衡测量法

非平衡测量法是在平行极板上加以适当的电压 U'，但并不调节静电力和

重力平衡，而是使油滴受电场力作用加速上升。由于空气阻力的作用，上升一段距离达到某一速度 v_e 后，浮力、空气阻力、重力与电场力达到平衡，油滴将匀速上升，如图3，此时

$$f_r = Eq - mg + f = 6\pi\eta' r v_e \quad (7)$$

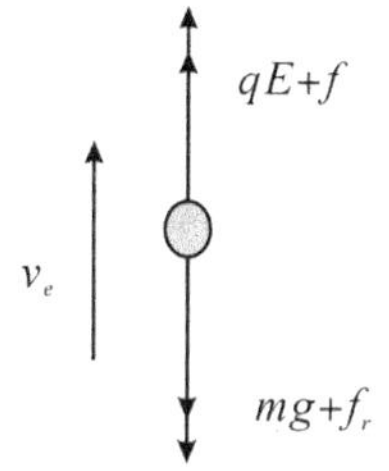

图3　油滴匀速上升受力图

去掉平行极板上的电压 U'，油滴受重力作用加速下降，当浮力、空气阻力和重力平衡时，将以速度匀速 v_g 下降

$$f'_r = mg - f = 6\pi\eta' r v_g \quad (8)$$

由式（7）和式（8）可解出 q 为

$$q = \frac{mg - f}{E v_g}(v_g + v_e) \quad (9)$$

将（3）、（4）、（5）式代入（9）式整理得到

$$q = \frac{18\pi\eta'^{3/2}}{\sqrt{2g(\rho - \rho')}} \cdot \frac{d}{U'}\left(1 + \frac{v_e}{v_g}\right) v_g^{3/2} \quad (10)$$

由此看出，如果测出 v_g、v_e 和 ρ、ρ'、η'、U 等宏观量即可算出 q 值。

实验时取油滴匀速下降和匀速上升的距离相等，都设为 L（分划板每格为 0.25 mm），测出油滴匀速下降的时间为 t_g，匀速上升的时间为 t_e，则

$$q = \frac{18\pi\eta'^{3/2} L^{3/2}}{\sqrt{2g(\rho - \rho')}} \cdot \frac{d}{U'}\left(\frac{1}{t_g} + \frac{1}{t_e}\right)\left(\frac{1}{t_g}\right)^{1/2} \quad (11)$$

令 $K = \frac{18\pi\eta'^{3/2} L^{3/2} d}{\sqrt{2g(\rho - \rho')}}$，于是式（11）可简化为

$$q = K\frac{1}{U'}\left(\frac{1}{t_g} + \frac{1}{t_e}\right)\left(\frac{1}{t_g}\right)^{1/2} \quad (12)$$

由此，量度油滴上电荷量或其改变量，只体现在 t_g、t_e 的不同。

从实验所测得的结果，可以分析出 q 只能为某一数值的整数倍。对不同的油滴，分别测出其所带的电荷值 q_i，它们应近似为某一最小单位的整数倍，即油滴电荷量的最大公约数，即为基本电荷 e。

实验装置

OM99 CCD 密立根油滴实验仪（仪器参数由实验室提供）。

实验仪主要由油滴盒、CCD测量显微镜、监视器、供电系统等部分组成（图4）。其中油滴盒（图5）是由两块经过精磨的金属平板，中间垫以胶木圆环，构成平板电容器。在上板中心处有落油孔，使微小油滴可进入电容器中间的电场空间。油滴盒可通过调平手轮调整水平，用水准仪检查。具体操作方法请按仪器操作指南进行。

油滴盒防风罩前装有测量显微镜和CCD摄像头，用来观察油滴，监视器上划有刻度板，可用来观察油滴的运动距离。

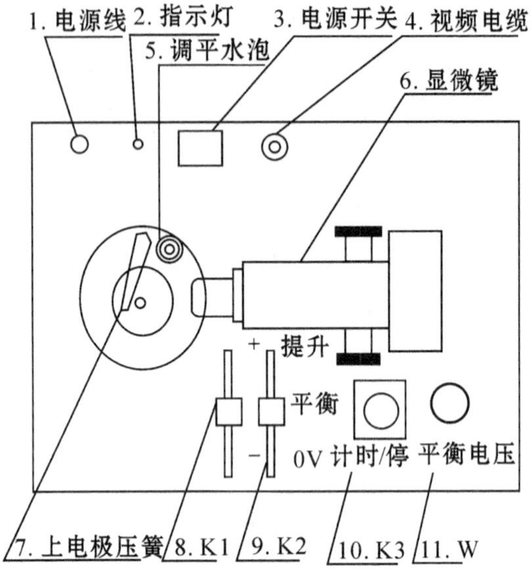

图4　油滴仪面板图

实验内容

一、必做部分

1. 调整实验装置

(1) 调仪器水平。调节底座上的调平手轮，将平行电极板调到水平，使电场方向与重力方向平行，以免引起实验误差。

(2) 显微镜调节。调整显微镜的物镜和CCD摄像头的位置，使显示器上成像清楚。

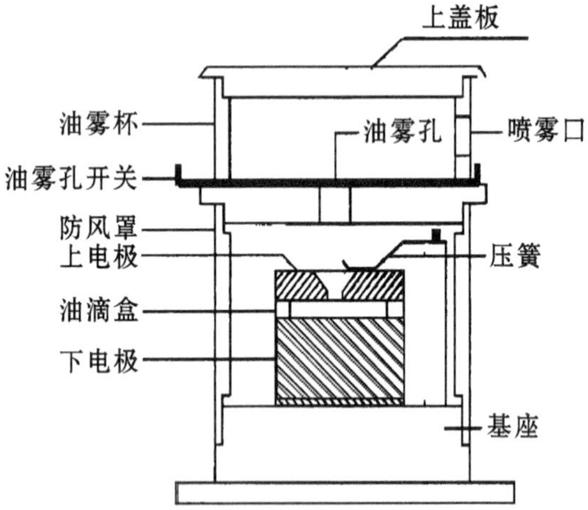

图5　油滴盒示意图

(3) 监视器调整。调整监视器亮度、对比度、桢同步等旋钮，获得清晰稳定的显示效果。

2. 测量练习

用喷雾器将油雾从喷雾口喷入油滴室后，试加电压，调整直流稳压电源提供合适的电场，练习控制油滴的运动，记录油滴上升或下降经过两条刻线间距离所用的时间 t_e，t_g。

3. 选择适当的油滴并测量油滴上的带电量

油滴实验很重要的一点是选择合适的油滴。所选的油滴体积要适中，大的油滴虽然比较亮，但一般带的电荷多，下降速度快，不易测准确；油滴太小则受布朗运动的影响，测量结果涨落很大，也不易测准。因此应该选择质量适中，而带电量不多的油滴。通常选择平衡电压为 200 ~ 300 V，匀速下落 1.5 mm 所需时间在 10 s 到 20 s 之间的油滴为宜。

在视场中只留下一两个油滴便于观察。使用非平衡法测油滴电量，为了提高测量的精确度，每个油滴上、下往返次数不少于 5 次，要求测得 5 个不同油滴。

4. 计算电荷的基本单位，并求出与标准值的相对误差

采用倒过来验证的方法，用公认的电子电量值去除每个油滴的电量，并取一最接近的整数，用这个整数除油滴的电量，得到电子电荷的测量值，进而计算相对误差。

二、选作部分

自拟测量步骤，用平衡测量法测出油滴所带电量后，用作图法求出 e 值，并与非平衡测量法所得结果进行比较。

注意事项

（1）使用喷雾器往油雾室喷油时，不要连续喷多次，一般喷一下即可；喷油时喷雾器的喷头不要深入喷油孔内，以防油滴堵塞极板上的小孔。

（2）在喷射油雾时，保证极板间电压为零。

（3）正确控制选中的油滴，不要跑出显示器的屏幕。

（4）电容器极板上所加电压由电源调节旋钮控制，极性由极性开关控制。使用时根据油滴上所带电荷符号不同，选择适当的电压极性，控制油滴在电场力作用下克服重力向上运动。

思考题

1. 如何判断油滴是否处在平衡状态？
2. 应选什么样的油滴进行测量？

3.16 弗朗克—赫兹实验

1914年，弗朗克（J. Franck）和赫兹（G. Hertz）在研究充汞放电管的气体放电现象时，发现透过汞蒸气的电子流随电子的能量呈现周期性变化，同年又拍摄到汞发射光谱的253.7nm谱线，并提出了原子中存在着“临界电位”。1920年，弗朗克及其合作者对原先的装置进行了改进，测得亚稳态能级和较高的激发能级，进一步证实了原子内部能量是量子化的，从而确证了原子能级的存在。为此，弗朗克和赫兹分享了1925年的诺贝尔物理奖。他们所采用的实验方法至今仍然是探索原子结构的重要手段之一，研究的对象已不仅仅限于汞原子。

本实验通过对早期弗朗克和赫兹测量汞原子激发电位的实验过程进行分析，提出测量氩原子第一激发电位的方法。通过实验，了解弗朗克和赫兹研究原子内部能量量子化的基本思想和方法；了解电子与原子碰撞和能量交换过程的微观图像，以及影响这个过程的主要物理因素。

一、实验原理

根据玻尔理论，原子只能较长久地停留在一些稳定状态（即定态），每一定态对应于一定的能级，各定态的能级是分立而非连续的，原子只能吸收或辐射相当于两定态间能级差的能量。

为实现原子从低能级 E_0 向高能级 E_m 的跃迁，可以通过吸收一定频率 ν 的光子来实现，为此应有

$$h\nu = E_m - E_0 \tag{1}$$

也可通过与具有一定能量的电子碰撞来实现。若与之碰撞的电子是在电势差 U 的加速下，速度从零增加到 V，并将全部能量交换给原子，则应有

$$eU = \frac{1}{2}mV^2 = E_m - E_0 \tag{2}$$

由于 $E_m - E_0$ 具有确定的值，对应的 U 就应该有确定的大小。当原子吸收电子能量从基态跃迁到第一激发态时，相应的 U 被称为第一激发电位（或中

肯电位)。因此，第一激发电位就对应于第一激发态与基态的能量差。处于激发态的原子是不稳定的，它可能以辐射光子的形式释放能量而自发跃迁到低能级。

弗朗克—赫兹实验是通过具有一定能量的电子与原子碰撞，进行能量交换而实现原子从基态到高能态的跃迁。

以氢原子为例，设氢原子的基态能量为 E_1，第一激发态的能量为 E_2，初速为零的电子在电位差为 U 的加速电场作用下，获得能量为 eU，具有这种能量的电子与氢原子发生碰撞，当电子能量 $eU < E_2 - E_1$ 时，电子与氢原子只能发生弹性碰撞，由于电子质量比氢原子质量小得多，电子能量损失很少。如果 $eU = E_2 - E_1$，则电子与氢原子会产生非弹性碰撞，氢原子从电子中取得能量 ΔE 而由基态跃迁到第一激发态，$eU = \Delta E$。相应的电位差 U 即为氢原子的第一激发电位。

实验中原子与电子的碰撞是在弗朗克—赫兹管（F—H 管）内进行的。管内充以不同元素的气体就可以测出相应元素的第一激发电位。F—H 管是个三极管或四极管，常见的四极 F—H 管如图 1 所示，包括阴极 K，两个栅极 G_1、G_2 和极板 A，F 是灯丝。阴极 K 与第二栅极 G_2 间的电压 U_{G_2K}为阴极发射的电子加速；第一栅极 G_1 与阴极 K 间加有较小的正电压 U_{G_2K}，目的在于控制管内电子流的大小，以抵消阴极附近电子云形成的负电位影响；第二栅极 G_2 与板 A 间加有减速电压，使那些与原子发生非弹性碰撞、能量损失后的电子无法达到极板。G_1 和 G_2 之间的距离较大，以保证电子与气体原子有足够高碰撞几率。阴极 K 在灯丝 F 加热下发出大量电子，这些电子经 G_2、K 间电压 U_{G_2K} 的加速获得能量，它们在 G_2、K 空间内与原子碰撞，把部分或全部能量交给原子后，在 G_2、A 间经减速电压 U_{G_2K}减速达到极板 A，检流计以电流 I_P 指示出到达极板的电子数量。

假设待测元素的第一激发电位为 U_0，当 $U_{G_2K} < U_0$ 时，电子在 G_2、K 空间获得的能量小于 eU_0，电子与原子发生弹性碰撞，由计算可知，在每次碰撞中，电子损失的能量约为其自身能量的 10^{-5} 倍，即电子几乎没有能量损失，若 $U_{G_2K} > U_{G_2A}$，则电子可以克服 U_{G_2A} 到达极板 A。当 $U_{G_2K} = U_0$ 时，电子在 G_2 附近获得 eU_0 的能量，这些电子将与原子发生非弹性碰撞，引起共振吸收，电子把能量全部传递给原子，自身速度几乎降为零，由于减速电压 U_{G_2A} 的作用，失去了能量的电子不能达到极板，I_P 则会陡然下降。同时，吸收了能量的原子则实现了从基态向第一激发态的跃迁。

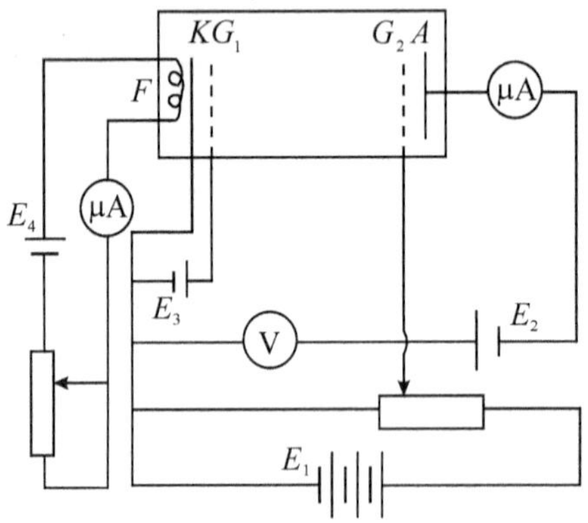

图 1　实验原理图

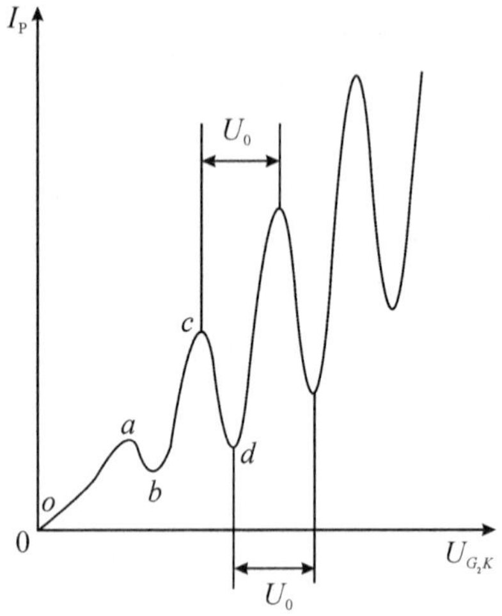

图 2　测量第一激发电位的 $I_P-U_{G_2K}$ 曲线

当 $U_0<U_{G_2K}<2U_0$ 时，电子在 G_2、K 空间积蓄的能量一旦达到 eU_0，将与原子发生一次非弹性碰撞而损失能量，继而在电场中继续加速，但是到达 G_2 时重新获得的能量小于 eU_0，故非弹性碰撞不会再发生，电子将保持其动能不变达到 G_2，从而克服 U_{G_2A}的阻力到达极板，表现为 I_P 的又一次上升。当$U_{G_2K}=2U_0$ 时，电子在 G_2、K 间将与原子进行两次非弹性碰撞而失去能量，I_P 再一次下降。显然，每当 $U_{G_2K}=n\times U_0$（$n=1$，2，3，…）时，都伴随着I_P 的一次突变，出现一次峰值，峰间距为 U_0。U_{G_2K}与 I_P 的关系曲线如图 2 所示。连续改变 U_{G_2K}，测出 U_{G_2K}与 I_P 的关系曲线，即可求知相应元素的第一激发电位。

容易证明，U_{G_2K}一定时，电子达到极板时能量与在 G_2、K 空间和原子碰撞的地点无关。电子积蓄的动能每达到 eU_0，将会与原子发生一次非弹性碰撞而失去能量，当 $U_{G_2K}>nU_0$ 时，电子与原子实现非弹性碰撞就有 n 个相应的区域。当管内原子密度较大时，对于能量大于 eU_0 的激发态，由于电子加速过程中积蓄的能量还未达到这些激发态的能量之前，就已和原子进行了能量交换，实现了原子向第一激发态跃迁，所以实现向高激发态的跃迁几率就很小。但是，如果 F－H 管中原子密度较小时，由于电子的平均自由程变大，电子有机会使积蓄的能量大于 eU_0，从而使向高激发态的激发几率迅速增加，因而 I_P 会出现对应于高激发电位的峰。

实际上，由于亚稳态的存在，以及原子的顺次激发、光电效应、二次电子发射、第二类非弹性碰撞、光致激发和光致电子的存在，使过程变得很复杂。不过，选择合适的工作条件及合理的数据处理方法，仍可得到满意的结果。

为消除上述因素的影响，正确求得被测原子的第一激发电位，必须对 $I_P-U_{G_2K}$ 实验曲线进行数据处理，这里介绍两种简单的处理方法：

1. 计算第一激发电位

由于空间电荷对加速电压的屏蔽作用和原子蒸气与热阴极金属氧化物之间有接触电位差的存在，一般第一峰位不在 U_0。为此，常取第一个峰位为起始值（而不是以坐标原点为起始点），根据各相邻峰间距，使用逐差法计算第一激发电位。

2. 消除本底电流的影响

激发电位曲线 I_P 的各极小值一般不为零，且随加速电压 U_{G_2K} 的升高而上升，这是由于未参加激发原子的电子、二次发射电子以及少数速度很大的电子导致原子电离，形成本底电流的结果。由于这些电子的存在，在激发电位曲线上，I_P 的极小值出现在比真实激发电位稍低处，使激发电位的吸收峰发生位移。消除本底电流的方法是作一条连接激发电位各极小点的平滑曲线，如图 3 所示，求得二曲线的相差曲线，从相差曲线的峰距或从相差曲线各半宽度中点的间距求第一激发电位。

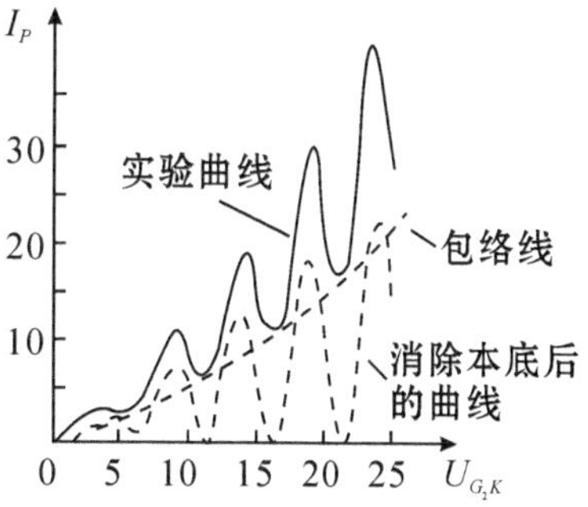

图 3 消除本底电流的 $I_P-U_{G_2K}$

实验装置

充氩的 F－H 管、弗朗克—赫兹实验仪、示波器。

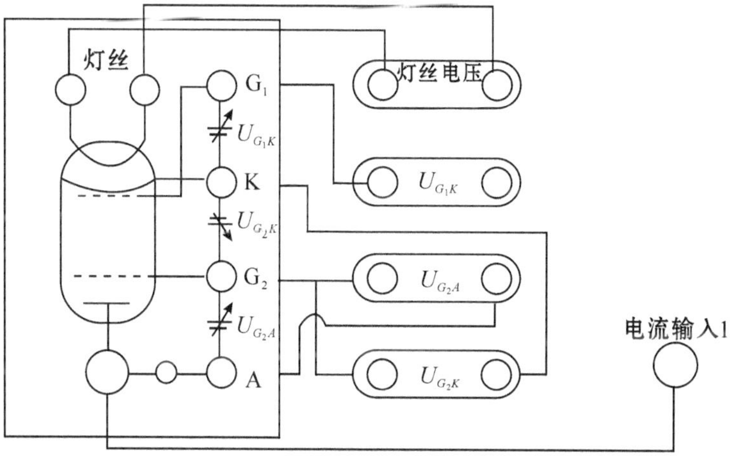

图 4 弗朗—赫兹实验仪前面板接线图

实验内容

一、必做部分

1. 熟悉实验装置及各控制电源的作用

本实验装置有充氩的 F－H 管、灯丝电源、G_1-K 空间电荷控制电源、G_2-K空间的直流电源、扫描电源、G_2-A 间的减速电源及对 I_P 进行放大的直流放大器。I_P 经放大后可用示波器显示。

2. 利用手动扫描方式测量氩的第一激发电位

接线后，选择合适的 U_{G_2K}、U_{G_2A}、灯丝电压、电流放大倍数，使用示波器跟踪 $I_P-U_{G_2K}$曲线的波形，配合调试其他各实验条件，使示波器上出现最佳的波形。等仪器稳定 10 分钟后，在自拟表格中详细记录实验条件和相应的 I_P 和 U_{G_2K}的值。

在方格纸上做出 $I_P-U_{G_2K}$曲线。用逐差法处理数据，求氩原子的第一激发电位。并与公认值（$U_0=11.5V$）比较计算相对误差。

二、选做部分

利用自动扫描方式，通过回查实验数据，测量氩原子的第一激发电位，与手动扫描的测量结果进行比较。并计算处于第一激发态的氩原子经历极短时间返回基态时，辐射出的光波波长。

注意事项

（1）认真阅读仪器使用说明。

（2）按图 4 连接线路，检查连线无误后再开电源。

（3）根据仪器的工作要求设置电流量程和电压源电压值。

（4）手动测量时要合理选择测量间隔，在峰或谷附近的测量点要多。至少要测出 5 个峰，每个峰的测量点不得少于 6 个。

思考题

1. 灯丝温度对实验结果有何影响？
2. 充氩的 F－H 管阴极和栅极间的接触电位差对 $I_P-U_{G_2K}$曲线有何影响？
3. 如何测定较高能级激发电位或电离电位？

4

物性研究

4.1 简谐振动的研究

振动是自然界中一种很普遍的运动。从狭义上说，振动是指机械振动，即物体在某一位置附近来回往复地运动。具体的振动比较复杂，形式又是多种多样的，但是不管多么复杂的振动都可以看成是由一些最基本、最简单的简谐振动组成的。

弹簧振子的运动是简谐振动的典型例子，本实验将通过研究弹簧的倔强系数与振动周期的关系以及弹簧振子的质量与振动周期的关系来总结出简谐振动的周期公式。

实验原理

一、弹簧倔强系数的测量

弹簧在外力作用下将发生形变，由胡克定律可知，在弹性范围内，外力 F 与弹簧的形变量 Δx 成正比，即

$$F = K\Delta x \tag{1}$$

比例系数 K 称为弹簧的倔强系数，其值与弹簧的形状、材料有关。本实验中通过等间距地改变悬挂在弹簧一端的砝码的质量，从而等间距地改变 F，并得到等间距变化的形变量 Δx。进而由公式（1）得出 K。

二、磁敏开关测量振动周期的原理

集成开关型霍尔传感器，简称霍尔开关，是一种磁敏开关，它用磁感应强度的大小来控制输出电压的通断。本实验所用的 A44E 型霍尔开关如图 1（a）所示，图 1（b）是它使用时的接线图。

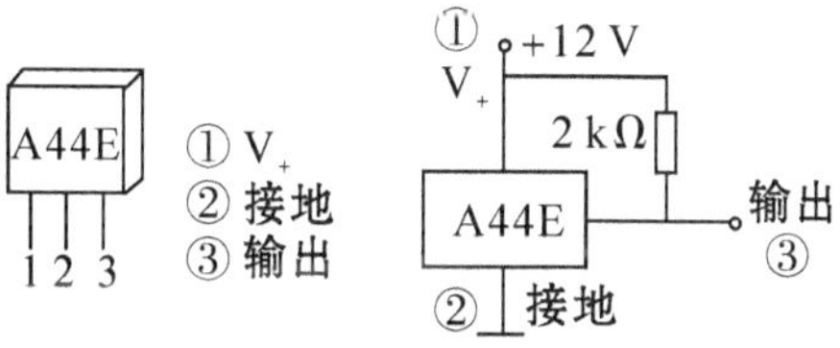

（a）霍尔开关　　（b）使用接线图

图 1　集成开关型霍尔传感器

在①、②间加直流电压（①接电源正极、②接负极），当垂直于该传感器的磁感应强度大于某值 B_{OP} 时，该传感器处于“导通”状态，这时处于③脚和②脚之间输出电压极小，近似为零；当磁感应强度小于某值 B_{rP}（$B_{rP} < B_{OP}$）时，输出电压等于①、②脚所加的电源电压。利用集成霍尔开关的这个特性，可以将传感器输出的信号输入到周期测定仪，测量弹簧振子振动时的周期。

三、弹簧振子振动周期公式的总结

把弹簧的一端固定，另一端悬挂砝码及钩码（即振子，其重量必须在弹簧的弹性范围内），使振子振动。振子运动时将受到弹簧的拉力、重力及空气的摩擦力，因此振子的振动周期可能与弹簧的倔强系数、振子的质量及振幅大小有关。当振幅较小时，空气的摩擦力可忽略，故可忽略振幅对振子周期的影响。

通过定性观察可以发现：振子的振动周期随着振子质量的增加而按某种规律增大，随着弹簧倔强系数的增大而按某种规律减少。由此可知，当振子的质量 m 为零或弹簧的倔强系数 K 为无穷时，振动周期 T 均为零，故 m、K 对 T 总的影响应以乘积的形式出现。设其规律具有下列形式

$$T = AK^{\alpha}m^{\beta} \tag{2}$$

其中 A、α、β 为待定常数，可由实验来确定，方法如下：

（1）保持弹簧倔强系数 K 不变，研究振动周期 T 与振子的质量 m 的关系。弹簧倔强系数 K 不变时（2）式可写成：

$$T = Cm^{\beta}\ \ (C = AK^{\alpha} = \text{常数}) \tag{3}$$

从（3）式可知，若改变振子的质量 m，测量振动周期 T 就得到一组对应的 m 及 T 的值。

（2）保持振子的质量 m 不变，研究振动周期 T 与弹簧倔强系数 K 的关系。振子的质量 m 不变时（2）式可写成：

$$T = C'K^{\alpha}\ \ (C' = Am^{\beta} = \text{常数}) \tag{4}$$

从（4）式可知，若改变弹簧倔强系数 K，测量振动周期 T 就得到一组对应的 K 及 T 的值。

（3）对测得的数据进行处理，求得 A、α、β，归纳出经验公式。本实验采用图解法来处理数据。由（3）、（4）式可知 T 与 m、K 之间是指数函数关系，在 $T-m$ 图和 $T-K$ 图上都是指数曲线。为了数据处理的方便，我们首先应该将曲线改直，为此，需要对（3）、（4）式分别取对数，即

$$\ln T = \ln C + \beta\ln m \tag{5}$$

$$\ln T = \ln C' + \alpha \ln K \tag{6}$$

这样在 $\ln T \sim \ln m$ 图和 $\ln T \sim \ln K$ 图上（5）、(6）式都是直线，β 和 α 分别是两直线的斜率，$\ln C$ 和 $\ln C'$ 则分别是两直线的截距，可由图解法求得其数值。在求出 α、β、$\ln C$ 和 $\ln C'$ 后，常数 A 便可确定，继而，所求的经验公式也就确定了。

实验装置

1. 新型焦利秤

由弹簧、砝码盘和带有小镜的游标卡尺组成。

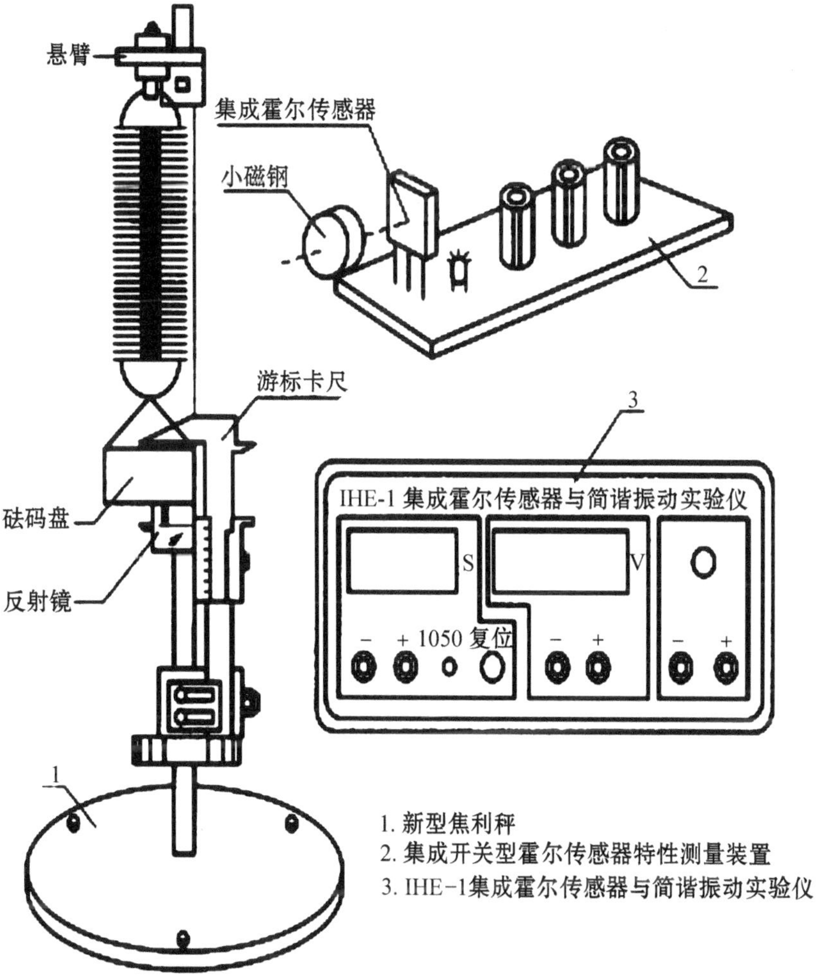

图 2　实验仪器

2. 霍尔开关特性测量装置

包括小磁钢、霍尔开关、集成线形霍尔传感器、发光三极管等。

3. IHE－1 集成霍尔传感器与简谐振动实验仪

包括周期测量仪、四位半数字电压表和稳压电源。

实验内容

一、必做部分

1. 测定各弹簧的倔强系数

（1）调节实验装置底脚螺丝，使焦利秤立柱铅直。

（2）将1号弹簧的一端固定在焦利秤上部悬臂上，另一端悬挂一个装有10 g左右砝码的砝码盘。旋转悬臂，使挂于弹簧下方砝码盘的尖针靠拢游标尺的小镜。仔细调节立柱旁的游标高度，使尖针和它在小镜里的像与小镜上的刻线对齐。设砝码盘与砝码的重量共为 m_0 g，记录下游标尺上相应的指示读数 x_0。

（3）在砝码盘中增加2 g砝码，弹簧伸长，调节游标使尖针和它在小镜里的像与小镜上的刻线再次对齐。此时，砝码盘与砝码的重量共为（m_0+2）g，记录下游标尺上相应的指示读数 x_1。继续重复此过程两次，每次在砝码盘中增加2 g砝码，测出相应的 x_2、x_3。由公式 $K=\frac{1}{3}\sum_{i=1}^{3}\frac{m_i-m_0}{x_i-x_0}g$ 求出弹簧的倔强系数 K_1。

（4）用同样的方法分别求出2～5号弹簧的倔强系数 K_2、K_3、K_4 和 K_5。

2. 保持弹簧倔强系数不变，确定振动周期与振子质量之间的关系

保持弹簧倔强系数 K 不变，改变振子的质量 m，分别测出相应的振动周期 T，测10个周期，取平均，每一质量测量周期3次。共测5组。

3. 保持弹簧振子质量不变，确定弹簧振动周期与倔强系数之间的关系

保持振子的质量 m 不变（可在砝码盘上加10 g或20 g的砝码），改变弹簧倔强系数 K（倔强系数不同的弹簧，质量一般也不同，注意加配重片），分别测出相应的振动周期 T，测10个周期，取平均，每一弹簧测3次。共测5组。

在研究振子振动的过程中，振子的质量 $m=m_{砝}+m'+\frac{1}{3}m_{弹}$，其中 $m_{砝}$ 是砝码质量，m' 是钩码与磁钢的质量（若有垫片也应在此部分），$\frac{1}{3}m_{弹}$ 是均匀绕制的圆筒形弹簧的有效质量。

4. 数据处理：由实验数据总结经验公式

对振子振动过程中所得的两组数据分别取对数，画出 $\ln T-\ln m$ 和 $\ln T-\ln K$ 图线，求其斜率 β 和 α 及截距 $\ln C$ 和 $\ln C'$。由于 β 和 α 值的小误差，将使 A 值有较大的误差，而据我们所知物理定律的指数通常都是整数或简单的分数，故在求出 β 和 α 值后可先“取齐”，然后再代入有关式子求出 A 来，最后写出总结出来的经验公式。

二、选做部分

设弹簧振子做简谐振动的周期公式已知，为 $T=2\pi\sqrt{\frac{m}{k}}$，其中，$m=m_{砝}+m'+\frac{1}{3}m_{弹}$，利用此公式求弹簧的倔强系数，并与由焦利秤所得的结果相比较。

注意事项

（1）用焦利秤测量弹簧倔强系数时，砝码应放在砝码盘的中间，使底盘水平。

（2）在判断尖针和它在小镜里的像与小镜上的刻线是否对齐时，眼睛应正对着刻线。

（3）在保持弹簧振子质量不变，确定弹簧振动周期与倔强系数之间的关系时，要明确振子质量包括哪几部分。

思考题

1. 在测量任意弹簧的倔强系数时，若砝码盘内的砝码的质量呈等差数列，而所测得的弹簧的伸长量并非等间隔的变化，分析出现这种结果的原因。

2. 在测量振动周期时要求在每种情况下都要测量 3 次，这 3 次测量是要让振子起振三次，还是起振一次，然后连续测量 3 次？为什么？

3. 量纲公式在确定物理规律的数学形式时有很大的作用，你能否利用量纲公式来说明 T 与 K、m 之间的关系应具有 $T=AK^{\alpha}m^{\beta}$ 的形式，并由此确定出 α 和 β 的数值来？

4.2 受迫振动的研究

振动是自然界中最普遍的运动形式之一，而机械振动又是最简单、最基本的振动。由于振动系统不可避免地要受到摩擦阻力及其他因素的影响，因此实际的振动是振动系统在周期性的驱动力作用下所做的受迫振动。

由受迫振动所引起的共振现象一直以来都是工程技术人员关注的对象。它有很重要的用处，比如，没有收音机、电视机中调谐回路与电磁波发生的共振，我们就不可能听到收音机里播放的美妙音乐，也不可能看到电视机屏幕上生动的画面。此外，在微观科学研究中"共振"也是一种重要的研究手段。例如，利用核磁共振和顺磁共振研究物质结构等。但是，共振也有害处，比如，1949 年 11 月 7 日这一天，世界上第一座悬索桥——美国连接华盛顿州与奥林匹克半岛的 Tacoma 大桥在风中因发生共振而坍塌了。

本实验借助于玻耳共振仪来研究阻尼振动和受迫振动的基本规律，使同学们直观地观测到不同阻尼对自由振动和受迫振动的影响，同时，本实验还将定量测定机械受迫振动的幅频和相频特性，并观察和判断共振现象的发生。

实验原理

一个实际的振动系统不可避免地要受到阻力作用，如果无外界能量补偿，振幅将不断减小，导致振动完全停止，这类振动叫阻尼振动。要维持等振幅振动，需要输入能量，需要外力不断地对系统做功。一个固有频率为 ω_0、阻尼因子为 β 的系统，在周期性外力的作用下，经过足够长的时间，可维持等幅的简谐振动，这就是受迫振动，这种周期性的外力称为强迫力。达到稳定状态时的受迫振动，振幅保持恒定，振幅的大小与强迫力的频率、原振动系统无阻尼时的振动频率以及阻尼系数有关。

在受迫振动状态下，系统同时受到强迫力、回复力和阻尼力的作用。因此在稳定状态时物体的位移变化与强迫力的变化不是同相位的，存在一个相位差。当强迫力频率与系统的固有频率相同时产生共振，此时振幅最大，相位差为 90°。

本实验采用摆轮在弹性力矩作用下做自由摆动，在电磁力矩作用下做受迫振动来研究受迫振动的特性，可直观地显示受迫振动中的物理现象。

一、受迫振动的方程及其解的分析

实验所用的玻耳共振仪的外形结构如图 1 所示。当摆轮受到周期性强迫外

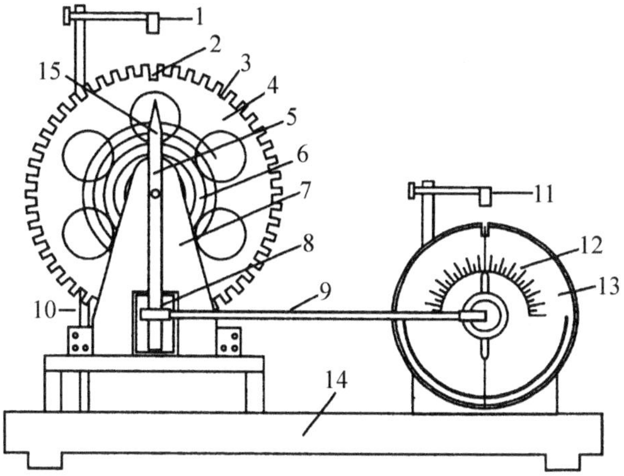

1. 光电门 H 2. 长凹槽 3. 短凹槽 4. 铜质摆轮 5. 摇杆 M
6. 蜗卷弹簧 B 7. 支撑架 8. 阻尼线 9. 连杆 E 10. 摇杆
调节螺丝 11. 光电门 I 12. 角度盘 G 13. 有机玻璃转盘 F
14. 底座 15. 外端夹持螺钉 L

图 1 BG－2 型玻耳共振仪

力矩 $M=M_0\cos\omega t$ 的作用，并在有空气阻尼和电磁阻尼的媒质中运动时（阻尼力矩为 $-b\dfrac{d\theta}{dt}$），其运动方程为

$$J\frac{d^2\theta}{dt^2}=-K\theta-b\frac{d\theta}{dt}+M_0\cos\omega t \qquad (1)$$

式中 J 为摆轮的转动惯量，$-K\theta$ 为弹性力矩，M_0 为强迫力矩幅值，ω 为强迫力的圆频率。

令 $\omega_0^2=\dfrac{K}{J}$ $2\beta=\dfrac{b}{J}$ $m=\dfrac{M_0}{J}$

则（1）式变为

$$\frac{d^2\theta}{dt^2}+2\beta\frac{d\theta}{dt}+\omega_0^2\theta=m\cos\omega t \qquad (2)$$

当 $m\cos\omega t=0$ 时，式（2）即为阻尼振动方程；当 $\beta=0$ 时，（2）式为无阻尼受迫振动方程，ω_0 为系统的固有频率。

方程（2）的通解为 $\theta=\theta_1e^{-\beta t}\cos(\omega_f+\alpha)+\theta_2\cos(\omega t+\varphi)$ （3）

由（3）式可知，受迫振动可分成两部分：

第一部分：$\theta_1 e^{-\beta t}\cos(\omega_f+\alpha)$ 表示阻尼振动，随着时间的延长而不断衰减，经过一段时间后振动消失。

第二部分：$\theta_2\cos(\omega t+\varphi)$ 说明强迫力对摆轮做功，向振动体传送能量，最后达到一个稳定的振动状态，其中

$$\theta_2=\frac{m}{\sqrt{(\omega_0^2-\omega^2)^2+4\beta^2\omega^2}} \tag{4}$$

$$\varphi=\arctan\frac{-2\beta\omega}{\omega_0^2-\omega^2} \tag{5}$$

由（4）、(5）式可以看出，振幅 θ_2 和相位差 φ 的数值取决于强迫力矩 M、频率 ω、系统的固有频率 ω_0 和阻尼系数 β 四个因素，而与振动初始状态无关。

二、共振条件

振幅的极值条件为$\frac{\partial\theta_2}{\partial\omega}=0$，因此（4）式对 ω 求导后得到$\frac{\partial}{\partial\omega}$［$(\omega_0^2-\omega^2)^2+4\beta^2\omega^2$］$=0$，即当强迫力矩的圆频率 $\omega=\sqrt{\omega_0^2-2\beta^2}$时，产生共振，振幅 θ_2 有极值。若共振时强迫力矩的圆频率和振幅分别用 ω_r、θ_r 表示，则

$$\omega_r=\sqrt{\omega_0^2-2\beta^2} \tag{6}$$

$$\theta_r=\frac{m}{2\beta\sqrt{\omega_0^2-\beta^2}} \tag{7}$$

(6)、(7）式表明，阻尼系数 β 越小，共振时强迫力矩的圆频率越接近于系统的固有频率，振幅 θ_r 也越大。图 2 和图 3 表示不同阻尼系数下受迫振动的幅频特性和相频特性。图 2 中纵坐标 $A=(\theta/\theta_r)^2$。

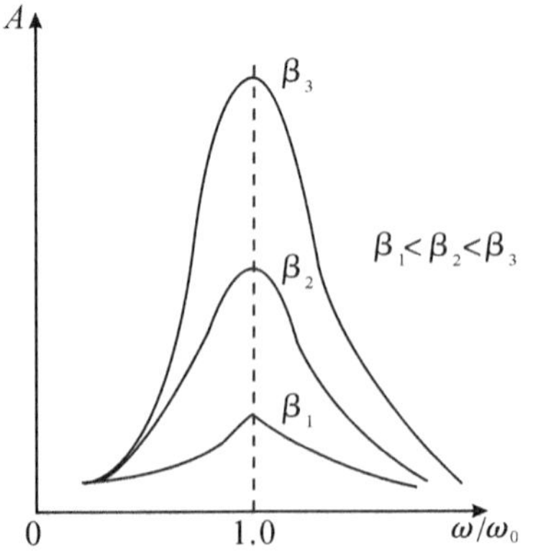

图 2　幅频特性

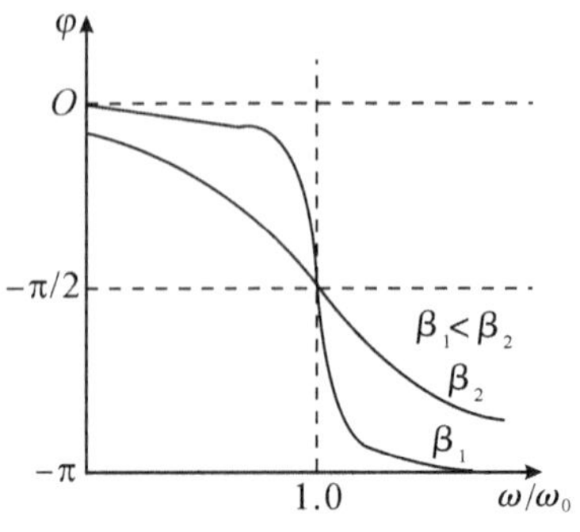

图 3　相频特性

实验装置

BG－2 型玻耳共振仪由振动仪与电器控制箱两部分组成。

1. 振动仪

振动仪由铜质圆形摆轮与电动机组成，如图 1 所示。

（1）铜质圆形摆轮安装在机架上，弹簧的一端与摆轮的轴相连，另一端固定在机架支柱上，在弹性力的作用下，摆轮可绕轴自由地往复摆动。在摆轮的外围有一圈槽型缺口，其中一个长凹槽比其他凹槽长出许多。在机架上对准长缺口处有一个光电门，它与电气控制箱相连接，用来测量摆轮的振幅（角度值）和摆轮的振动周期。在机架下方有一对带有铁芯的线圈，摆轮恰巧嵌在铁芯的空隙处。利用电磁感应原理，当线圈中通过电流后，摆轮受到一个电磁阻尼力的作用，改变电流的数值即可使阻尼大小相应变化。

（2）电动机轴上装有偏心轮，通过连杆机构（图中 9 所指的位置）带动摆轮，从而使摆轮做受迫振动。在电动机轴上装有带刻线的有机玻璃转盘，它随电机一起转动，由它可以从角度读数盘读出相位差 φ。有机玻璃转盘上装有两个挡光片，在角度读数盘中央上方（90°处）也装有光电门，并与控制箱相连，以测量强迫力矩的周期。

2. 电器控制箱

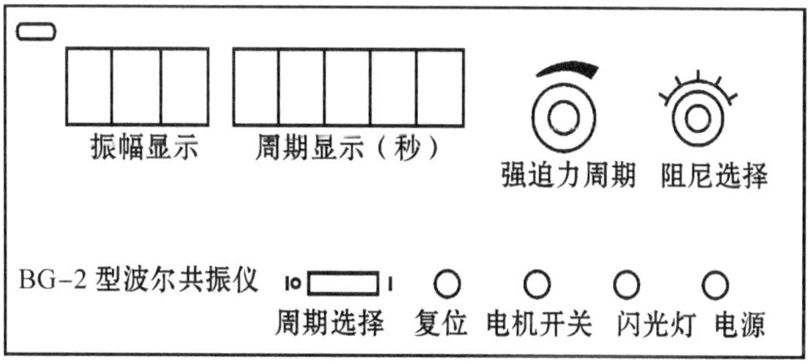

图 4　电器控制箱前面板

玻耳共振仪电气控制箱的前面板如图 4 所示。

（1）在前面板上左面三位数字显示摆轮的振幅，右面 5 位数字显示时间，计时精度为 10^{-3} s。利用面板上的周期选择开关，可分别测量摆轮或强迫力矩（即电动机）的单次和十次周期所需时间（复位按钮仅在十个周期时起作用，测单次周期时会自动复位）。

（2）电机转速调节旋钮是一个带有刻度的十圈电位器，调节此旋钮时可以精确改变电机转速，即改变强迫力矩的周期。刻度仅供实验时参考，以便大致确定强迫力矩周期值在多圈电位器上的相应位置。

（3）阻尼电流选择开关可以改变通过阻尼线内直流电流的大小，用以改变摆轮系统的阻尼系数。选择开关分6挡，“0”处阻尼电流为零，“1”最小约为0.2 A左右，“5”处阻尼电流最大，约为0.6 A，阻尼电流靠5伏稳压装置提供，实验时选用挡位根据情况而定（通常为3或4挡），振幅不大于150°。

（4）闪光灯开关用来控制闪光与否，当扳向接通位置，且摆轮长缺口通过平衡位置时产生闪光。由于频闪现象，可从相位差读数盘上看到刻度线似乎静止不动的读数（实际上有机玻璃盘F上的刻度一直在匀速转动），从而读出相位差数值，误差不大于2°。

（5）电机开关用来控制电机是否转动，在测定阻尼系数和摆轮固有频率与振幅的关系时，必须将电机断开。

实验内容

一、必做部分

1. 测量自由振动状态下的振幅及与之相对应的频率（数据表格自拟）

将电机电源切断，阻尼选择开关放在“0”处，用手将摆轮拨动到幅度较大处（约140°~160°），然后放手，此时摆轮做衰减振动，读出振幅值θ_n及与之相对应的摆动周期T_n。

2. 测定阻尼系数β（数据表格自拟）

将阻尼选择开关拨向实验所需的位置（通常选取3或4挡），此开关位置选定后，在实验过程中不能任意改变或将整机电源切断，否则由于电磁铁剩磁现象将引起β值的变化。只有在某一阻尼系数β的所有实验数据测试完毕，需要改变β值时，才允许拨动此开关。

从振幅显示窗读出摆轮做阻尼振动时的振幅数值θ_0，θ_1，…，θ_n，利用公式：

$$\ln\frac{\theta_0 e^{-\beta t}}{\theta_0 e^{-\beta(t+nT)}}=n\beta T=\ln\frac{\theta_0}{\theta_n} \tag{8}$$

求出β值，（8）式中n为阻尼振动的周期次数，θ_n为第n次振动的振幅，T为阻尼振动周期平均值（可对摆轮振动的10个或更多个周期值求平均得到）。[在阻尼系数较小时，振幅衰减缓慢，可相隔几个周期（例如5个）读一次振幅，即所得数据为θ_0，θ_5，θ_{10}，…，θ_n]。

本实验要求读取 10 组数据，即 θ_0，θ_1，…，θ_9 可将数据分为（θ_0，θ_1，…，θ_4）和（θ_5，θ_6，…，θ_9）两组，由 $5\beta\bar{T}=\ln\frac{\theta_i}{\theta_{i+5}}$（$i=0$，1，2，3，4），求得 5 个 β 值，取平均。

3. 测量受迫振动时的幅频特性和相频特性曲线

保持阻尼开关在原位置，打开电机。改变电机的转速（即改变强迫力矩频率 ω），当受迫振动稳定后，读取摆轮的振幅值，并利用闪光灯测定受迫振动的位移与强迫力矩之间的相位差（相邻两次的相位差 $\Delta\varphi$ 控制在 10°左右）。

强迫力矩的频率可从摆轮振动的单次周期算出，也可以将周期选择开关拨向“10”处，测定 10 个周期后，由其平均值算出。在达到稳定状态时，两者数值应相同，前者有 4 位有效数字，后者有 5 位有效数字。

在共振点附近由于曲线变化较大，因此测量数据要相对密集些，此时电机转速的极小变化会引起 $\Delta\varphi$ 的很大改变。电机转速旋钮上的读数（例如 2.50）是个参考值，建议在不同频率时记下此值，以便在实验中需要重新测量时参考。

利用所得数据：

（1）作幅频特性 $(\frac{\theta}{\theta_r})^2-\frac{\omega}{\omega_0}$ 曲线，并由曲线求 β 的值。在阻尼系数较小（满足 $\beta^2\ll\omega_0^2$）时，在共振位置附近（$\omega\approx\omega_0$），由于 $\omega+\omega_0\approx2\omega_0$，从式（4）和（7）可得出：

$$(\frac{\theta}{\theta_r})^2=\frac{4\beta^2\omega_0^2}{4\omega_0^2(\omega-\omega_0)^2+4\beta^2\omega_0^2}=\frac{\beta^2}{(\omega-\omega_0)^2+\beta^2} \tag{9}$$

当 $\theta=\frac{1}{\sqrt{2}}\theta_r$，即 $(\frac{\theta}{\theta_r})^2=\frac{1}{2}$ 时，由（9）式得 $\omega-\omega_0=\pm\beta$，此时 ω 对应于图上 $(\frac{\theta}{\theta_r})^2=\frac{1}{2}$ 处的两个值为 ω_1、ω_2，由此得 $\beta=\frac{\omega_2-\omega_1}{2}$，计算 β 并与内容 2 所得的结果进行比较并讨论。

（2）作相频特性曲线 $\varphi_m-\omega/\omega_0$。

数据记录参考表格

10T（或 T）（s）	φ（°）	θ（°）	$(\frac{\theta}{\theta_r})^2$	$\omega=\frac{2\pi}{T}$（s^{-1}）	ω/ω_0	$\varphi_m=\arctan\frac{-2\beta\omega}{\omega_0^2-\omega^2}$（°）

(续上表)

10T（或T）(s)	φ (°)	θ (°)	$(\frac{\theta}{\theta_r})^2$	$\omega=\frac{2\pi}{T}$ (s^{-1})	ω/ω_0	$\varphi_m=\arctan\frac{-2\beta\omega}{\omega_0^2-\omega^2}$ (°)

二、选做部分

求不同阻尼系数下的幅频特性与相频特性，并画出特性曲线。

注意事项

(1) 为使闪光灯管不易损坏，平时将此开关扳向“关”处，仅在测量相位差时才扳向接通。

(2) 在测定阻尼系数和摆轮固有频率与振幅的关系时，必须将电机断开。

(3) 在测量振幅值时，必须选取摆轮摆在同一方向，即平衡位置向左（或向右）的读数，θ_0 通常选取在 130°～150°之间。

(4) 同一次实验中，阻尼选择开关位置一经选定，在整个实验过程中就不能任意改变。

思考题

1. 从原理上分析受迫振动的振幅和相位与哪些因素有关？
2. 本实验采用什么方法使阻尼力矩发生变化？试简述其原理。
3. 实验中所用的两种测量阻尼系数的方法中，哪种方法更好？为什么？
4. 为什么在实验过程中不能任意改变阻尼系数？

4.3 热敏电阻特性的研究

热敏电阻是将部分金属（铁、铝、铜、钛、锑）的氧化物压在陶瓷体内构成的。半导体材料做成的热敏电阻对温度变化非常敏感，它能测量出温度的微小变化，并且具有体积小，工作稳定，结构简单的特点，在测温技术、无线电技术、自动化和遥控技术等方面都有广泛的应用。半导体热敏电阻 NTC 具有较大的负电阻温度系数，即当温度增加时，热敏电阻的阻值减小；当温度减小时，热敏电阻的阻值增大。本实验用温度计和电桥测定热敏电阻器与温度的关系，要求掌握 NTC 热敏电阻的阻值与温度关系特性，学会用图解法处理数据来求得经验公式的方法。

实验原理

一、热敏电阻的类型和特点

热敏电阻是一种对热敏感的电阻元件，一般用半导体材料做成。半导体热敏电阻的基本特性是它的温度特性，而这种特性又是与半导体材料的导电机制密切相关的。根据其温度特性可以将热敏电阻分为三种类型：

（1）负温度系数热敏电阻 NTC（Negative Temperature Coefficient Thermistor）；（2）正温度系数热敏电阻 PTC（Positive Temperature Coefficient Thermistor）；（3）临界温度系数热敏电阻 CTC（Critical Temperature Coefficient Thermistor）。

热敏电阻的结构和符号见图 1，图 2 是 NTC、PTC、CTC 的电阻率随温度变化的曲线。在温度测量中使用较多的是 NTC 型热敏电阻，本实验主要研究第一种 NTC 的电阻温度特性。

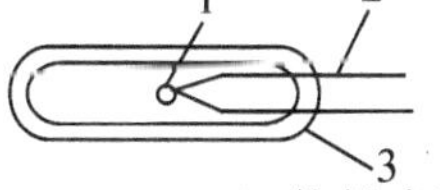

（a）热敏电阻的结构

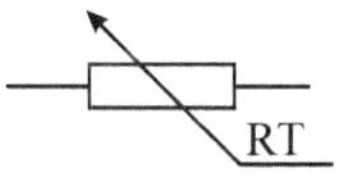

（b）热敏电阻的符号

图 1

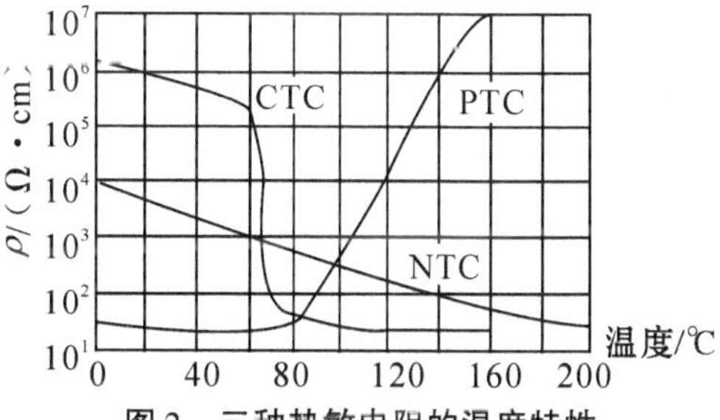

图 2　三种热敏电阻的温度特性

二、NTC 型热敏电阻特性

NTC 型热敏电阻是具有负的温度系数的热敏电阻，即随着温度升高其阻值下降，其电阻—温度特性符合负指数规律。NTC 型热敏电阻通常是一种氧化物的复合烧结体，特别适合于 -100 ℃～300 ℃之间的温度测量，其工作原理一般用量子跃迁观点进行分析。由于热运动（譬如温度升高），半导体中的载流子数目随温度升高而按指数规律迅速增加。温度越高，载流子的数目越多，导电能力越强，电阻率也就越小。因此热敏电阻随着温度的升高，它的电阻将按指数规律迅速减小。

实验表明，在一定温度范围内（小于 450 ℃），半导体材料的电阻 R_T 和绝对温度 T 的关系可表示为

$$R_T = a\mathrm{e}^{b/T} \tag{1}$$

其中 a 与半导体材料的性质及尺寸均有关系；b 是热敏电阻材料常数，仅与材料的性质有关。常数 a、b 可通过实验方法测得。

例如，在温度 T_0 时测得其电阻为 R_0

$$R_0 = a\mathrm{e}^{\frac{b}{T_0}} \tag{2}$$

在温度 T 时测得其阻值为 R_T

$$R_T = a\mathrm{e}^{\frac{b}{T}} \tag{3}$$

将（2）、（3）两式相除，消去 a 可以得到经验公式

$$\frac{R_T}{R_0} = \mathrm{e}^{b\left(\frac{1}{T}-\frac{1}{T_0}\right)} \tag{4}$$

再取对数，有

$$b = \frac{\ln R_T - \ln R_0}{\dfrac{1}{T} - \dfrac{1}{T_0}} \tag{5}$$

把由此得出的 b 代入（2）或（3）式中，可算出常数 a。由这种方法确定的常数 a 和 b 误差较大，为减少误差，常利用多个 T 和 R_T 的组合测量值，通过作图的方法（或用回归法）来确定常数 a、b。为此取（1）式两边的对数，变换成直线方程：

$$\ln R_T = \ln a + \frac{b}{T} \tag{6}$$

或写作

$$Y = A + BX \tag{7}$$

式中 $Y=\ln R_T$，$A=\ln a$，$B=b$，$X=\dfrac{1}{T}$，然后取 X、Y 分别为横、纵坐标，对不同的温度 T 测得对应 R_T 的值，经过变换后作 $X-Y$ 曲线，它应当是一条截距为 A、斜率为 B 的直线。根据斜率求出 b，又由截距可求出 $a=e^A$。

确定了半导体材料的常数 a、b 后，便可计算出这种材料的激活能 $E=bK$（K 为玻耳兹曼常数）以及电阻的温度系数。所谓电阻温度系数，是指在任意温度下温度变化 1℃（K）时的零负载电阻变化率。

$$\alpha=\frac{1}{R_T}\frac{\mathrm{d}R_T}{\mathrm{d}T}=-\frac{b}{T^2}\times 100\% \qquad (8)$$

显然，半导体热敏电阻的温度系数是负的，并与温度有关。

热敏电阻在不同温度时的电阻值，可用单臂电桥测得。

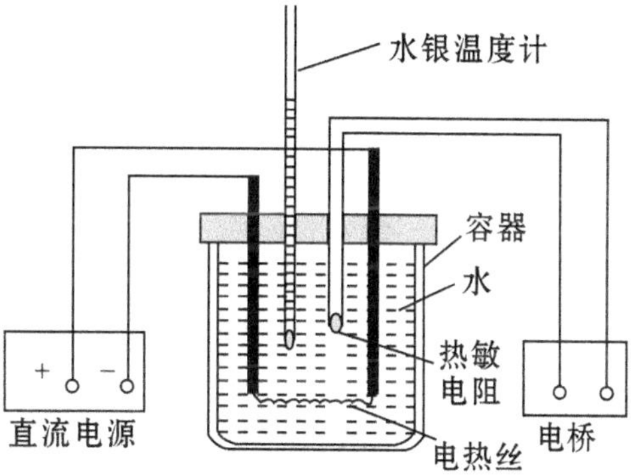

图 3　实验装置图

实验装置

箱式电桥、控温仪、热敏电阻、直流稳压电源等。

实验内容

一、必做部分

用电桥法测量半导体热敏电阻的温度特性。

（1）按图 3 实验装置接好电路，安置好仪器。

（2）在容器内盛入水，开启直流电源开关，在电热丝中通以 2.5～3.0 A 的电流，对水加热，温度由水银温度计读出。

（3）每次增加 5 ℃，测量相应温度下电阻值，可用箱式电桥测量电阻。

（4）作 R_T-t 曲线及 $\ln R_T \sim 1/T$ ［T（K）$=t$（℃）$+273.15$］直线，据图求得 a、b 值，计算出半导体热敏电阻的激活能 E 和温度系数 α。

二、选做部分

使用实验室提供的热敏电阻，制作一个 0 ℃～50 ℃的温度测量电路。

注意事项

热敏电阻作为测量温度的敏感元件时，必须要求它的电阻值只随环境温度而变化，而与通过的电流无关。因此，在设计热敏电阻温度计时，流经热敏电阻的电流一般选取其伏安特性曲线的线性部分的五分之一，同时流过的电流越小越好。

思考题

1. 半导体热敏电阻具有怎样的温度特性？
2. 怎样用实验的方法确定（1）式中的 a、b？
3. 利用半导体热敏电阻的温度特性，能否制作一只温度计？

4.4 温度传感器的温度特性

随着现代测量、控制和自动化技术的发展，传感器技术越来越受到人们的重视，传感器在各个领域中的作用也日益显著。传感器是将各种非电量（包括物理量、化学量、生物量等）按一定规律转换成便于处理和传输的另一种物理量（一般为电量）的装置。传感器的种类很多，有温度传感器、压力传感器、位移传感器、速度传感器、加速度传感器、湿度传感器等。

在各种温度传感器中，把温度转换为电势和电阻的方法最为普遍，本实验将讨论把温度转换为电势的传感器——热电偶的温度特性，和把温度转换为电阻的传感器——热电阻的温度特性。

一、实验原理

温度是个重要物理量，它和我们的生活环境密切相关，在科研生产中也经常需要对它进行检测、控制。温度传感器是检测温度的器件，被广泛用于工农业生产、科学研究等领域。温度传感器一般分为接触式和非接触式两大类：所谓接触式就是传感器直接与被测物体接触进行温度测量，这是温度测量的基本形式；非接触式则通过测量物体热辐射发出的红外线从而测量物体的温度，可进行遥测。

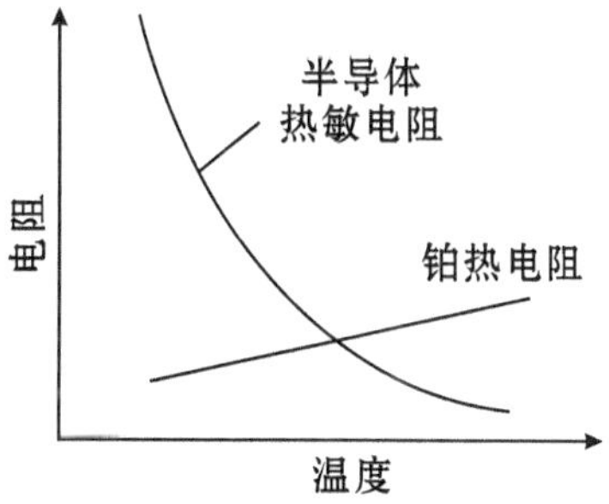

图1 金属和半导体的温度特性

温度传感器是利用材料与温度相关的特性制成的，这些特性包括热膨胀、电阻、电容、磁性、热电势、热噪声、弹性及光学特性等。物质的电阻率随温度变化而变化的现象称为热电阻效应，利用热电阻效应，在一定温度范围内就可以通过测量电阻阻值的变化得知温度的变化。根据热电阻效应制成的传感器叫做热电阻温度传感器。热电阻温度传感器按电阻—温度特性的不同可分为金属热电阻和半导体热电阻两大类，如图1所示，一般把金属热电阻称为热电阻，而把半导体热电阻称为热敏电阻。

本实验用到的温度传感器是铂电阻温度传感器和PN结温度传感器。

一、铂电阻温度传感器

能够用于制作热电阻温度传感器的金属必须具备以下特性：①电阻温度系数要尽可能大和稳定，电阻与温度之间应具有良好的线性关系；②电阻率高，热容量小，反应速度快；③材料的复现性和工艺性好；④在测量范围内物化性质稳定。目前，在工业中应用最广的材料是铂和铜。

使用铂金属制成的铂电阻温度传感器，具有准确度高、灵敏度高、稳定性好等优点，是一种常用的温度传感器，适用于 -200 ℃ ~850 ℃范围的温度测量，在国际实用温标中，铂电阻还作为 259.34 ℃ ~630.74 ℃的温度基准。在 0 ℃ ~630.74 ℃范围内，铂热电阻的阻值与温度之间关系可用下式表示：

$$R_T = R_0\ (1 + AT + BT^2) \tag{1}$$

当温度在 -200 ℃ ~0 ℃之间时，铂热电阻的阻值与温度之间关系为

$$R_T = R_0\ [1 + AT + BT^2 + C\ (T - 100\ ℃)\ T^3] \tag{2}$$

式中 R_T、R_0 分别为铂电阻在温度 T 和 0 ℃时的电阻值，A、B、C 为温度系数，对于常用的工业铂电阻，$A = 3.908\ 02 \times 10^{-3}$ ℃$^{-1}$，$B = -5.801\ 95 \times 10^{-7}$ ℃$^{-2}$，$C = -4.273\ 50 \times 10^{-2}$ ℃$^{-4}$。使用铂电阻测温时，只需测得某一温度下铂电阻温度传感器的电阻值，再根据相关公式即可算出相应温度。由式（1）和（2），要确定电阻 R_T 与温度 T 的关系，首先要确定 R_0 的数值，R_0 不同时，R_T 与温度 T 的关系不同。

二、PN 结温度传感器

PN 结温度传感器是利用半导体材料和器件的某些性能参数对温度的依赖性，实现对温度的检测、控制和补偿等功能。PN 结温度传感器相对于其他温度传感器来说，具有灵敏度高、线性好、热响应快、易于实现集成化等优点。根据半导体理论可知，PN 结的正向压降与其正向电流和温度有关，当正向电流保持不变时，正向压降只随温度而变化。

根据半导体物理的理论，理想 PN 结的正向电流 I_F 和压降 U_F 存在如下近似关系式

$$I_F = I_m e^{\frac{qU_F}{k_B T}} \tag{3}$$

其中：q 为电子电荷，k_B 为玻耳兹曼常数，T 为绝对温度，I_m 为反向饱和电流，它是一个和 PN 结材料的禁带宽度以及温度等有关的系数，可以证明

$$I_m = CT^{\gamma} e^{\frac{-qU_g(0)}{k_B T}} \tag{4}$$

其中 C 是与结面积、掺杂浓度等有关的常数，γ 也是常数，U_g（0）为绝对零度时 PN 结材料的导带底和价带顶的电势差，对于给定的 PN 结，U_g（0）是个定值。

将（4）式代入（3）式，两边取对数可得

$$U_F = U_g(0) - \left(\frac{k_B}{q}\ln\frac{C}{I_F}\right) T - \frac{k_B T}{q}\ln T^{\gamma} = U_1 + U_{n1} \tag{5}$$

其中

$$U_1 = U_g(0) - \left(\frac{k_B}{q}\ln\frac{C}{I_F}\right) T$$

$$U_{n1} = -\frac{k_B T}{q}\ln T^{\gamma}$$

这就是 PN 结正向压降作为电流和温度函数的表达式，它是 PN 结温度传感器的基本方程。

根据式（3），对于给定的 PN 结材料，令 PN 结的正向电流 I_F 恒定不变，则正向电压 U_F 只随温度而变化。但是，在方程（5）中，除线性项 U_1 外，还包含非线性项 U_{n1}。实验和理论证明，在温度变化范围不大时，U_F 温度响应的非线性误差可以忽略不计。对于通常的硅 PN 结材料来说，在 −50 ~ 150 ℃的温度区间内，其非线性误差依然很小。但当温度变化范围增大时，U_F 温度响应的非线性误差将有所递增。

综上所述，对给定的 PN 结材料，在允许的温度变化区间内，在恒流供电条件下，PN 结的正向电压 U_F 对温度的依赖关系取决于线性项 U_1，正向电压 U_F 几乎随温度升高而线性下降。即

$$U_F = U_g(0) - \left(\frac{k_B}{q}\ln\frac{C}{I_F}\right) T \tag{6}$$

这就是 PN 结测温的依据。必须指出，上述结论仅适用于杂质全部电离、本征激发可以忽略的温度区间（对于通常的硅二极管来说，温度范围约为 −50℃ ~150 ℃）。如果温度低于或高于上述范围时，由于杂质电离因子减小或本征载流子迅速增加，将会产生新的非线性影响。

实验装置

直流恒电流源、数字万用表、恒温系统、铂电阻温度传感器、PN 结温度传感器、数字温度计。

实验内容

一、必做部分

（1）观察铂电阻的温度特性。

①用数字万用表测量铂电阻温度传感器在室温下的阻值。

②用手握住传感头观察阻值变化。

（2）测量铂电阻的温度特性。将铂电阻及数字温度计的传感头放入恒温系统中，用数字温度计测量温度。

①测量室温条件下的 T 和 U_T。将铂电阻及数字温度计的传感头置于盛有室温水的容器中，待温度稳定后开始测量。

②测量 $T=0$ ℃时的 T 和 U_T。将铂电阻及数字温度计的传感头放入冰水混合物中进行测量。

③改变温度，测量 T 和 U_T。

④对实验数据作线性拟合，求出 0 ℃～100 ℃之间的温度系数。

（3）测量 PN 结温度传感器的正向伏安特性。

（4）在恒定小电流条件下，重复（2）的操作，测量 PN 结温度传感器的正向电压和温度的关系，并测定 PN 结温度传感器的温度系数。

二、选做部分

自组铂电阻测温电路测量人体温度，与使用数字温度计测量的结果值进行比较。

注意事项

（1）正确使用恒流源。恒流源的输出电流受到仪器最大输出电压和负载的制约，如果增大输出电流时发现电流不再变化，这就表示对于这一负载，恒流源已达到最大输出电流。

（2）为保证测量快速准确，使用铂电阻温度传感器时应注意：

①不得超范围使用。

②前端 10 mm 以内是传感器的敏感部位，应与被测物体贴紧。

③测量液体温度时，应使传感器的 80% 浸入液体内。

思考题

1. 实验中有哪些因素会引起测量误差？
2. 为什么强调温度传感器要在恒定小电流条件下使用？

4.5 非线性元件的伏安特性

通常以电压为横坐标、电流为纵坐标做出的元件的电压和电流的关系曲线，叫做该元件的伏安特性曲线。如果元件的伏安特性曲线不是直线，说明元件两端的电压与通过它的电流不成正比，这类元件被称为非线性元件。非线性元件的电阻值随工作电流或电压而变化，不服从欧姆定律。二极管、三极管、热敏和光敏电阻等都是非线性元件。

非线性元件的伏安特性所反映出的规律总是与一定的物理过程相联系，了解非线性元件的伏安特性，可以加深对有关物理过程、物理规律及其应用的理解和认识，以便更有效地去利用它们。本实验通过测量普通二极管和稳压二极管的伏安特性曲线，研究它们的单向导电和稳压的特性。

实验原理

一、二极管的非线性特征

二极管由导电性能不同的P型半导体（空穴型半导体）和N型半导体（电子型半导体）形成的PN结加上电极引线所构成。为了增强稳定性和可靠性，往往将其封装在玻璃管或金属管内。其结构和常用符号如图1所示。电路符号中的箭头指明了电流流通的方向。

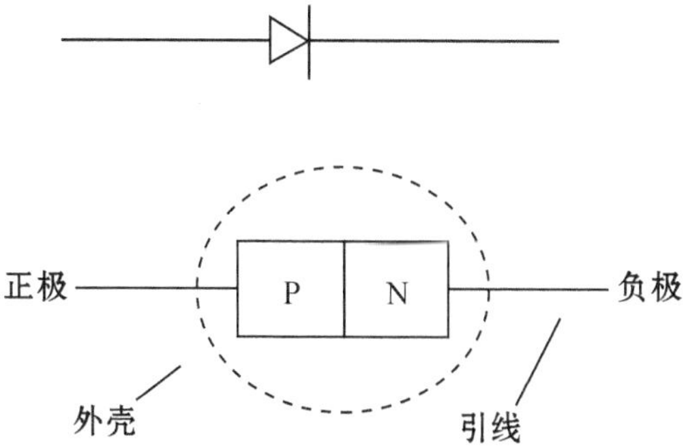

图1 二极管的常用符号和结构示意图

1. PN结的形成

PN结是由载流子的扩散运动形成的。把一块P型半导体和N型半导体结合在一起，交界面两侧就存在着两种载流子的浓度差。因此，N区的多数载流子（电子）必然越过界面向P区扩散，并与P区界面附近的空穴复合而消失，在N区的一侧留下了一层不能移动的正离子；同样，P区的多数载流子（空穴）也越过界面向N区扩散，与N区界面附近的电子复合而消失，在P区的一侧留下一层不能移动的负离子。由于电子和空穴的扩散是同时进行的，因此正、负离子同时产生于 P 型半导体和 N 型半导体交界面的两侧。

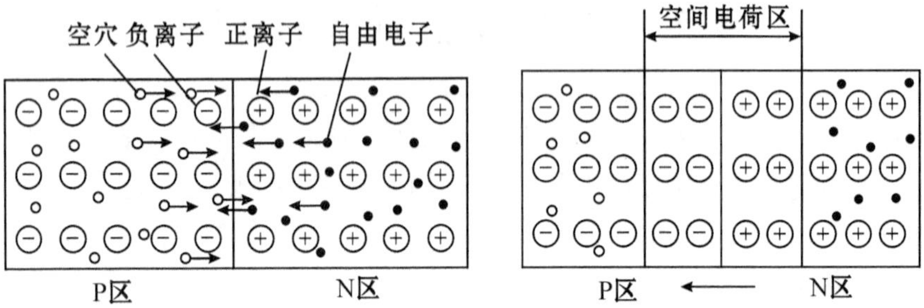

图 2　PN 结的形成

这些不能移动的带电离子组成的空间电荷区，就形成了一个由 N 区指向 P 区的内电场。随着扩散的进行，空间电荷区加宽，内电场增强，由于内电场的作用是阻碍多数载流子扩散，促使少数载流子定向运动产生漂移（即 N 区空穴向 P 区漂移，P 区的电子向 N 区漂移）。所以，当扩散运动与漂移运动达到动态平衡时，将形成稳定的空间电荷区，即 PN 结。由于空间电荷区内缺少载流子，所以又称 PN 结为高阻区（阻止电子和空穴的继续扩散）。

2. PN 结的单向导电性

在无光照、加热、电场等外激发因素条件下，扩散运动与漂移运动处于动态平衡，通过 PN 结的电流为零。

当 P 区接电源正极，N 区接负极时，称为给 PN 结加正向电压（或正向偏置），如图 3 所示。由于 PN 结是高阻区，而 P 区和 N 区的电阻很小，所以正向电压几乎全部加在 PN 结两端。在 PN 结上产生一个外电场，其方向与内电场相反。

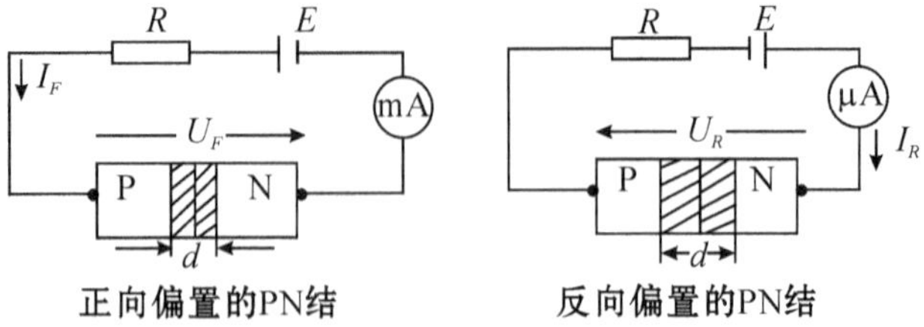

图 3　PN 结的单向导电性

在外电场的推动下，N 区的电子要向 P 区扩散，并与原来空间电荷区的正离子中和，P 区的空穴也要向 N 区扩散，并与原来空间电荷区的负离子中和。扩散的结果，使空间电荷区变窄，内电场减弱，PN 结原有的动态平衡被破坏，于是扩散运动超过了漂移运动，扩散又继续进行。

与此同时，电源不断向 P 区补充正电荷，向 N 区补充负电荷，结果在电路中形成了较大的正向电流，PN 结呈现低阻导通状态。通过 PN 结的电流基本是多数载流子的扩散电流，且此电流随着正向电压的增大而增大。

当 N 区接电源正极、P 区接负极时，称为给 PN 结加反向电压（或反向偏置）。反向电压产生的外加电场的方向与内电场的方向相同。外电场把 P 区的空穴和 N 区的自由电子从 PN 结附近拉走，使 PN 结进一步加宽，内电场加强，PN 结的电阻增大，打破了 PN 结原来的平衡。这时，在电场作用下的漂移运动大于扩散运动，通过 PN 结的电流，主要是少数载流子形成的漂移电流，即反向电流。

由于在常温下，少数载流子的数量不多，故反向电流很小，PN 结相当于不导通，即称 PN 结截止。由于当外加电压在一定范围内变化时，反向电流很快就不再增加了，几乎不随外加电压的变化而变化，因此又称其为反向饱和电流。

电流只能沿着一个方向流过 PN 结，这个现象就叫做 PN 结的单向导电性。

3. PN 结的反向击穿

当 PN 结所加反向电压大到一定数值时，PN 结电阻会突然变得很小，反向电流会骤然增大，二极管失去单向导电性。如果外电路不能限制电流，则电流会大到将 PN 结烧毁。这种现象叫 PN 结的反向击穿（“热击穿”）。开始击穿时的电压数值叫反向击穿电压。反向击穿电压是 PN 结的一个十分重要的特性。

PN 结反向击穿的主要原因是处于强电场中的载流子获得足够大的能量后，碰撞晶格而将价电子碰撞出来，产生电子空穴对。新产生的载流子在强电场的作用下，获得足够的能量后又通过碰撞产生电子空穴对。这种连锁反应，导致反向电流愈来愈大，最后将 PN 结反向击穿。

4. 二极管的伏安特性

半导体二极管主要是依靠 PN 结而工作的，它的主要特点是单向导电性，其伏安特性曲线如图 4 所示。

由图 4 可知二极管的动态电阻 r_d（$r_d = \Delta U_D / \Delta I_D$）的变化规律：

（1）在正向电压较小时，电流较小，二极管内阻较大。

（2）当正向电压加大到某一数值 U_D 时，正向电流明显增大，随着电压加大，电流急剧增大，二极管电阻变得很小，二极管呈导通状态。所以 U_D 称为二极管的正向导通电压。导通后二极管两端的电压基本上保持不变，此时伏安曲线近似为一条直线，将此段直线反向延长与横轴的交点即为 U_D。（硅二极管，U_D 约为 0.6 ~ 0.8 V；锗二极管，U_D 约为 0.2 ~ 0.4 V。）

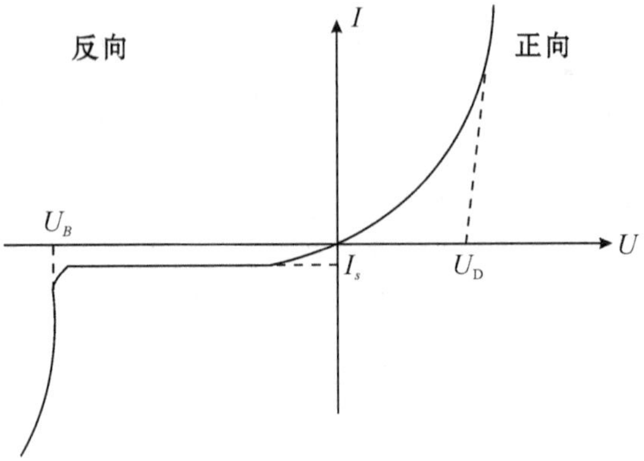

图 4　二极管的伏安特性曲线

(3) 反向电压较小时，电流也较小，此时二极管呈高阻状态，也称为截止状态。

(4) 随着电压增大，电流趋近最大允许值 I_S。反向电流 I_R 越小，管子的单方向导电性能就越好。硅二极管的反向电流一般在纳安（nA）级；锗二极管在微安（μA）级。

(5) 在反向电压超过某一数值 U_B 时，电流急剧增大，此时的电阻趋近于零。PN 结被反向击穿，U_B 称作反向击穿电压。

PN 结击穿后，二极管的单向导电特性被破坏，所以普通二极管不能工作在击穿状态（在实际使用时，最大反向工作电压 U_{RM} 一般为反向击穿电压的一半或三分之二）。

二、稳压二极管

与普通二极管不同，稳压二极管是利用保持端电压基本恒定、限制击穿时的电流不超过允许值、PN 结并不会损坏这一点做成的。稳压二极管工作在反向击穿区。稳压管的反向击穿是可逆的，即去掉反向电压，稳压管又恢复正常。但如果反向电流超过允许范围，稳压管同样会因热击穿而损坏。

稳压二极管的符号、伏安特性曲线和典型应用电路如图 5 所示。

由图可知：

(1) 稳压二极管的正向伏安特性曲线与普通二极管的类似。

(2) 达到反向击穿电压之后，其特性曲线比较陡直，即反向电流变化而反向电压基本不变。在稳压值附近一个很宽的电流范围内（如图中的 $I_{Z\min}$ ~ $I_{Z\max}$ 段），改变外加电压，仅引起通过稳压二极管的电流变化，而稳压管的端电压将维持恒定。

一般取电流 $I_Z=\frac{1}{2}$（$I_{Z\min}-I_{Z\max}$）所对应的电压值 U_Z 作为稳压二极管的稳压值。

稳压值 U_Z 和最大稳定电流 $I_{Z\max}$ 是稳压二极管的主要参数。稳压二极管在工作时应反接，并串联限流电阻，以确保工作电流不超过最大稳定电流 $I_{Z\max}$。

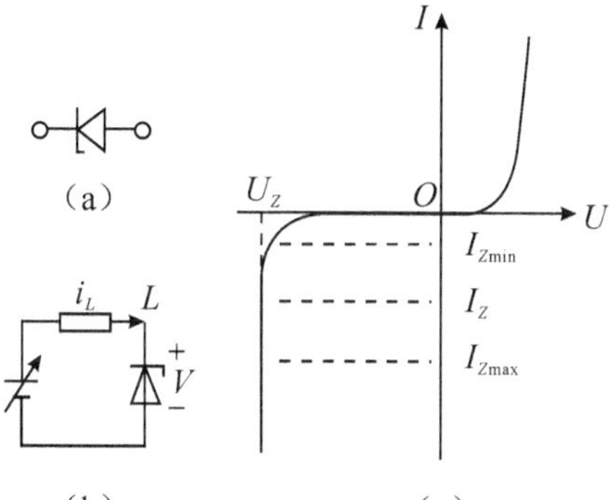

（b）（c）

图 5 稳压二极管的伏安特性

三、电表的连接方法

通常测量二极管伏安特性时电表连接方法有两种：电流表外接和电流表内接，如图 6 所示。由于电表内阻的影响，这两种接法都会引进一定的系统误差。这种由于电表接入电路而引起的系统误差叫做接入误差。

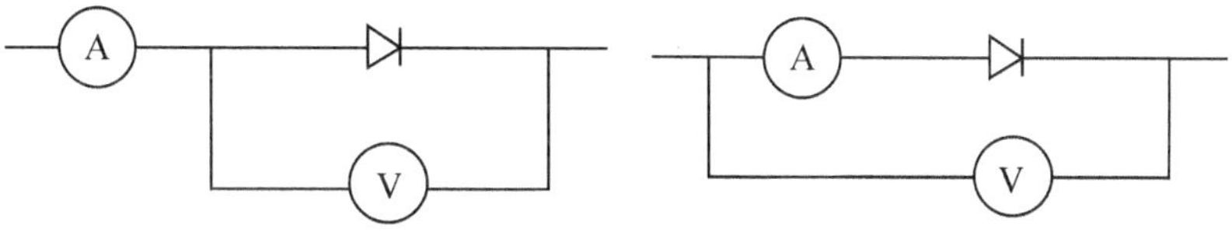

（a）电流表外接　　（b）电流表内接

图 6

（1）电流表内接时，由于电流表内阻 R_A 不为零，所以 $U=I$（R_A+R_x），二极管内阻的测量值（R_A+R_x）大于实际值 R_x。测量的绝对误差为 R_A，相对误差 $\frac{\Delta R_x}{R_x}=\frac{R_A}{R_x}$。

（2）电流表外接时，$I=I_V+I_x=U$（$\frac{1}{R_V}+\frac{1}{R_x}$），由于电压表内阻 R_V 不是无限大，所以二极管内阻的测量值（$R_x\cdot\frac{R_V}{R_x+R_V}$）会小于实际值 R_x。测量的相对误差 $\frac{\Delta R_x}{R_x}=-\frac{R_x}{R_x+R_V}$。

（3）因为电流表内接和外接都有测量误差，测量时一般是先把接法造成的误差计算出来，然后选用测量误差较小的接法。若 $R_x/R_V>R_A/R_x$ 则选用电流表内接，反之则选用电流表外接。实际上这种计算只有在准确知道所用电表的内阻及被测二极管的正反向电阻时才有意义。

相比之下更简便实用的是另一种电表连接方式——电压表“活接法”。如图7所示，为排除电流测量时电压表的影响，只将电流表串入电路，测量电压时才将电压表并在二极管两端。

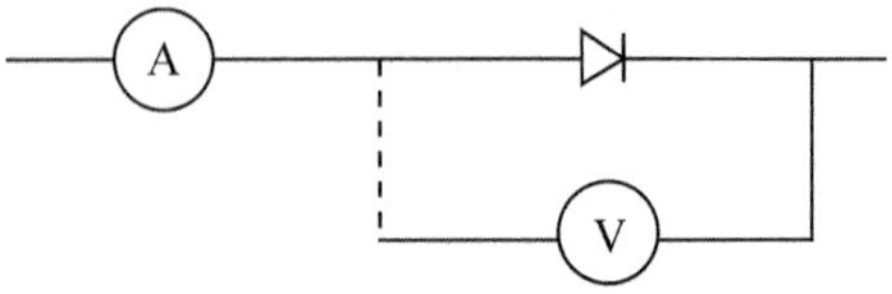

图7　电压表“活接法”

本实验中，测量二极管两端的电压使用的是内阻很大（10 MΩ）的数字万用表，因其对电流测量的影响很小，故可直接采用电流表外接的连接方式。

实验装置

直流稳压电源、变阻器、待测二极管、数字万用电表、直流电流表、开关、导线等。

实验内容

一、必做部分

1. 用数字万用电表测量二极管

（1）使用测量二极管的专用档辨别二极管的正、负极；测出二极管导通后的正向电压降（是硅二极管还是锗二极管）。

（2）使用电阻档测出二极管的正、反向电阻。

2. 用伏安法测量2AP9二极管的伏安特性（二极管的型号见附录）

（1）画出测量电路图后，连接线路。

（2）自拟表格，记下数字电压表和直流电流表的读数。

3. 数据处理

（1）用毫米方格纸在同一个坐标系中作出二极管的正、反向伏安特性曲线（因正、反向电压电流相差很大，作图时可选用不同单位）。

（2）由伏安特性曲线求出二极管的正向导通电压，并与使用二极管的专用档所得到的测量结果进行比较。由伏安特性曲线求出导通前后 $U=0.15$ V，0.80 V 以及击穿前 $U=-4.0$ V，-18.0 V 时二极管的电阻，并通过正、反向电阻的变化判断二极管的品质。

二、选做部分

（1）采用电压表“活接法”测量2AP9二极管的伏安特性，并与电流表外接法所得的测量结果进行比较。

（2）测量 2CW55 二极管的伏安特性。由伏安特性曲线求出稳压二极管的正向导通电压和稳压值，并与 2AP9 普通二极管的伏安特性曲线进行对比。

注意事项

（1）二极管一般工作在正向导通或反向截止状态。当二极管正向导通时，注意不要超过额定电流；当反向截止时，注意加在该管的反向偏置电压应小于其反向击穿电压。

（2）注意不得使用数字万用电表的二极管的专用档测量通电情况下的二极管。使用电阻档测量二极管的正、反向电阻时，一般不要使用 20 kΩ 以下的挡，以避免过大的电流损坏二极管。

（3）选择变阻器电路时应达到调节方便，能满足测量范围的要求。实验中将滑线变阻器接成分压电路。开始实验时，滑线变阻器的滑动触头应置于使输出电压为最小值处。

（4）在正式测量之前，先滑动滑线变阻器的滑动触头，定性观察电压和电流的大致变化范围，确定电表量程（注意不要超过二极管的额定值）。计算出直流电流表所用量程的仪器误差后，再开始测量。

（5）测量时，电压与电流的测量均从零开始。测正向特性时，电源电压可取 2 V 左右；测反向特性时，电源电压可取 20 V。在测量值变化较大处，应适当增加测量点。正、反向的测量点均要多于 10 个。

（6）测量中既要保证元件的安全，又要覆盖其正常工作范围，以反映元件特性。

思考题

1. 用数字万用电表 20 kΩ 以上的各电阻档测量二极管的正向电阻时，为什么各档测得的数值不同？用同样方法测量线性电阻，情况会怎样？

2. 在测量的过程中，若改变电流表或电压表的量程对测量结果有无影响？为什么？

附录　半导体器件的型号

国家标准国产半导体器件的型号命名分为五个部分：

第一部分用数字表示半导体器件的有效电极数目：

例如：2－二极管，3－三极管。

第二部分用汉语拼音字母表示半导体器件的材料和极性：

例如：表示二极管时　A－N型锗材料，B－P型锗材料，C－N型硅材料，D－P型硅材料，E－化合物材料；

表示三极管时　A－PNP型锗材料，B－NPN型锗材料，C－PNP型硅材料，D－NPN型硅材料。

第三部分用汉语拼音字母表示半导体器件的类型：

例如：P－普通管，W－稳压管，Z－整流管，U－光电管，EF－发光二极管，G－高频小功率管。

第四部分用数字表示同一类别产品的序号。

第五部分用汉语拼音字母表示产品规格号：

例如：2AP9 表示 N 型锗材料普通二极管；

2CW55 表示 N 型硅材料稳压二极管；

3DG18 表示 NPN 型硅材料高频三极管。

4.6 *RLC* 电路谐振特性研究

力学的振动系统如弹簧振子可以做简谐振动、阻尼振动以及受迫振动，而且具有共振现象。同样，由电感、电容和电阻的串联或并联而形成的电学振动系统也会产生简谐振动、阻尼振动以及受迫振动。当正弦波信号源的输出达到某一频率时，*RLC* 电路的电流达到最大值，即产生谐振现象。谐振现象有许多的应用，如电子技术中电磁波接收器常常用串联谐振电路作为调谐电路，接收某一频率的电磁波信号。利用谐振原理制成的传感器可用于测量液体密度及飞机油箱内液位高度等。

本实验将通过测量 *RLC* 串、并联电路的谐振曲线，研究 *RLC* 电路的谐振现象，来加深对 *RLC* 串、并联谐振电路特性及其应用的了解。

实验原理

在力学中已观测到了简谐振动、阻尼振动和受迫振动。在力学的受迫振动中，振幅和相位随频率变化，若选取物体（系统）的固有频率 ω_0 或外界的激励频率 ω 作变量，则位移和速度的振幅都有个极大值，而且系统阻尼系数越小，振幅幅值越高，所描绘的曲线越尖锐，这种现象在力学中被称为共振。在机械的振动系统中，系统的固有频率往往是固定的，系统中的位移是直观的并直接产生效果。在一定条件的电路中，同样具有上述各类振动。在有电感、电容的交流电路里，由于系统元件可调，所以系统的固有频率 ω_0 是可调的，而系统的驱动力是外来信号，其频率是给定的，如果调整固有频率与外来信号频率相同，则回路电压有个极大值，此刻电路发生了谐振（即力学中的共振）。同样，回路的损耗愈小，峰值愈高，曲线愈尖锐，回路的品质因素 Q 值愈大。由于电感和电容在电路中的接法不同，故 *RLC* 电路有串联和并联谐振之分。

一、*RLC* 电路的串联谐振

RLC 串联电路如图 1 所示，其交流电压 U 与交流电流 I（均为有效值）的关系可由交流欧姆定律表示为

$$I = \frac{U}{Z} = \frac{U}{\sqrt{R^2 + \left(\omega L - \frac{1}{\omega C}\right)^2}} \tag{1}$$

电压与电流间的位相差为：

$$\varphi = \arctan \frac{\omega L - \dfrac{1}{\omega C}}{R} \tag{2}$$

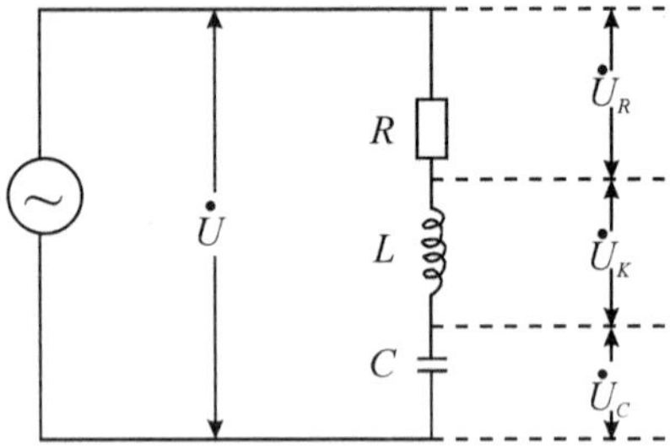

图 1　*RLC* 串联电路

式（1）中，$Z = \sqrt{R^2 + \left(\omega L - \dfrac{1}{\omega C}\right)^2}$ 称为交流电路的阻抗，$X_L = \omega L$ 称为感抗，$X_C = \dfrac{1}{\omega L}$ 称为容抗。角频率 $\omega = 2\pi f$，f 为交流电的频率。

由（1）、（2）式可见 I 和 φ 都是圆频率 ω（或 f）的函数（即当电路中其他元件的参数确定时，它们的特性完全取决于频率），两式分别反映出电路的幅频关系和相频关系。我们只从（1）式出发，研究当电压 U 保持不变，且 R、L、C 固定时，电流 I 随频率 f 而变化的情况。

以 I 为纵坐标、f 为横坐标作 $I-f$ 图，如图 2 所示。从图中可见，当电源频率为 f_0 时，电流 I 有一个极大值，即阻抗 Z 有一个极小值。*RLC* 串联电路的这种状态，称为串联谐振，f_0 称为谐振频率。此图称为 *RLC* 串联电路的幅频特性曲线。

由于谐振时　$\omega L - \dfrac{1}{\omega C} = 0$，故 $f_0 = \dfrac{\omega_0}{2\pi} = \dfrac{1}{2\pi\sqrt{LC}}$　（3）

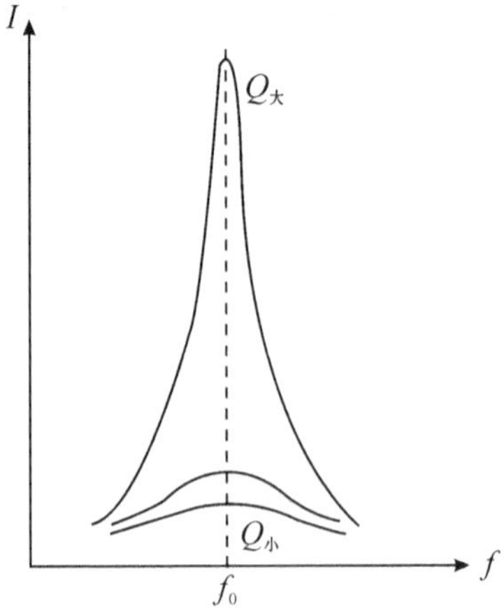

图 2　串联谐振

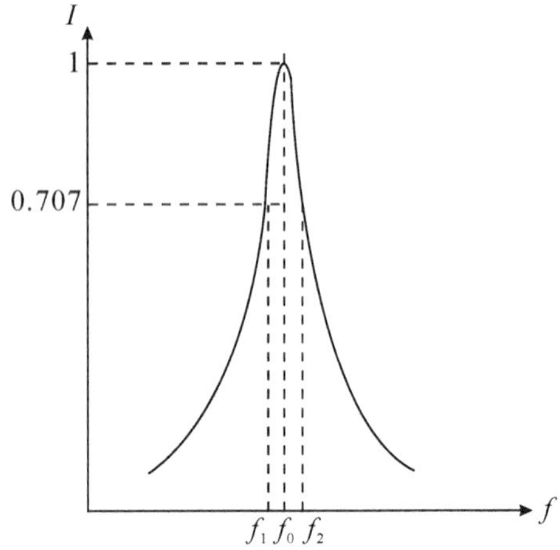

图 3　通频带宽

(3) 式说明由电感 L 和电容 C 组成的电路本身具有一定的固有频率 f_0（或固有角频率 ω_0）。当外加电源的频率与电路的固有频率相同，便发生谐振现象。

从式 (2) 可知，谐振时 $\varphi=0$，即电流与电压同位相，整个电路呈电阻性。这时总阻抗 $Z_0=R$，总电流 $I_m=U/R$。电感 L 与电容 C 上的电压分别为 $U_L=IX_L=\frac{U}{R}\omega_0L$ 与 $U_C=IX_C=\frac{U}{R}\frac{1}{\omega_0C}$。因为 $\omega_0L=\frac{1}{\omega_0C}$，故 $U_L=U_C$。

谐振电路性能的优劣常用电路的品质因素 Q 表示，它是由电路的固有特性决定的，只与电路本身元件 RLC 的参数有关，定义为谐振时电感（或电容）的电压 U_L（或 U_C）与总电压数值之比：

$$Q=\frac{U_L}{U}=\frac{U_C}{U}=\frac{\omega_0L}{R}=\frac{1}{R\omega_0C} \tag{4}$$

由 (4) 式可见，当谐振时，电感或电容上的电压 U_L 或 U_C 是电源电压的 Q 倍。当 R 远较 X_L（或 X_C）为小时，$Q\gg1$，此时电感或电容两端的电压可比电源电压 U 大很多，故串联谐振又称为电压谐振。

Q 值标志着电路的频率选择性，Q 值大，谐振峰较尖锐，说明电路的频率选择性较好。常用“通频带宽度”这一概念来定量描述电路频率选择性的好坏。它的大小规定为：与谐振峰两边大小为最大值 I_m 的 $\frac{1}{\sqrt{2}}$（$\approx70\%$）的两个 I 值对应的频率 f_2 与 f_1 之差，如图 3 所示。根据这个规定，由 (1) 式出发可推出

$$\Delta f=f_2-f_1=\frac{f_0}{Q} \tag{5}$$

可见 Q 值越大，通频带宽度就越窄，谐振曲线也就越尖锐，电路的频率选择性就越好。

二、RLC 电路的并联谐振

如图 4 所示，用电阻 R，电感 L 和电容 C 组成并联电路。它的总阻抗 Z，电流 I 与电压 U 的位相差 φ 分别为：

$$Z=\frac{R^2+(\omega L)^2}{\sqrt{R^2+[\omega CR^2+\omega L(\omega^2LC-1)]^2}} \tag{6}$$

$$\varphi=\arctan\left[\frac{\omega L-\omega CR^2-\omega^3L^2C}{R}\right] \tag{7}$$

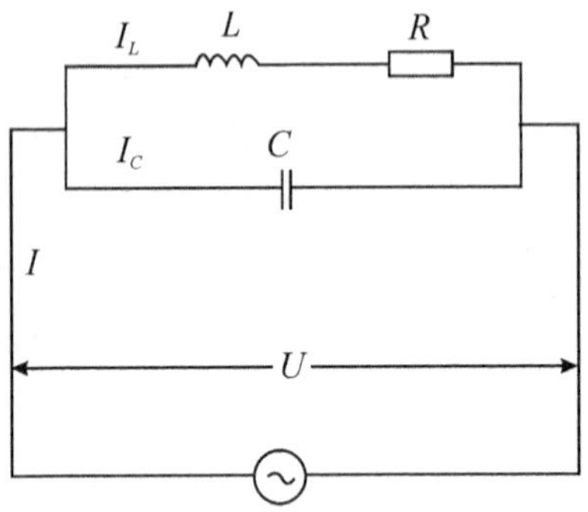

图 4　*RLC* 并联电路

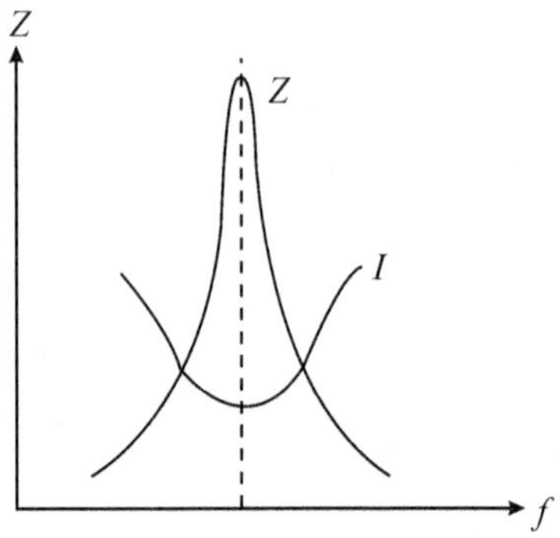

图 5　总阻抗、总电流随频率变化图

由式（6）可得总电流 I 及总阻抗 Z 随频率变化的关系曲线如图 5 所示。图中的极大对应于 $\omega L-\omega CR^2-\omega^3L^2C=0$ 的状态，这时 Z 最大，I 最小，$\varphi=0$，电路呈电阻性。这一状态称为并联谐振，其谐振频率为：

$$f=\frac{\omega}{2\pi}=\frac{1}{2\pi\sqrt{LC}}\sqrt{1-\frac{CR^2}{L}}=f_0\sqrt{1-\frac{CR^2}{L}} \tag{8}$$

f_0 为 *RLC* 串联电路的谐振频率，当（CR^2）$/L\ll1$ 而可略去时，$f=f_0$。

和串联谐振电路一样，并联谐振电路的品质因素 Q 越大，电路的选择性也越好。在谐振时，两分支电路的电流 I_L 和 I_C 近似相等，且等于总电流 I 的 Q 倍，故并联谐振也称为电流谐振。

实验装置

低频信号发生器、晶体管毫伏计、标准电感、标准电容、电阻箱、开关、导线等。

实验内容

一、必做部分

1. 测定串联电路的谐振曲线

（1）按图 1 连接测量电路。取 $R=100\ \Omega$，$L=0.1\ \text{H}$，$C=0.1\ \mu\text{F}$。

（2）接通电源，调节低频信号发生器电压 $U=1\ \text{V}$ 并保持不变。调节信号发生器的频率，观察并记录在电阻 R 两端的晶体管毫伏表的示数，当它指示最大值时，电路处于谐振状态。测出谐振点时的频率 f_0，电阻和电容上的电压

U_{R0}、U_C。

（3）改变信号发生器的频率（从 800 Hz ~ 2 400 Hz），记下各次测量时的频率 f 及电阻 R 上的电压 U_R；同时还应测出与 $U_R = 70\% U_{R0}$ 时相应的频率 f_1 及 f_2。

（4）利用 $I = U_R/R$ 计算出与各 f 值对应的电流 I，以 f 为横坐标，以 I 为纵坐标，作出 $I-f$ 关系曲线。

（5）算出谐振频率 f_0 的理论值并与实验值 $f_{0实}$ 相比较求相对误差。

（6）求出电路的品质因素 Q 及通频带宽度 Δf，并与实验的测定值 $\Delta f_{实} = (f_2 - f_1)$ 相比较求出相对误差。

2. 测定并联电路的谐振曲线

（1）测量电路如图 6 所示。图中 R_L 为电感线圈的电阻，R_0 是为测量总电流 I 而串联在电路上的电阻箱。取 $L = 0.1$ H，$C = 0.1$ μF，$R_0 = 1\ 000$ Ω。

（2）调节信号发生器的输出电压，使并联电路 AB 两点间的电压 $U_{AB} = 2$ V 并保持不变。先测出谐振点，记下此时的频率 f 及 U_{R0} 的数值。

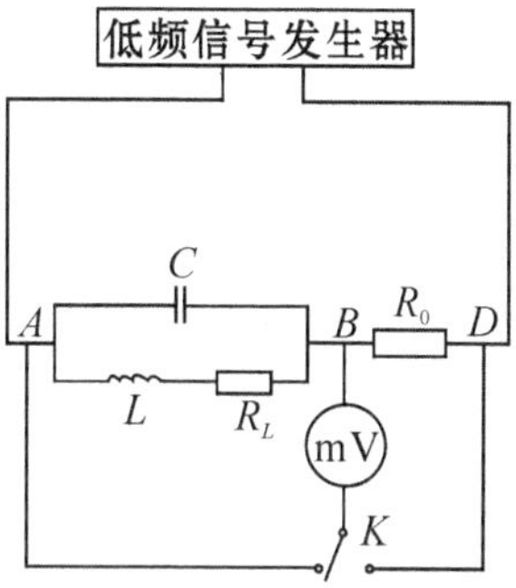

图 6　并联谐振测量电路

（3）改变信号发生器的频率（从 800 Hz ~ 2 400 Hz），记下各次测量时的频率 f 及电阻 R_0 上的电压 U_{R0}。

（4）计算各 f 值对应的电流值 I；利用 $Z = U_{AB}/I$ 计算与各 f 值对应的并联电路总阻抗 Z。

（5）在同一个坐标系中作出 $I-f$ 关系曲线和 $Z-f$ 关系曲线，并对图线进行讨论。

二、选做部分

用示波器观察 RLC 串联电路的谐振特性，测量位相差 φ 随频率 f 的变化情况（画出电路图，并对作出的 $\varphi - f$ 曲线进行讨论）。

注意事项

（1）研究 RLC 串联电路的谐振特性时，低频信号发生器的输出电压 $U = 1$ V应保持不变。

（2）研究 RLC 并联电路的谐振特性，每次改变频率时都应检查并联电路 AB 两点间的电压，始终保持 $U_{AB} = 2$ V 不变。

（3）为准确画出谐振曲线，应合理选择测量点。

思考题

1. 品质因数 Q 有哪些物理意义？有何应用？

2. 串联谐振时电容或电感上电压大于电源电压 Q 倍，是否可把它们当作升压变压器使用？

3. 测量串联电路频率特性时，为什么要保持电源输出电压大小恒定不变？而测量并联电路频率特性时，又要保持电源输出电流恒定不变？

4. 收音机选择电台实际上是调节哪个电子元件的参数值？

4.7 铁磁材料的研究

铁磁材料性能特异、用途广泛。由于其磁化规律较复杂，一般都是通过测量磁场的磁感应强度 B 和磁场强度 H 的对应关系，测定出磁化曲线和磁滞回线来研究其磁化规律的。因此在实际应用中，磁化曲线和磁滞回线是铁磁材料分类和选用的主要依据。

对磁化曲线和磁滞回线的测量可分为静态法和动态法两种。静态法是指用直流电流对被测材料样品反复进行磁化并且逐点测出 B 和 H 的对应关系，包括冲击电流计法、霍尔传感器法等方法；动态法是指用交流电对材料样品进行磁化，也包括不同的方法，其中示波器法因其直观、方便而被广泛采用。

本实验采用动态法研究铁磁材料，并用示波器观测材料的磁化曲线和磁滞回线，以加深对铁磁材料特性的认识。

实验原理

磁介质分为顺磁质、抗磁质、铁磁质等。对于顺磁质、抗磁质，其磁感应强度 B 与磁场强度 H 成正比关系。而对于以铁为代表的一类磁性很强的铁磁物质，却具有磁导率 μ 随磁场强度 H 变化、在外磁场停止作用后仍保留部分磁性、在临界温度（居里点）处材料的磁性会发生突变等特性。

一、铁磁材料的起始磁化曲线、基本磁化曲线和磁滞回线

1. 起始磁化曲线

在图 1 所示的 $B-H$ 图中，坐标原点 O 处，$B=H=0$，表明磁化之前铁磁物质处于磁中性状态。即不同自发磁化区域（磁畴）内的分子磁矩的取向各不相同，使材料中任何宏观区域的平均磁矩为零，物质不显磁性。

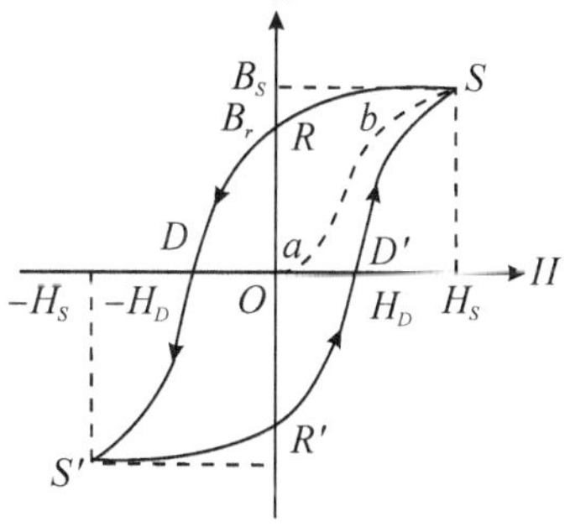

图 1 磁化状态的变化顺序

当磁场 H 从零开始增加时，磁感应强度 B 随之缓慢上升，如曲线 Oa 所示。继之 B 随 H 迅速增长，如 ab 所示，其后物质的磁化接近饱和状态，B 的增长又趋缓慢。当 H 增至 H_S 时，

B 达到饱和值 B_S。即当外磁场足够强时，所有磁畴都按磁化场方向排列，介质磁化就达到饱和。磁化开始后 B 随 H 变化的曲线 $OabS$ 称为起始磁化曲线。

2. 磁滞回线

继续上面的磁化实验，当磁场从 H_S 逐渐减小至零，磁感应强度 B 并不沿起始磁化曲线恢复到“O”点，而是沿另一条新的曲线 SR 下降。比较曲线 OS 和 SR 可知，H 减小 B 相应也减小，但 B 的变化是不可逆的，总是滞后于 H 的变化，这种现象称为磁滞。磁滞的明显特征是当 $H=0$ 时，B 不为零，而保留剩磁 B_r。介质里的掺杂和内应力在磁化场去掉后阻碍着磁畴恢复到原来的退磁状态，这是造成磁滞现象的主要原因。

当磁场反向从 0 逐渐变至 $-H_D$ 时，磁感应强度 B 消失。这说明要消除剩磁，必须施加反向磁场。H_D 称为矫顽力，它的大小反映铁磁材料保持剩磁状态的能力。矫顽力大的铁磁材料被称为硬磁材料，矫顽力小的则被称为软磁材料。从具有剩磁的状态到完全退磁的这段曲线 RD 叫做退磁曲线。

当磁场按 $H_S \to 0 \to -H_D \to -H_S \to 0 \to H_D \to H_S$ 次序变化，相应的磁感应强度 B 则沿闭合曲线 $SRDS'R'D'S$ 变化，这一闭合曲线称为磁滞回线。若 S、S' 点为饱和点，则闭合曲线称为饱和磁滞回线。否则为非饱和磁滞回线。

当磁化场在正负两个方向上往复变化时，铁磁物质沿着磁滞回线经历了一个磁化→去磁→反向磁化→反向去磁的循环过程。在此过程中要消耗额外的能量，并以热的形式从铁磁材料中释放，这种损耗称为磁滞损耗。可以证明，磁滞损耗与磁滞回线所围面积成正比。一个磁化循环过程中单位体积磁性材料的磁滞损耗正比于磁滞回线所围的面积。

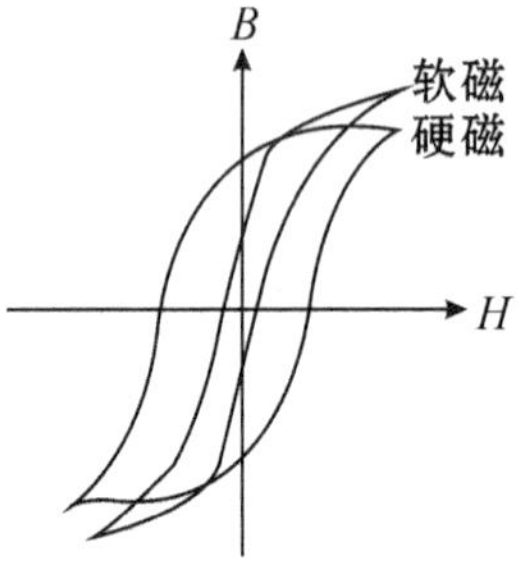

图 2　不同铁磁材料的磁滞回线

图 2 为常见的两种典型的磁滞回线。磁滞回线狭长的软磁材料的矫顽力和剩磁小，在交变磁场中的磁滞损耗小，但它的磁导率和饱和磁感应强度大，容易磁化和去磁，因此是制造变压器、镇流器、发电机、电动机、继电器铁芯的主要材料。而磁滞回线“肥胖”的硬磁材料剩磁强，矫顽力大，磁滞特性非常显著，一般充磁以后能长期保存较强的磁性，广泛用于各种电表、扬声器、微音器、耳机、电话机等器件。

3. 基本磁化曲线

在交变磁场强度由弱到强、对初始不带磁性的同一铁磁材料依次进行磁化时，可以得到面积由小到大向外扩张的一簇磁滞回线，如图 3 所示。这些未达到饱和值的磁滞回线顶点 S 和原点 O 的连线称为铁磁材料的基本磁化曲线。

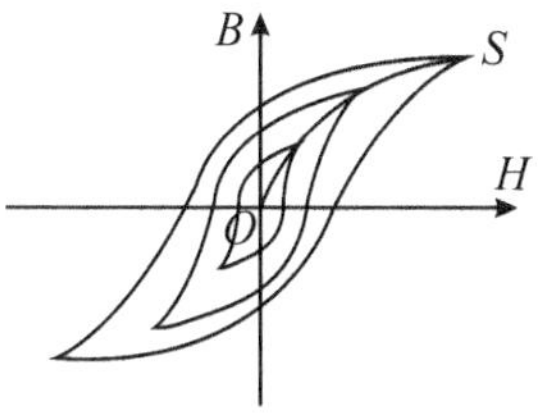

图 3 同一铁磁材料的一簇磁滞回线

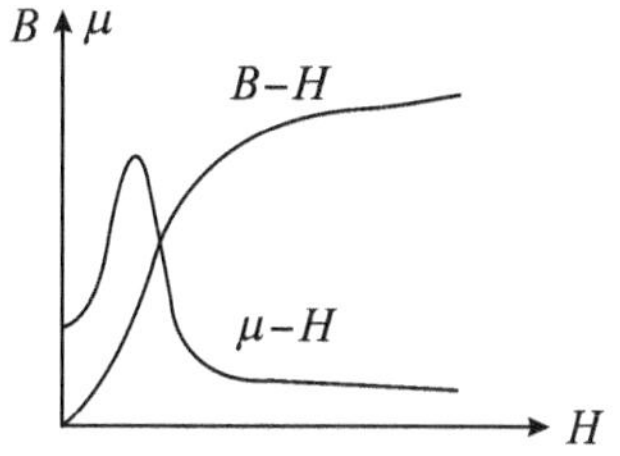

图 4 磁化曲线和 $\mu-H$ 曲线

由基本磁化曲线可以看出铁磁材料的 B 和 H 不是线性关系，即铁磁材料的磁导率 $\mu=\dfrac{B}{H}$ 不是常数而是随 H 而变化，磁导率 μ 是磁场 H 的函数（如图 4 所示）。图 4 中典型的磁化曲线（$B-H$ 曲线）反映了铁磁质的磁化特点：

随着 H 的增加，开始时 B 缓慢增加，此时 μ 较小；而后随 H 的增加 B 急剧增大，μ 也迅速增加；最后随 H 增加，B 趋向于饱和，而此时的 μ 值在到达最大值后又急剧减小。一般情况下，铁磁质内部存在自发的磁化强度，温度越低自发磁化强度越大。当温度达到或高于居里点（也称为居里温度，是指材料可以在铁磁体和顺磁体之间改变的温度）时，分子热运动加剧，磁畴瓦解，铁磁质的自发磁化强度将消失，铁磁质由铁磁状态转变成顺磁状态。因此，铁磁材料的磁导率 μ 还是温度的函数。

二、磁场强度和磁感应强度的测定

磁化曲线和磁滞回线是铁磁材料分类和选用的主要依据，因此铁磁材料的基本磁化曲线和磁滞回线是实际应用中人们最为关心的问题。

图 5 为实验室观察和测量磁滞回线和基本磁化曲线的电路图。待测样品为 $E1$ 型矽钢片，N 为励磁绕组（磁化线圈），用来产生磁化场，n 为用来测量样品中磁感应强度 B 而设置的绕组（测量线圈），R_1 为励磁电流取样电阻，L 为样品的平均磁路长度，C_2 为电容。

设通过磁化线圈 N 的交流励磁电流为 I，根据安培环路定律，磁化场强度与磁化电流成正比：

$$H=\frac{NI}{L}$$

因为磁化电路中串联的小电阻 R_1 两端的电压：$U_1=IR_1$

所以

$$H=\frac{N}{L}\frac{U_1}{R_1} \tag{1}$$

(1) 式中的 N、L、R_1 均为已知常数，故 U_1 与 H 成正比，由电压 U_1 就可确定磁化场的磁场强度 H。（在本实验中 $L = 60.0$ mm，$N_1 = 50$，R_1 为 0.5 ~ 5.0 Ω）。

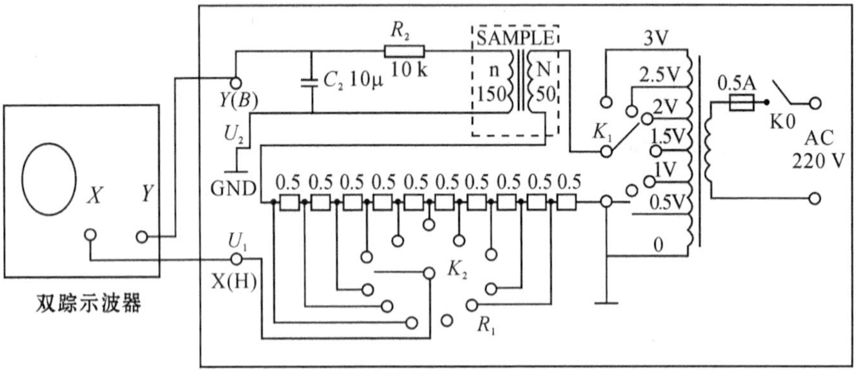

图 5　实验线路图

在交变磁场中，样品的磁感应强度的瞬时值为 B，B 由测量绕组 n 和 R_2C_2 积分电路给定。根据法拉第电磁感应定律，由于穿过样品截面积 S 的磁通量 φ 的变化，在测量线圈中产生的感生电动势的大小为：

$$\varepsilon_2 = n\frac{\mathrm{d}\phi}{\mathrm{d}t} \tag{2}$$

$$\phi = \frac{1}{n}\int \varepsilon_2 \mathrm{d}t \qquad B = \frac{\phi}{S} = \frac{1}{nS}\int \varepsilon_2 \mathrm{d}t$$

如果忽略自感电动势和电路损耗，则回路方程为 $\varepsilon_2 = i_2R_2 + U_2$

式中 i_2 为感生电流，U_2 为电容 C_2 两端的电压。

设在 Δt 时间内，i_2 向电容 C_2 的充电电量为 Q，则：$U_2 = \dfrac{Q}{C_2}$

$$\varepsilon_2 = i_2R_2 + \frac{Q}{C_2}$$

如果选取足够大的 R_2 和 C_2，使 $i_2R_2 \gg \dfrac{Q}{C_2}$，则：$\varepsilon_2 = i_2R_2$

$$i_2 = \frac{\mathrm{d}Q}{\mathrm{d}t} = C_2\frac{\mathrm{d}U_2}{\mathrm{d}t}$$

$$\varepsilon_2 = C_2R_2\frac{\mathrm{d}U_2}{\mathrm{d}t} \tag{3}$$

由（2）（3）两式可得：

$$B=\frac{C_2R_2}{nS}U_2 \tag{4}$$

（4）式中 C_2、R_2、n 和 S 均为已知常数，故 B 与 U_2 成正比，由 U_2 即可确定样品的磁感应强度 B（在本实验中 $C_2=20\ \mu F$，$R_2=10\ k\Omega$，$n=150$，$S=80\ mm^2$）。

将图 5 中的 U_1 和 U_2 分别加到示波器的"x 输入"和"y 输入"，便可在示波器上观察到样品的 $B-H$ 曲线；也可通过图线测定样品的饱和磁感应强度 B_S、矫顽力 H_D、磁滞损耗［BH］以及磁导率 μ 等参数。

实验装置

双踪示波器、TH－MHC 型磁滞回线实验仪。

实验内容

一、必做部分（测量硬磁材料的基本磁化曲线、$\mu-H$ 曲线和磁滞回线）

（1）在不通电的情况下连接电路（令 $R_1=2.5\ \Omega$）。

（2）找到硬磁材料的饱和磁滞回线后，对样品退磁。开启实验仪电源，观察比较样品 1 和样品 2 的磁化性能。找到待测样品后，顺时针方向转动励磁电压"U 选择"旋钮，令 U 从 0 增至 3 V，然后逆时针方向转动旋钮，将 U 从最大值降为 0。

（3）确定示波器 x 和 y 轴的灵敏度。在 $U=0$ 时令光点位于示波器屏幕的中心，然后逐档提高励磁电压，在显示屏上得到面积由小到大一个套一个的一簇磁滞回线。如果在 $U=3$ V（最大）处磁滞回线超出了示波器屏幕，可分别调节示波器 x 和 y 轴的灵敏度，使磁滞回线大小局限于示波器屏幕范围之内。调好之后就不再变动。

（4）测定磁场强度和磁感应强度，绘制基本磁化曲线及 $\mu-H$ 曲线。依次记录 $U=0.5$，1.0，…，3.0 V 时磁滞回线的顶点 S 在示波器荧光屏上的 X、Y 坐标后，记下 X、Y 轴灵敏度标度值以及探针衰减比，计算出 U_1 及 U_2，再利用（1）、（4）式分别算出 H 和 B，根据数据绘制图线。

（5）测定样品的饱和磁滞回线。对样品重新退磁后，励磁电压 U 从 0 逐渐增加，仔细观察磁滞回线的变化情况，正确判断出样品达到磁化饱和状态的磁滞回线（磁滞回线的面积不再随 U 的增加而变大）。

当示波器上显示饱和磁滞回线后，测量饱和磁感应强度 B_S、剩磁 B_R、矫顽力 H_D 和磁滞损耗 $B_S\cdot H_S$。

表 1　基本磁化曲线与 $\mu-H$ 曲线

U (V)	X (cm)	$H=\frac{N}{L}\frac{U_1}{R_1}$ (A/m)	Y (cm)	$B=\frac{C_2R_2}{nS}U_2$ (T)	$\mu=B/H$ (H/m)
0.5					
1.0					
1.2					
1.5					
1.8					
2.0					
2.2					
2.5					
2.8					
3.0					

X 轴灵敏度＿＿＿＿＿＿　探针衰减比＿＿＿＿＿＿　U_1 = ＿＿＿＿＿＿
Y 轴灵敏度＿＿＿＿＿＿　探针衰减比＿＿＿＿＿＿　U_2 = ＿＿＿＿＿＿

表 2　磁滞回线　X、Y 单位：cm　H 单位：A/m　B 单位：T

X_S	X_R	X_D	X'_S	X'_R	X'_D
H_S	H_R	H_D	H'_S	H'_R	H'_D
Y_S	Y_R	Y_D	Y'_S	Y'_R	Y'_D
B_S	B_R	B_D	B'_S	B'_R	B'_D

二、选做部分

测量软磁材料的饱和磁感应强度、剩磁和矫顽力，将软、硬磁材料磁滞回线画在同一个图上进行比较。

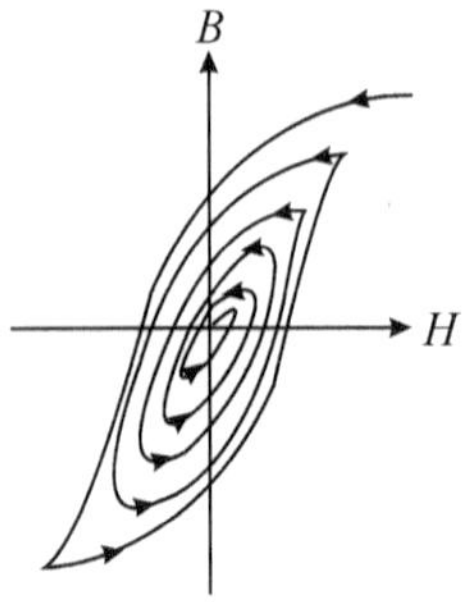

图 6　退磁示意图

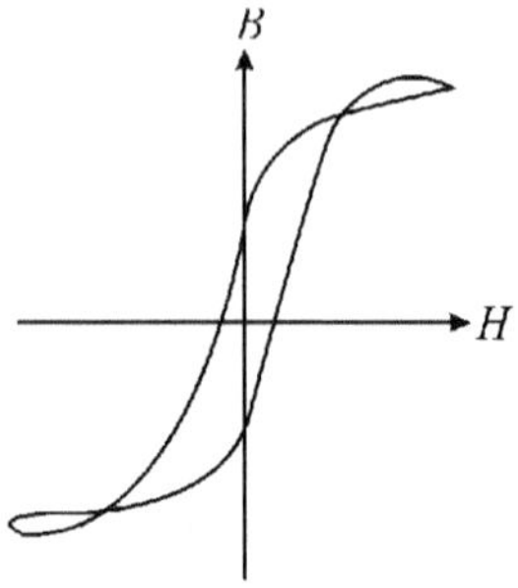

图 7　U_2 和 B 相位差等因素引起的畸变

注意事项

（1）测量之前必须对样品退磁。本实验采用交流消磁，即先使样品达到磁饱和，然后再逐步减小到零（如图 6 所示）。操作时，旋钮转动不宜过快。

（2）若磁滞回线图形出现如图 7 所示的畸变，这时可降低励磁电压 U 予以消除。

思考题

1. 样品 1 和样品 2 的磁滞回线有何不同？哪个样品为软磁材料？
2. 测量前为什么要退磁？
3. 全部完成 $B-H$ 曲线的测量以前，为什么不宜变动示波器 X、Y 轴灵敏度？
4. 示波器显示的磁滞回线是真实的 $B-H$ 曲线吗？为什么能用电学量 U 来测量 H 和 B？

4.8 电学黑盒子实验

黑盒子是判定电学元件实验中使用的密封盒，盒里的元件可能是电池、电容、定值电阻、电感或半导体二极管。在黑盒子内，各元件连接在接线柱上，两个接线柱之间只有一个元件，元件之间不连成并联回路，因此元件的分布是唯一的。盒外可见的两接线柱之间也可能为断路或短路（即由导线直接连接）的情况。

本实验要求设计实验方案和检测步骤，在不打开盒子的情况下，使用示波器、信号发生器、数字万用电表等仪表，依据不同类型电学元件的特性，判定盒内元件分布，提高独立设计检测步骤、综合推理判断的能力。

实验原理

实验中使用的黑盒子有两种：一种是盒内只有一个元件，盒外有两个接线柱；另一种是盒内有三个元件，盒外有多个接线柱，在接线柱旁边写有编号，以便于检测判断。

不论是哪种黑盒子，其检测都是根据不同元件具有的不同电学特性，先判断元件类型和位置，再确定元件的物理量数值。通常采用的方法和步骤如下：

1. 先确定有无电池

使用数字万用电表的直流电压量程进行检测。表笔接到任意两个接线柱，如果显示出一定的电压，则两接线柱间为电池，由显示数值的正负号可知电池的正负极。

只有确定两接线柱间不是电池之后，才可以使用数字万用电表的电阻量程进行下面的检测。

2. 二极管的判断

使用数字万用电表的电阻量程对两个接线柱交换表笔各测一次。

（1）若两次检测电阻值差别很大，则两个接线柱间的元件为二极管。使用数字万用电表二极管的专用量程确定二极管的正负极、测出二极管的正向导通压降。

（2）若两次检测正反向电阻值相等，则两个接线柱间的元件为电阻（如阻值很小，应换用最小电阻量程，以区分出是小电阻还是短路）。

（3）若两次检测正反向测量结果都是无穷大，则需要作进一步检测。

3. 电容、电感的确定

(1) 使用数字万用电表的电阻量程。利用数字万用电表内的电池，对待定元件进行充放电检测。如果看到示值慢慢增大，直到最高位为“1”，表示测值超过量限；短路放电后，重复检测都可以看到此现象，可粗略判断两个接线柱间的元件为电容。再将元件与电阻箱串联组成 RC 电路，用示波器观察充放电过程，并确定电容数值。此方法可以明确区分出两个接线柱间是电容还是断路。

(2) 使用信号发生器。将 ab 两个接线柱间的待定元件与电阻箱串联组成电路，用信号发生器来判别元件的性质。逐步增大信号源的频率 f，并始终保持信号源输出电压不变，测量两个接线柱间元件的电压 U_{ab}。当 f 增大时，若 U_{ab} 不变，则为电阻；若 U_{ab} 也增大，则为电感；若 U_{ab} 减小，则为电容。此方法还可以测定出电容、电感和电阻的数值。

4. 多个元件的判断

盒外有多个接线柱的黑盒子，盒内元件分布的可能性比单个元件多，判断时遇到的情况就会较为复杂。因此，必须经过多次测量，随时记录分析测试结果，然后进行综合判断，得到正确结论。

例如，对于盒外有四个接线柱的黑盒子，用数字万用电表的电阻量程在接线柱“2”、“4”间测得电阻不为零，不能据此就简单认定在“2”、“4”之间接有电阻；也可能在接线柱“4”、“1”、“2”（或者“4”、“3”、“2”）之间接有两个电阻。

再如，当使用数字万用电表的电压量程测量时，示数稍有增加而又回到零位，则可能是在两个接线柱间电池与电容串联导致的特殊实验现象。实验中，还需仔细分析两个接线柱间可能出现的电容、电感、电阻、二极管中任意两个元件串联导致的实验现象。

实验装置

示波器、信号发生器、数字万用电表、电阻箱、黑盒子、开关、导线等。

实验内容

一、必做部分

自行设计合理而简捷的操作程序，对实验室提供的黑盒子进行测试，判定盒中元件类型，绘出盒中元件的分布图，并写出测试记录和判定的依据。

二、选做部分

测量黑盒子中元器件的数值：

(1) 判定电池的正负极，并测量其电动势。

(2) 判定二极管的正负极，并测量正向导通压降。

(3) 测量电容、电感和电阻的数值。

注意事项

(1) 使用数字万用电表的直流电压量程进行检测时，显示的是电表红表笔接触的电池极性。

(2) 使用数字万用电表的电阻量程检测电容时，如果电容数值较小或者量程选择不当，会导致现象不明显。一般选择 200 kΩ 量程检测几十微法电容时，充放电现象较明显。

(3) 使用数字万用电表的电阻量程检测小电阻或短路时，测量前应注意检测电表的短路电阻数值。

思考题

1. 实验中使用信号发生器区分电阻、电感、电容元件的原理是什么？
2. 盒中若为一个几百到上千微法的电解电容器，怎样判定其正负极？

4.9 光敏电阻特性研究

光敏电阻是利用具有光电效应的半导体材料制作的一种能够将光照度的变化直接转变成电信号的光电导器件，它的电阻值随光照强度增大而减小。

具有光电导性能的材料很多，但只有其中一部分材料经过特殊处理，掺进适当杂质时，才有明显的光电效应。现在使用的光电导材料有Ⅲ－Ⅳ、Ⅲ－Ⅴ族化合物、硅、锗以及一些有机物等。

光敏电阻的主要用途是作为照相机、光度计、光电自动控制、能量辐射物搜索和跟踪等方面的辐射接收元件。本实验要求了解光敏电阻的工作原理，掌握光敏电阻基本特性的测量方法。

实验原理

通常所说的光电效应是指外光电效应，即物体在光的照射下光电子逸出物体表面的现象。所谓内光电效应，是指物体在光的照射下，内部原子中的一部分束缚电子变为自由电子，这些电子仍留在物体内部，使物体的电阻率改变或产生一定方向电动势的现象。光敏电阻就是利用内光电效应工作的光传感器，在光线的作用下其阻值往往变小，这种现象又称为光导效应，因此，光敏电阻又称光导管。

采用半导体材料制作的光敏电阻，在黑暗环境里电阻值很高，当受到光照时，只要光子能量大于半导体材料的禁带宽度，则价带中的电子吸收一个光子的能量后可跃迁到导带，并在价带中产生一个带正电荷的空穴，这种由光照产生的电子—空穴对增加了半导体材料中载流子的数目，使其电阻率变小，从而造成光敏电阻阻值下降。光照愈强，电阻值愈低。入射光消失后，由光子激发产生的电子—空穴对将逐渐复合，光敏电阻的阻值也就逐渐恢复原值。

光敏电阻在室温和全暗条件下测得的稳定电阻值称为暗阻，此时流过的电流称为暗电流。而在室温和一定光照条件下测得的稳定电阻值称为该光照下的亮阻，此时流过的电流称为亮电流。亮电流与暗电流之差称为光电流。显然，光敏电阻的暗阻越大越好，而亮阻越小越好，也就是说暗电流要小，亮电流要大。这样光敏电阻的灵敏度就高。如 MG41-21 型光敏电阻，其暗阻≥0.1 mΩ，亮阻≤1 kΩ。

用于制造光敏电阻的材料主要是金属的硫化物、硒化物和碲化物等半导体。通常采用涂敷、喷涂、烧结等方法在绝缘衬底上制作很薄的光敏电阻体及梳状电极，然后接出引线，封装在玻璃壳体内，以免受潮影响其灵敏度。光敏面做成蛇形，电极做成梳状，这样既可以保证有较大的受光表面。也可以减小电极之间的距离，从而减小极间电子渡越时间，有利于提高灵敏度。在光敏电阻两端的金属电极之间加上电压，便有电流通过，受到光照时，电流就会随光强的增加而变大，从而实现光电转换。光敏电阻是电阻器件，没有极性，使用时既可加直流电压，也可加交流电压。

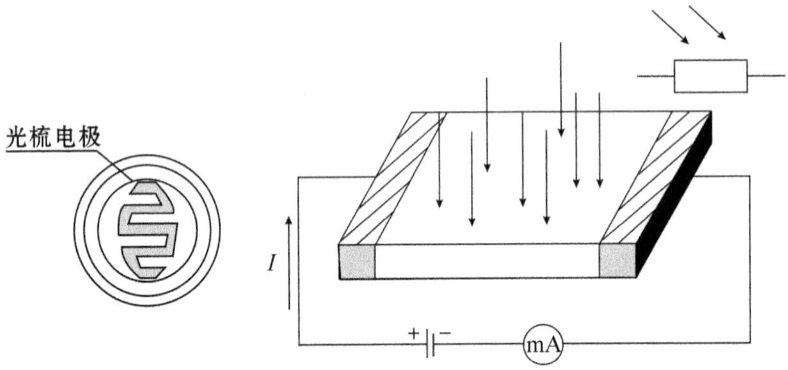

图 1　光敏电阻结构及电路符号

光敏电阻的主要特性和参数如下：

1. 伏安特性

在一定的光照下，光敏电阻两端的电压与流过的电流之间的关系称为光敏电阻的伏安特性。从图 2 可以看出，光敏电阻的伏安特性线性很好，而且没有饱和现象。说明在一定光照下光敏电阻的阻值稳定，这是光敏电阻的主要优点。光敏电阻以其高度的稳定性而广泛地应用在自动化技术领域中。

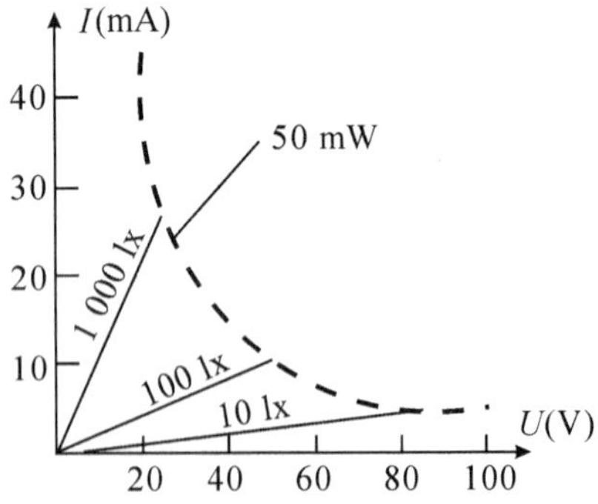

图 2　光敏电阻的伏安特性

受耗散功率的限制，在使用时，光敏电阻两端的电压不能超过最高工作电压。最高工作电压因光照度不同而不同。图中虚线为允许功耗曲线，由此可确定光敏电阻正常工作电压。

2. 光电特性

光敏电阻的光电流 I 与器件两端所加的电压 U、入射照度 L 有关。在一定的电压作用下，光电流与照度的关系称为光敏电阻的光电特性。

图 3 为硫化镉光敏电阻的光电特性曲线。由图可见，硫化镉光敏电阻在弱光照射下，I 与 L 具有良好的线性关系，在强光照射下则为非线性关系。其他材料制作的光敏电阻也有类似的关系。因此光敏电阻不适宜做线性测量元件，在自动控制中常用作开关式的光电转换器。

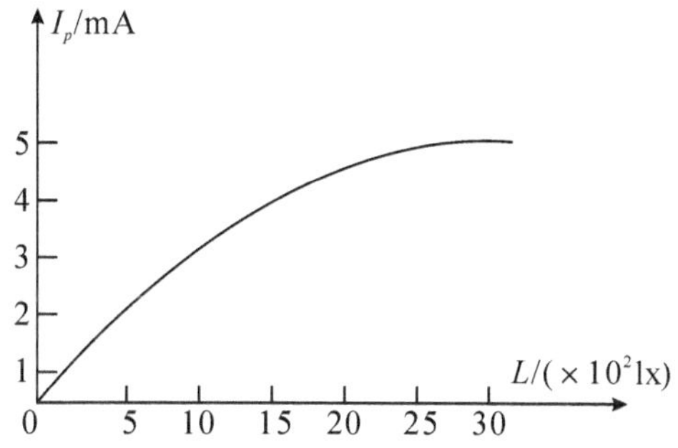

图 3　硫化镉光敏电阻的光电特性曲线

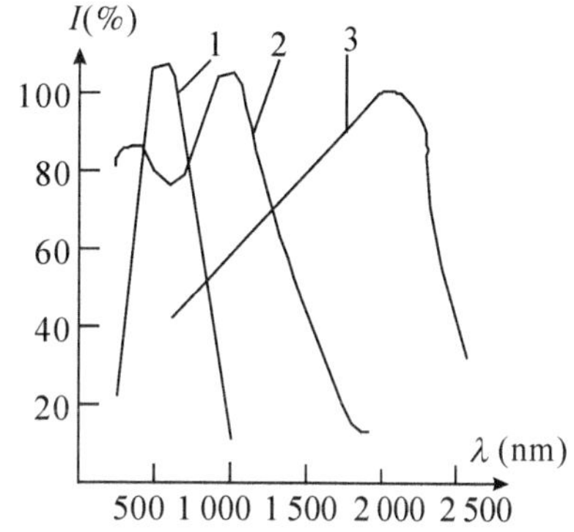

1. 硫化镉　2. 硫化铊　3. 硫化铅

图 4　光敏电阻的光谱特性曲线

3. 光谱特性

对于不同波长的入射光，光敏电阻的相对灵敏度是不相同的。各种材料的光谱特性如图 4 所示。从图中可以看出，硫化镉的峰值在可见光区域，而硫化铅的峰值在红外区域，因此在选用光敏电阻时应当把元件和光源的种类结合起来考虑，才能获得满意的使用效果。

4. 温度特性

光敏电阻和其他半导体器件一样，受温度影响较大，当温度升高时，它的暗阻会下降。温度的变化对光谱特性也有很大影响。光谱曲线的峰值随着温度上升向波长短的方向移动。因此，有时为了提高灵敏度或为了能接收远红外光而采取降温措施。

5. 时间常数和前历效应

当光敏电阻受到脉冲光照时，光电流要经过一段时间才能达到稳态值，光照突然消失时，光电流也不立刻为零。这说明光敏电阻有时延特性，通常用时间常数 τ 来描述。所谓时间常数是指光敏电阻自停止光照起到光电流下降为原来值的63%所需要的时间。时间常数越小，响应越迅速。多数光敏电阻的时间常数都较大，因此光敏电阻也不能用在要求快速响应的场合。

光敏电阻还存在前历效应。前历效应是指光敏电阻的时间特性与工作前“历史”有关的一种现象。前历效应有暗态前历效应与亮态前历效应之分。暗态前历效应是指光敏电阻在测试或工作前处于暗态，当它突然受到光照后，表现出暗态前历越长、光电流上升越慢的现象。一般情况下，工作电压越低，光照度越低，则暗态前历效应就越重。亮态前历效应是指光敏电阻在测试或工作前已处于亮态。当照度与工作时所要达到的照度不同时所出现的一种滞后现象。一般亮阻由高照度状态变为低照度状态达到稳定时所需的时间，要比由低照度状态变为高照度状态时短。

实验装置

光源、导轨、聚光镜、光强调整器、接收器（内置光敏电阻）、数字万用电表等。

光强调整器由两个偏振片组成，其中一片固定，另一片可以旋转，四周有角度指示，用来调节出射光强。当两个偏振片透光方向一致时，透过的光最强；当两个偏振片透光方向垂直时，透过的光最弱；当两个偏振片透光方向为其他角度时，透过的光介于最强和最弱之间。假设到达第一个偏振片的光强为I_0，则通过第二个偏振片的光强为：$I=0.5I_0\cos^2\theta$。其中θ为两个偏振片所成的角度。

实验内容

一、必做部分

1. 仪器调整

（1）画出电路图后连接测量电路。

（2）用万用表的电阻档测量光敏电阻的暗阻和亮阻（光照度大小不限）。

（3）如图5所示，在导轨上安置五个磁力滑座，分别将光源、两个聚光镜、偏振器、接收器插入滑座，目测调节至各光学元件、光源的中心轴大致等高，并处于同一轴线上。

（4）打开光源，根据透镜共轭法成像的特点，将光源和两透镜调整至共轴等高，将偏振器调整至与光轴同轴等高；再调节两透镜位置使由光源发出的光经过聚光镜1变成平行光均匀入射到偏振器后，再经过聚光镜2会聚，均匀地照射到接收器内的光敏电阻上。

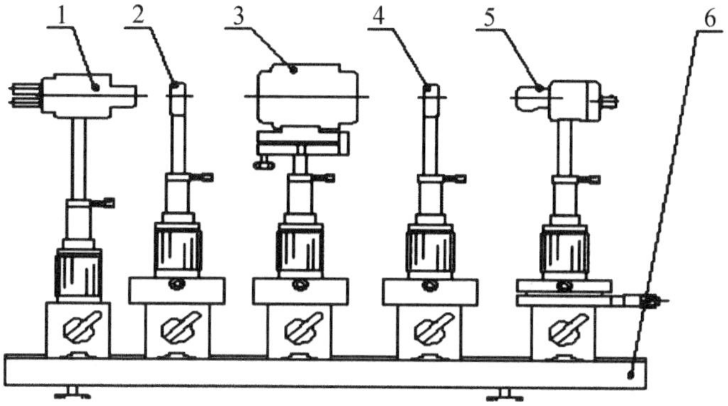

1. 光源　2. 聚光镜 1　3. 光强调整器　4. 聚光镜 2　5. 接收器　6. 导轨

图 5　光路图

（5）旋转偏振器的手轮改变两个偏振片所成的角度，通过数字万用电表观察入射到接收器的光强（刻度为零时通过的光最强、90°时通过的光最弱）。找到光照和外加电压一定时，光电流输出最大的位置。

2. 研究光敏电阻的伏安特性

固定光源与光敏电阻的距离，改变光敏电阻两端的电压，测量通过光敏电阻的电流。在同一张坐标纸上绘制 $\theta=0°$、45°、90°时光敏电阻的伏安特性曲线，并求出三种照度时光敏电阻的阻值。

3. 研究光敏电阻的光电特性

固定电压不变，旋转偏振器的手轮，改变透光强度，记录两偏振片间的夹角和通过光敏电阻的电流。在同一张坐标纸上绘制 $U=1$ V、9 V、19 V 时光敏电阻的光电特性曲线（$I-\cos^2\theta$ 图，$\cos^2\theta$ 可作为光照的相对测量），并对图线进行比较和讨论。

二、选做部分

在光路调整的基础上，将直流电压源断开，旋转偏振器的手轮，改变光照度，记录两偏振片间的夹角，同时用数字万用电表测量光敏电阻的阻值。绘制光敏电阻阻值与光照度的关系曲线，并与伏安特性曲线的测量结果进行比较。

注意事项

（1）轻拿轻放光学元件，不要碰触到透镜及偏振片的膜面。

（2）实验过程中通过数字电流表的电流不要超过 20 mA。

思考题

1. 周围环境的杂散光对测量曲线是否有影响？为什么？

2. 为何要进行共轴调节？不调节对测量结果影响大吗？

3. 光源的发光强度不变，改变光敏电阻与光源间的距离，会得到什么结论？通过实验验证一下。

4.10 光偏振特性的研究

光的偏振是指光的振动方向不变，或电矢量末端在垂直于传播方向的平面上的轨迹呈椭圆或圆的现象。光的偏振这一术语是马吕斯在1809年首先提出的，并在实验室发现了光的偏振现象；麦克斯韦在1865—1873年建立了光的电磁理论，从本质上说明了光的偏振现象。

偏振器件既可以用来使自然光变为平面偏振光——起偏，也可以用来鉴别线偏振光、自然光和部分偏振光——检偏。用作起偏的偏振片叫做起偏器，用作检偏的偏振器件叫做检偏器。实际上，起偏器和检偏器是通用的。目前广泛使用的偏振光的器件是人造偏振片，它利用二向色性获得偏振光（有些各向同性介质，在某种作用下会呈现各向异性，能强烈吸收入射光矢量在某方向上的分量，而通过其垂直分量，从而使入射的自然光变为偏振光，介质的这种性质称为二向色性。）。

偏振光在研究物质的结构和性质方面取得了十分显著的成果。偏振光的应用遍及于工农业、医学、国防等部门。各种利用偏振光的精密仪器，已为科研、工程设计、生产技术的检验等，提供了极有价值的方法。本实验要求学生观察光的偏振现象，掌握产生与检验各种偏振光的方法，熟悉半波片和1/4波片的作用。

实验原理

按照光的电磁理论，光波就是电磁波，电磁波是横波。因为在大多数情况下，电磁辐射同物质相互作用时，起主要作用的是电场，所以常以电矢量作为光波的振动矢量。其振动方向相对于传播方向的一种空间取向称为偏振，光的这种偏振现象是横波的特征。

根据偏振的概念，如果电矢量的振动只限于某一确定方向的光，称为平面偏振光，亦称线偏振光；如果电矢量随时间作有规律的变化，其末端在垂直于传播方向的平面上的轨迹呈椭圆（或圆），这样的光称为椭圆偏振光（或圆偏振光）；若电矢量的取向与大小都随时间作无规则变化，各方向的取向率相同，称为自然光；若电矢量在某一确定的方向上最强，且各方的电振动无固定相位关系，则称为部分偏振光。

光大体上有五种偏振状态，即线偏振光、圆偏振光、椭圆偏振光、自然光和部分偏振光。其中线偏振光和圆偏振光又可看作椭圆偏振光的特例。

一、马吕斯定律

偏振片是利用某些有机化合物晶体的二向色性，将其渗入透明塑料薄膜中，定向拉制而成。它能吸收某一方向振动的光，而透过与此方向垂直振动的光。

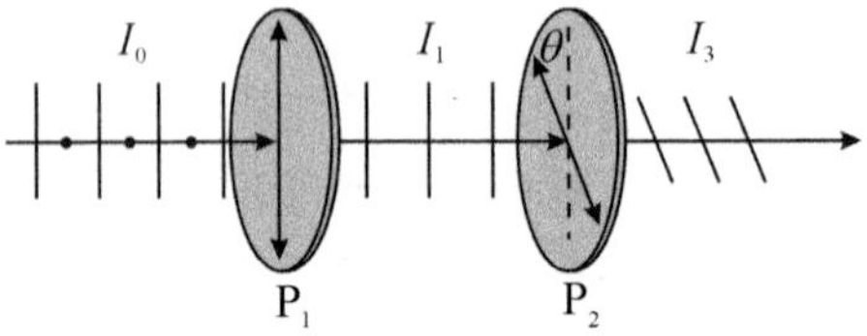

图 1

这种利用二向色性起偏的起偏器可获得光束截面很大的线偏振光，不仅售价低廉，还可以作为光的检偏器。缺点是光能损失较多，且对波长有选择性。

按照马吕斯定律，强度为 I_0 的线偏振光通过检偏器后，透光的强度为：

$$I = I_0 \cos^2\theta \tag{1}$$

式中 θ 为入射偏振光偏振方向与检偏器振轴之间的夹角，显然当以光线传播方向为轴转动检偏器时，透射光强度 I 发生周期性变化。当 $\theta=0°$时，透射光强最大；当 $\theta=90°$时，透射光强为极小值（消光状态）；当$0°<\theta<90°$时，透射光强介于最大和最小值之间。图 1 表示自然光通过起偏器 P_1 与检偏器 P_2 的变化。

二、布儒斯特定律

当光进入不同的介质时，在界面处会产生反射和折射，光线的方向满足反射和折射定律。那么光线的偏振状态会是怎样的呢？

马吕斯发现：当自然光入射到媒质表面时，反射光和折射光都是部分偏振光。偏振的程度与入射角的大小有关。当入射角满足下式时，

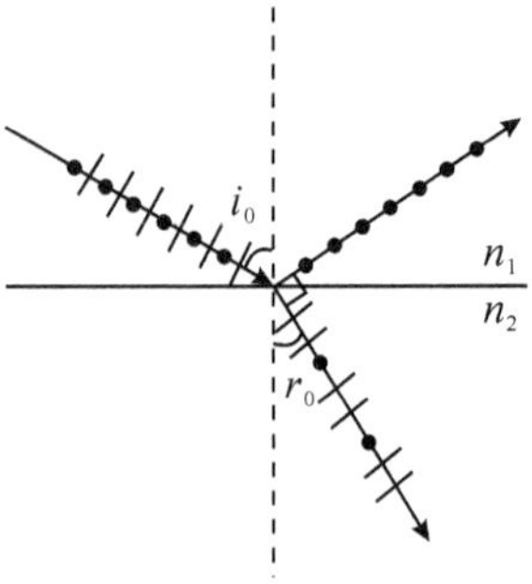

图 2

$$\tan i_0 = n_2/n_1 \tag{2}$$

反射光线成为线偏振光（称为反射起偏法），振动方向与入射面垂直，且反射光线与折射光线垂直。

（2）式称为布儒斯特定律（式中的 n_1、n_2 分别为反射光和折射光所在媒质的折射率），此时的入射角 i_0 称为布儒斯特角或起偏角。

满足布儒斯特角的入射光的折射光为部分偏振光，其中与反射光线偏振状态相同的光较少。若折射光线经过多层平行玻璃片（玻璃片堆）透射出来就成为线偏振光了，其振动垂直于反射光线，这称为透射起偏法。

三、波晶片（波片）

波片是光轴与晶面平行的单轴双折射晶片，又称位相延迟片。当一束自然光通过起偏器后成为线偏振光。线偏振光垂直射入波片，分解为沿同一方向传播的 o 光（光矢量垂直于光轴的寻常光）、e 光（光矢量平行于光轴的非常光）。但 o 光和 e 光的折射率不同，因此会产生光程差：

$$\delta = (n_o - n_e)\ d \tag{3}$$

相应的位相差为：

$$\varphi = \frac{2\pi}{\lambda}(n_o - n_e)\ d \tag{4}$$

上式中，λ 为入射偏振光在真空中的波长，n_o 和 n_e 分别为晶片对 o 光 e 光的折射率，d 为晶片的厚度。

对于某种单色光，若满足 $\delta = \lambda/4$，即 $\varphi = \pi/2$ 的波片，称为此单色光的四分之一波片；若满足 $\delta = \lambda/2$，即 $\varphi = \pi$ 的波片，称为二分之一波片（半波片）；若满足 $\delta = \lambda$，即 $\varphi = 2\pi$ 的波片，称为全波片。

通过波片后 o 光和 e 光的振动互相垂直、频率相同且有固定相位差，它们的简谐振动可用下列方程组表示：

$$X = A_e \sin \omega t$$

$$Y = A_o \sin (\omega t + \varphi)$$

从两式中消去 t，经运算后得到全振动的方程形式为：

$$\frac{X^2}{A_e} + \frac{Y^2}{A_o} + \frac{2XY}{A_e A_o}\cos\varphi = \sin^2\varphi \tag{5}$$

此为椭圆方程，即 o 光和 e 光通过波片后合成为椭圆偏振光。偏振光穿过不同波片后的偏振态以及各种偏振态的检验方法分别见表 1、表 2。

表 1

波片类型	入射光振动方向与波片光轴的夹角 α	出射光的偏振态
全波片	任意	与入射光的偏振态相同
1/2 波片	α	出射线偏振光，其振动方向与入射光的振动方向以光轴对称，两者间的夹角为 2α
1/2 波片 1/4 波片	45°	转过 90°的线偏振光 圆偏振光
1/4 波片	$\alpha \neq 0°$、45°、90°	椭圆偏光，长短轴之比为 $\tan\theta$ 或 $\cot\theta$

表 2　各种偏振态的检验

<table>
<tr><td rowspan="5">第一步：把检偏器对着被检光旋转一周，观察透射光强度</td><td>两明两零（有消光）</td><td colspan="3">线偏振光</td></tr>
<tr><td rowspan="2">光强不变</td><td rowspan="2">第二步：
在检偏器前插入 1/4 波片，再旋转检偏器，观察透射光强度</td><td>两明两零（有消光）</td><td>圆偏振光</td></tr>
<tr><td>光强不变</td><td>自然光</td></tr>
<tr><td rowspan="2">两明两暗（无消光）</td><td rowspan="2">第二步：
在检偏器前插入 1/4 波片，并使其光轴与第一步中强度极小时偏振片的透振方向一致，再旋转检偏器，观察透射光强度</td><td>两明两零（有消光）</td><td>椭圆偏振光</td></tr>
<tr><td>强度有变化，但不消光</td><td>部分偏振光</td></tr>
</table>

四、椭圆偏振光的测量

椭圆偏振光的测量包括长、短轴之比及长、短轴方位的测定。当检偏器方位与椭圆长轴的夹角为 φ 时，则透射光强为：

$$I = A_1^2\cos^2\varphi + A_2^2\sin^2\varphi$$

当 $\varphi = K\pi$ 时，$I = I_{max} = A_1^2$

当 $\varphi = \left(K + \frac{1}{2}\right)\pi$ 时，$I = I_{min} = A_2^2$

则椭圆长短轴之比为

$$\frac{A_1}{A_2} = \sqrt{\frac{I_{max}}{I_{min}}} \tag{6}$$

椭圆长轴的方位即为 I_{max} 的方位。

实验装置

光具座、激光器、钠光灯、光点检流计、偏振片、1/2 波片、1/4 波片、光电池、观测布儒斯特角的装置。

光电池是直接把光信号变成电信号的器件。它是利用各种势垒的光生伏特效应制成。光电池是一种 P－N 结器件，从 P、N 两区接出正负引线，就成一光电池。受光照射时，内部产生光电效应，两电极之间产生电势差。若将电流计与光电池连接，回路中有光电流产生。光电池按用途可分为太阳能光电池和测量光电池。太阳能光电池主要作电源用，要求转换效率高，成本低。测量光电池作光探测器件用，要求具有线性范围宽、灵敏度高、稳定性好、寿命长等特点。光电池因所用材料不同可分为：硅光电池、硒光电池、锗光电池、硫化镉光电池、砷化镓光电池等。硅光电池因其具有一系列优点，应用最为广泛。

实验内容

一、必做部分

1. 自然光与偏振光的鉴别

（1）如图3在光源至光屏的光路上插入起偏器，旋转起偏器，观察光屏上光斑强度的变化情况。

（2）在起偏器后面再插入检偏器，固定起偏器方位，慢慢旋转检偏器，在旋转360°的范围内，观察光屏上光斑强度变化的情况（有几个消光方位）。

（3）以光电池代替光屏接收检偏器出射的光束，旋转检偏器，每转过10°记录一次相应的光电流值，共转180°。

（4）在坐标纸上描绘出 $I-\cos^2\theta$ 关系曲线，验证马吕斯定律。

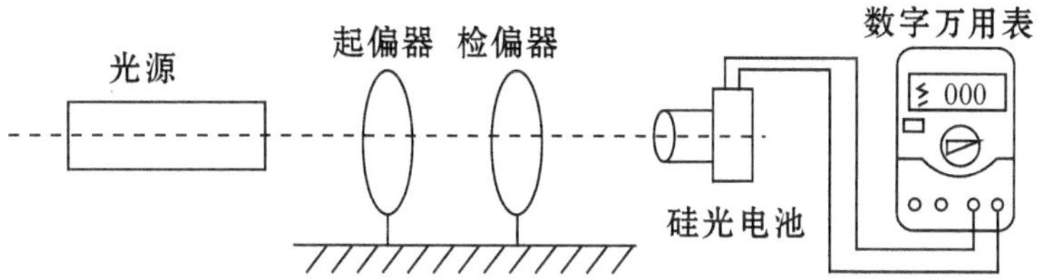

图3　测定马吕斯定律的装置图

2. 观察布儒斯特角及测定玻璃折射率

（1）在起偏器 P_1 后，摆上测布儒斯特角的装置（含玻璃平板），再在 P_1 和装置之间插入一带小孔的光屏。调节玻璃平板，使反射光束与入射光束重合。记下初始角 φ_1。

（2）转动玻璃平板，同时转动起偏器 P_1，使其透光方向在入射面内。反复调节直到反射光消失为止，此时记下玻璃平板的角度 φ_2，重复测量三次，求平均值。计算布儒斯特角 $\varphi_0=\varphi_2-\varphi_1$，并由公式（2）求出平板玻璃的相对折射率 n。

（3）把玻璃平板固定在布儒斯特角的位置上，去掉起偏器 P_1，在反射光束中插入检偏器 P_2，转 P_2 观察反射光的偏振状态，记录并解释现象。

3. 观察平面偏振光通过1/2波片时的现象

(1) 打开光源，在光具座上依次放置起偏器、检偏器，使起偏器 P_1 和检偏器 P_2 的振动面垂直，此时应观察到消光现象。

(2) 在 P_1 和 P_2 之间插入1/2波片，使其转动360°，能看到几次消光？解释这种现象。将1/2波片停留在消光状态。

(3) 将1/2波片转任意角度，这时消光现象被破坏。把 P_2 转动360°，观察到什么现象？由此说明通过1/2波片后光的偏振状态。

(4) 仍使 P_1 和 P_2 处于正交，插入1/2波片，使消光，再将波片转15°，破坏其消光。转动 P_2 至消光位置，并记录 P_2 所转动的角度。

(5) 再依次将波片转30°、45°、60°、75°、90°，记录 P_2 达到消光所转总角度。

从上面实验结果得出什么规律？怎样解释这一规律？

参考表格

半波片转动角度	15°	30°	45°	60°	75°	90°
检偏器转动角度						

4. 观察椭圆偏振光和圆偏振光

(1) 先使起偏器 P_1 和检偏器 P_2 的偏振轴垂直（即检偏器 P_2 后的光屏上处于消光状态），在起偏器 P_1 和检偏器 P_2 之间插入1/4波片，转动波片使 P_2 后的光屏上仍处于消光状态，此时波片的光轴与起偏器 P_1 同向。用硅光电池取代光屏。

(2) 固定1/4波片不动，将起偏器 P_1 转过15°角，调节硅光电池，使透过 P_2 的光全部进入硅光电池的接收孔内。转动检偏器 P_2 一周，找出电流最大及最小的位置，并记下光电流的数值。重复测量三次，求平均值。

(3) 转动 P_1，使其转过的角度依次为30°、45°、60°、75°、90°值。在取上述每一个角度时，都将检偏器 P_2 转动一周，观察并记录从 P_2 透出的光的强度变化，并说明光的偏振状态。

(4) 由公式（6）计算15°时椭圆偏振光的长、短轴之比，并以理论值为准求出相对误差。

二、选做部分

借助于钠光灯将三块外形相同的偏振器件［偏振片、1/2波片、1/4波片（对钠光而言）］区别开来，并总结偏振光的鉴别方法。

注意事项

（1）激光不能直接用眼睛观察，只能在屏上或用光电探测器接收。

（2）观察前应调节整个光学系统，使之共轴，并尽量满足使激光垂直入射到各光学元件上的要求；测量时设法去掉杂散光的影响。

（3）各光学部件需轻拿轻放，拿出后要放在指定的箱盒，不能用手触摸光学表面。

思考题

1. 实验中观察到的光经过偏振片或波片的现象与理论分析有一定的误差，试分析原因。

2. 通过起偏和检偏的观测，怎样鉴别自然光和偏振光？

3. 玻璃平板在布儒斯特角的位置上时，反射光束是什么偏振光？它的振动是平行于入射面还是垂直于入射面？

4. 当 $\lambda/4$ 波片与 P_1 的夹角为何值时产生圆偏振光？为什么？

5. 为什么自然光通过任何波片后，出射光总是自然光？

4.11 阿贝成像原理和空间滤波

1873 年，德国人阿贝（E. Abbe，1840—1905）在蔡司光学器械公司研究如何提高显微镜的分辨本领问题时，首次提出了在相干光照明下显微镜两次成像的概念。他的发现不仅从波动光学的角度解释了显微镜的成像机理，明确了限制显微镜分辨本领的根本原因，而且频谱概念的引入，启发人们用改造频谱的手段来改造信息，促进了现代光学在应用方面的飞速发展。

本实验通过观察透镜成像的两步过程，理解阿贝成像原理，理解成像过程中的“分频”和“合成”作用；通过观察各种滤波器产生的滤波效果，了解空间滤波技术在光信息处理中的应用，加深对光学信息处理实质的认识。

实验原理

一、阿贝成像原理

阿贝成像原理是建立在傅里叶光学基础上的信息光学理论，它揭示了物体成像过程中频谱的分解与综合。阿贝认为，物是一系列不同空间频率信息的集合，在相干光照明下，显微镜成像的过程分为两步：

(1) 入射光经物平面（x，y）发生夫琅和费衍射，在透镜（物镜）的后焦平面（又称为傅氏面或变换面）上形成一系列衍射斑（初级衍射图或称傅里叶频谱图）；

(2) 各衍射斑发出的球面次波在像平面（x'，y'）上相干叠加，形成目镜焦面上的像（次级衍射图）。

可以说，第一步是信息分解，衍射起“分频”作用；第二步是信息合成，干涉起“合成”作用。这种理论称为阿贝成像原理。

阿贝的两次衍射成像，实质上是两次傅立叶变换。第一次衍射将光场的空间分布变换成空间频谱，第二次又经一次变换将空间频谱还原为像场的空间分布。结果是物平面和像平面上共轭点的振幅之比是常数，亦即像平面光振动的振幅与位相分布和物平面上的分布完全相对应，因而像与物在几何上一致，只不过放大或缩小了。

实际上由于透镜的孔径有限，总有一部分衍射角度大的高次成分（高频信息）不能进入到物镜而被丢弃，所以在两次傅立叶变换中会有信息损失，像和物不可能完全一样。高频信息主要反映物的细节，如果高频信息受到了孔径的阻挡而不能到达像平面，则无论显微镜有多大的放大倍数，也不可能在像平面上分辨这些细节，这就是显微镜分辨率受到限制的根本原因。当物的结构非常精细（如很密的光栅），或物镜孔径非常小时，有可能只有0级衍射（空间频率为0）能通过。这时在像平面上虽有光照，但完全不能形成图像。

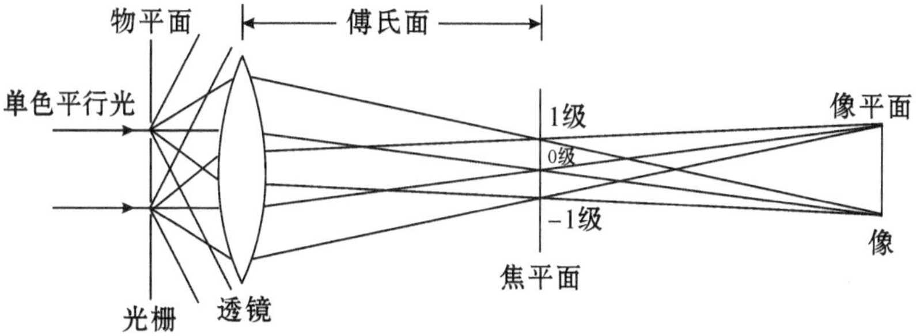

图1

图1显示了阿贝成像的两个步骤。假设物是一维光栅，单色平行光照射在光栅上，经衍射分解成为不同方向的很多平行光（每一束平行光相应于一定的空间频率），经过物镜分别聚焦在后焦面上形成点阵。这一点阵就是光栅的夫琅和费衍射图，光轴上的点是0级衍射图样，其他依次为±1，±2，…级衍射图样。衍射角越大，衍射级次越高，空间频率也越高，也越能反映物的更精细的结构。这些代表不同空间频率的光束即傅里叶频谱分量的再组合，就在像平面上得到了光栅的次级像。

二、空间滤波

通过上面的讨论，我们可以知道阿贝成像原理的真正价值在于提供了一种新的频谱语言来描述信息，这就启发人们用改变频谱的手段来改造信息。在频谱面上所作的图像处理称为空间滤波。显然，空间滤波的目的是通过有意识的改变像的频谱，使像产生所希望的变换。

在后焦面上人为地插上一些特殊形状的滤波器（吸收板或移相板），使一个或几个频率分量能通过，而挡住其他的频率分量，就可以根据需要改变像平面上的频谱。显微镜中物镜的有限孔径挡住了高频信息，只使低频信息通过，实际上就起了高频滤波的作用。

滤波器的种类很多，有振幅型（仅改变各频谱成分的相对振幅分布，而不改变其位相分布）、位相型（只改变空间频谱的位相，不改变它的振幅分布）、复数型（对各种频率成分的振幅和位相都同时起调制作用）等。其中最简单的振幅滤波器就是一些特殊形状的光阑，如图2所示。将它们置于傅氏面上就可以达到“选频”的目的。

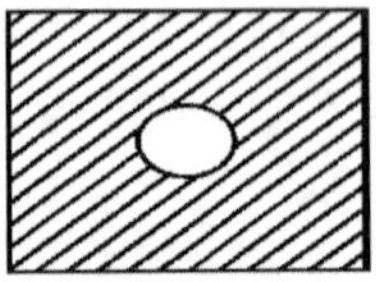

（a）低通滤波器（低频通过）

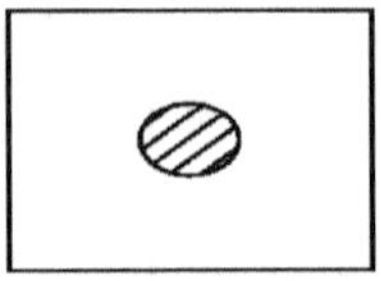

（b）高通滤波器（高频通过）

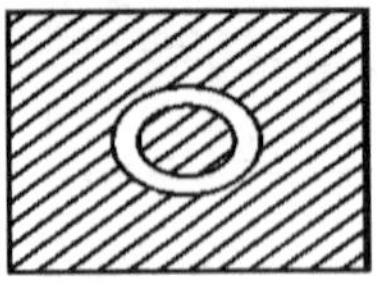

（c）选择滤波器（特定频率通过）

（d）方向滤波器（给一定方向上的频率通过）

图2　常用的振幅滤波器

实验装置

导轨及光具座、氦氖激光器、白光光源、透镜、光栅片、各种衍射屏和滤波器。

实验内容

一、必做部分

1. 一维光栅的空间频谱及光栅像的观测

（1）光路调整。以一个30～50条/毫米的一维光栅作物放在光具座上，用He－Ne激光器的细锐光束垂直照射光栅。用一短焦距的薄透镜组装一个放大的成像系统。调节透镜位置，使光栅狭缝清晰地成像在4米以外的白屏上，其光路如图3所示。调节透镜，使屏上的条纹清晰。

（2）空间频率的测量。屏上的条纹清晰时，物（光栅）的位置接近透镜的前焦面，透镜的后焦面（傅氏面）上的光强分布即为空间频谱。将一块毛玻璃屏放在透镜的后焦面上，就可以看到与条纹方向垂直排列的清晰光点，这些点相应光栅的0，±1，±2，…级的衍射极大值。

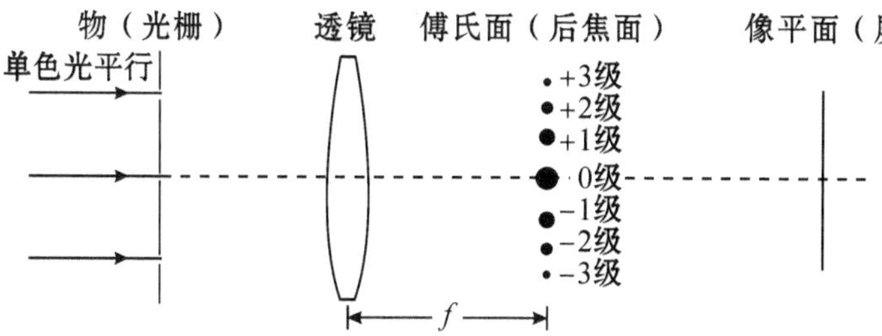

图 3 实验光路图

用尺测出各级衍射点与零级的距离 x 和透镜的焦距 f，根据公式 $v=\dfrac{x}{\lambda f}$ 求出这些光点相应的空间频率，并和光栅的实际空间频率进行比较（光栅常数为 d，空间频率 $v_0=1/d$），求出它们之间的关系。

（3）观察并讨论滤波器对光栅像的影响。在后焦面上放置光阑（光阑要求见下表），观察屏上一维光栅像的变化，记录 10 条条纹的距离，定性解释所观察到的现象。

光阑要求	现象	条纹距离	说明变化的原因
只有 0 级通过			
通过 0 和 ±1 级			
继续开大光阑，与前比较			
挡住 ±1 级			

2. 正交光栅的空间频谱及方向滤波的观测

保留实验 1 的光路，用一个正交光栅代替光路中的一维光栅作物。调节光栅，使条纹像分别处于竖直和水平的位置。这时在透镜的后焦面上可以观察到二维的分立光点阵（如图 4 所示，即正交光栅的频谱），而像平面上则看到正交光栅的放大像。

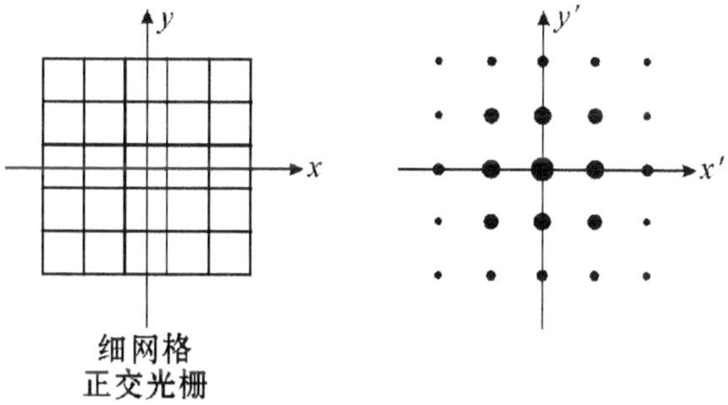

图 4 正交光栅在后焦面上的光谱图

在后焦面上放置狭缝，（狭缝要求见下表），观察屏上正交光栅像的变化，记录10条条纹距离，定性解释所观察到的现象。

狭缝要求	现象	条纹距离	说明变化的原因
仅使中间轴上的光点通过			
仅使中间一列垂直（或水平）的光点通过			
狭缝转过45°			
挡住中央0级			

3. 空间高频滤波的观测

由无线电传真得到的照片是由许多有规律排列的像元素组成，如果用放大镜仔细观察就可看到这些像元的结构，能否去掉这些分立像元而获得原来的图像呢？由于像元比图像要小得多，它具有更高的空间频率，因而这就成为一个高频滤波的问题。下面的实验讨论的就是这种空间滤波的可能性。

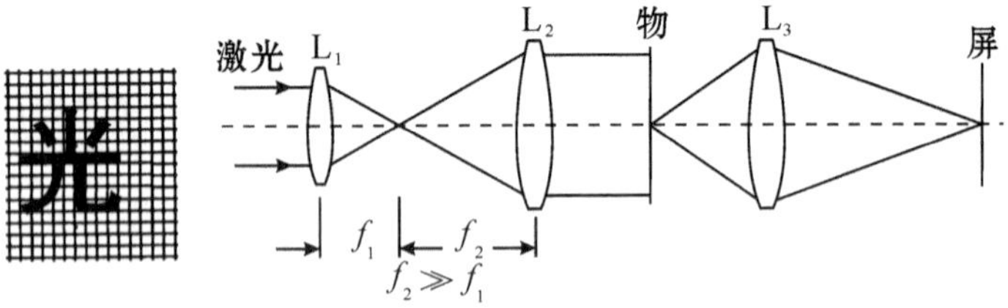

图5

1. 调整光路

将白屏置于导轨的一端，打开激光电源，调整激光器，使激光束近似平行于导轨。紧靠激光器放置聚光镜 L_1，按图5所示放置凸透镜 L_2。改变凸透镜与聚光镜之间的距离，观察凸透镜后的光斑情况，找到凸透镜成大光斑且出射平行光的位置后，将凸透镜锁定。

2. 观察“光”字的空间频谱

紧靠凸透镜放置“光”字屏，并使激光光斑照亮整个“光”字。在“光”字屏后约200 mm处放置傅立叶透镜 L_3。前后移动傅立叶透镜，使白屏上成一个较大的“光”字，其上有较清晰的网格（即正交光栅的像）。将白屏置于傅立叶透镜的后焦面（即频谱面）上，可观察到“光”字的空间频谱分布。

3. 观察并讨论空间滤波现象

(1) 用空间滤波器换下白屏，分别选择空间滤波器上的水平狭缝、垂直狭缝、45°狭缝对空间频谱进行滤波，观察、记录并解释像的变化情况。

（2）将一可变圆孔光阑放在傅立叶透镜的后焦面上，逐步缩小光阑孔径，直到除了光轴上一个光点以外其他分立光点均被挡住，此时像上不再有网格，但是“光”字的字迹被保留下来。试用空间滤波的概念解释此现象。

二、选做部分

θ 调制实验

θ 调制是以不同取向的光栅对物平面上的不同部位进行调制（编码），经空间滤波后，像面上各相应部位呈现不同的灰度（用单色光照明）或色彩（用白光照明）。θ 调制的图像是用全息照相方法在感光片上形成的图像，上面有几个不同取向的光栅。图 6（a）为物光栅，房子、草地、天空分别由三个不同取向的光栅组成，相邻两个光栅的取向差 60°。

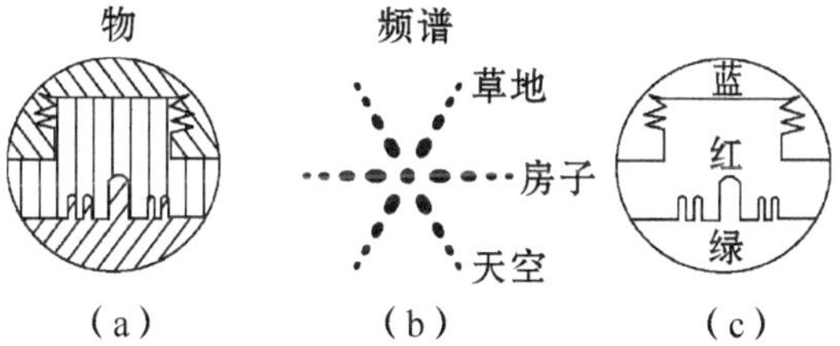

图 6

图 7 为 θ 调制空间滤波实验的光路图。以白炽灯为光源，灯前放小孔，将物光栅放在聚光透镜 L_1 后面，投影透镜 L_2 放在接近于傅氏面的位置，L_2 将物成像在毛玻璃屏上。将纸屏放在物光栅后面，紧靠透镜 L_2，其上可见到光栅的衍射图，如图 6（b）所示。三行不同取向的衍射光斑对应于不同取向的光栅，图中的衍射极次除 0 级以外均有色散。

用大头针在纸屏相应于草地、房子、天空的部位扎一些小孔，分别只让绿光、红光和蓝光透过，就能在毛玻璃屏上得到预期的彩色图像（绿色的草地、红色的房子和蓝色的天空）。

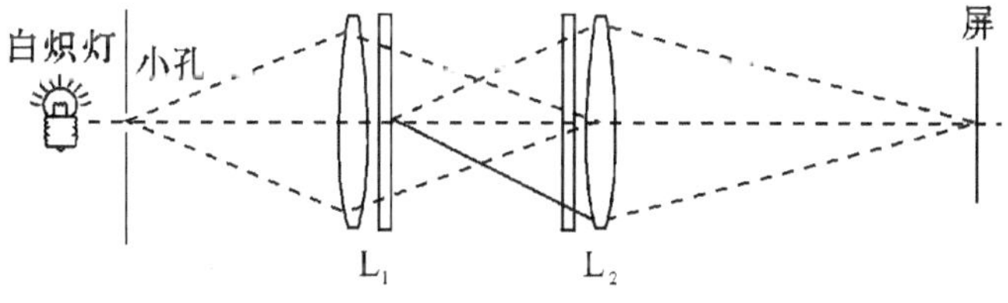

图 7

注意事项

（1）元件的取放要小心，不要用手去摸透镜、光栅片等光学元件。元件用完后要按顺序置于元件箱内。

（2）测量前要按要求进行共轴、等高及元件与光路的垂直度等调节，调整好的透镜、光栅片等元件应锁定。

（3）寻找平行光束、傅氏面位置、清晰网格时要细心、耐心。

思考题

1. 用细激光束直接照射一块一维光栅，在远处屏幕上可看到其频谱，当光栅在自身所在平面内平移或转动时，频谱图样将会有什么变化？

2. 在正交光栅实验中，使光栅成一个与光栅同样大小的实像，试求出用实验中的各方向滤波器滤波时像的空间周期及空间频率（设正交光栅的空间周期为 d）。

3. 设有一张带有圆形棋子的棋盘底片，现要求去掉棋盘的网格面保留棋子，如何设计此实验？

4.12 光电效应实验

一定频率的光照射在金属表面时，会有电子从金属表面逸出，这种现象称为光电效应。1887 年，赫兹（Heinrich Rudolf Hertz）用实验验证电磁波的存在时，首先发现了光电效应现象。随后，人们在实验研究中总结出了光电效应的基本规律，但用经典电磁理论却无法加以解释。

1905 年，爱因斯坦（Albert Einstein）把普朗克（MaxKarl Ernst Ludwig Planck）在进行黑体辐射研究中提出的辐射能量不连续观点应用于光辐射，提出了“光量子”假说，建立了爱因斯坦光电方程，成功地解释了光电效应的各项基本规律。但由于经典电磁理论的束缚和“光量子”假说尚未得到全面验证，爱因斯坦的光电方程和光量子假说并没立即得到人们的承认。

密立根（Robert Andrews Millikan）于 1916 年发表的通过光电效应精确测出了普朗克常数的实验结果，全面地证实了爱因斯坦光量子理论对光电效应的分析。此后，许多物理学家的实验结果都与爱因斯坦的理论严格相符。爱因斯坦和密立根由于在光电效应等方面的杰出贡献，分别于 1921 年和 1923 年获得诺贝尔物理学奖。

光电效应实验使人们对光的波粒二象性的本质有了更深的认识。对光电效应现象的研究，促进了光的量子理论的建立和近代物理学的发展。今天，利用光电效应制成的光电池、光电管、光电倍增管等各种光电器件，已被广泛应用于工农业生产、国防和科研等各个领域。

本实验将通过测量光电管的伏安特性和不同频率下的截止电压，并求出普朗克常数，来加深对光电效应的理解。

一 实验原理

光电效应的实验原理如图 1 所示。用强度为 P 的单色光照射到光电管阴极 K 时，阴极释放出的光电子在电场的加速作用下向阳极板 A 迁移，在回路中形成光电流。用实验得到的光电效应的基本规律如下：

（1）光强 P 一定时，改变光电管两端的电压 U_{AK}，测量出光电流 I 的大小，即可得出光电管的伏安特性曲线。随 U_{AK} 的增大，I 迅速增加，然后趋于饱和，饱和光电流 I_m 的大小与入射光的强度 P 成正比。

（2）当光电管两端加上反向电压时，光电流将逐步减小。当光电流减小到零时，所对应的反向电压值，被称为截止电压 U_0（图 2）。这表明此时具有最大动能的光电子刚好被反向电场所阻挡，于是有

$$\frac{1}{2}mV_0^2 = eU_0 \tag{1}$$

式中 m、V_0、e 分别为电子的质量、速度和电荷量。不同频率的光，其截止电压的值不同（图 3）。

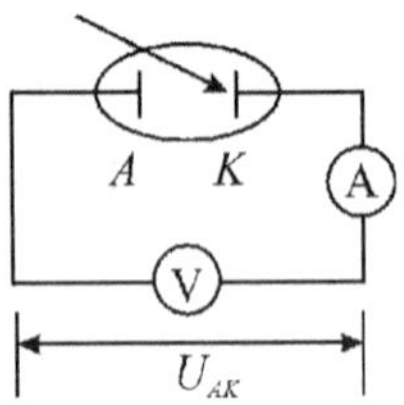

图 1　实验原理图

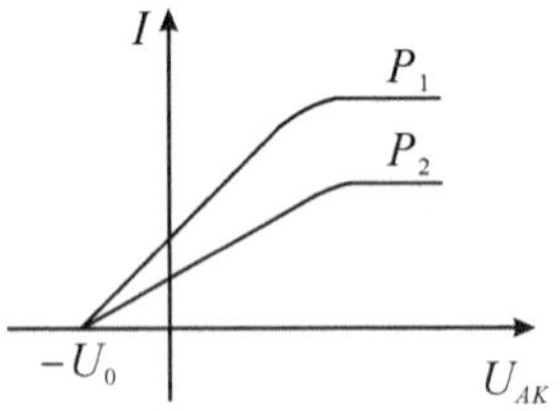

图 2　光电管同一频率不同光强的伏安特性曲线

（3）改变入射光频率 ν 时，截止电压 U_0 随之改变，U_0 与 ν 成线性关系（图 4）。实验表明，当入射光频率低于其截至频率 ν_0 时，不论光的强度如何，照射时间多长，都没有光电流产生。

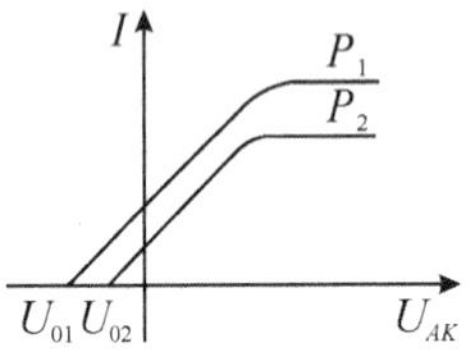

图 3　光电管不同频率的伏安特性曲线

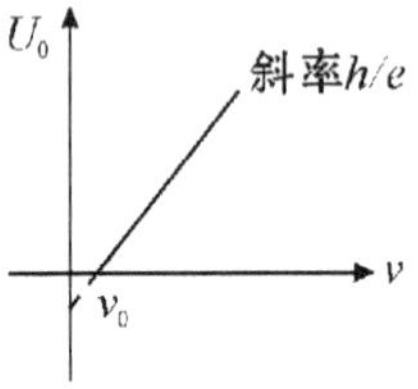

图 4　截止电压 U_0 与频率 ν 的关系

（4）光电效应是瞬时效应。即使入射光的强度非常微弱，只要频率大于 ν_0，在开始照射后立即有光电子产生，延迟时间最多不超过 10^{-9} s。

经典电磁理论认为，电子从波阵面上获得能量，能量的大小应与光的强度有关。因此对于任何频率，只要有足够的光强度和足够的照射时间，就会发生光电效应，而上述实验事实与此直接矛盾。显然经典电磁理论无法解释在光电效应中所显示出的光的量子性质。

按照爱因斯坦的光量子理论，光能是集中在被称之为光子的微粒上，但这种微粒仍然保持着频率（或波长）的概念，频率为 ν 的光子具有的能量

$E=h\nu$，h 为普朗克常数①。当频率为 ν 的光照射金属时，是以光粒子的形式打在它的表面上。一个光子与金属中的一个电子碰撞，把全部能量 $h\nu$ 传递给电子。金属中的电子获得的能量一部分用来克服金属表面对它的束缚，另一部分就成为逸出金属表面后光电子的动能。根据能量守恒定律，爱因斯坦提出了著名的光电效应方程：

$$h\nu=\frac{1}{2}mV_0^2+A \tag{2}$$

式中，A 为金属的逸出功，$\frac{1}{2}mV_0^2$ 为光电子获得的初始动能。

由方程可见，入射到金属表面的光频率越高，逸出的电子动能越大。光电子的初动能与入射光频率成线性关系。光子的能量 $h\nu_0<A$ 时，电子不能脱离金属，因而没有光电子产生。即产生光电效应有一个最低频率（截止频率）ν_0，$\nu_0=A/h$。

将（2）式代入（1）式中可得：

$$eU_0=h\nu-A \tag{3}$$

$$U_0=\frac{h}{e}\ (\nu-\nu_0)$$

此式表明截止电压 U_0 是频率 ν 的线性函数。只要用实验方法得出不同频率光的截止电压，在直角坐标中作 $U_0-\nu$ 关系曲线，若它是一条直线，则其斜率 $k=\Delta U_0/\Delta\nu=h/e$。由此可求出普朗克常数 h。另外，找出 $U_0-\nu$ 曲线与横轴 ν 的交点，亦可从图中测得该光电管阴极材料的截止频率 ν_0。

理论上，测出各频率的光照射下阴极电流为零时对应的 U_{AK}，其绝对值即为该频率的截止电压（零电流法），然而实际上由于光电管的阳极反向电流②、暗电流③、本底电流④的影响，实测电流并非阴极电流，实测电流为零时对应的也并非截止电压。

若在调节电压 U_{AK} 使电流为零后，保持 U_{AK} 不变，遮挡汞灯光源，此时测得的电流 I_1 为电压接近截止电压时的暗电流和本底电流。重新让汞灯照射光

① 普朗克常数（Planck constant）是20世纪初普朗克在研究黑体辐射时引入的，它是体现量子规律性的一个标志性常量，是自然界中的很重要的普适常数。

② 反向电流：阳极的光电子发射。阳极在制作过程中沾上少许阴极材料，入射光照射阳极或入射光从阴极反射到阳极之后都会造成阳极光电子发射。

③ 暗电流：无光照时，阴极本身的热电子发射。

④ 本底电流：外界各种漫反射光照射所致。

电管，调节电压 U_{AK} 使电流值至 I_1，将此时对应的电压 U_{AK} 的绝对值作为截止电压 U_0。此法可补偿暗电流和本底电流对测量结果的影响，故称之为补偿法。

由于本实验仪器的电流放大器灵敏度高、稳定性好，光电管阳极反向电流、暗电流也较低。在测量各谱线的截止电压 U_0 时，可采用“零电流法”。

实验装置

ZKY－GD－4 智能光电效应（普朗克常数）实验仪，仪器由光电检测装置（含光电管暗箱，高压汞灯灯箱，高压汞灯电源和实验基准平台）及实验主机—光电效应实验仪（含微电流放大器、扫描电压源发生器两部分）构成。仪器结构如图 5 所示。

主要技术参数：见实验室仪器说明书。

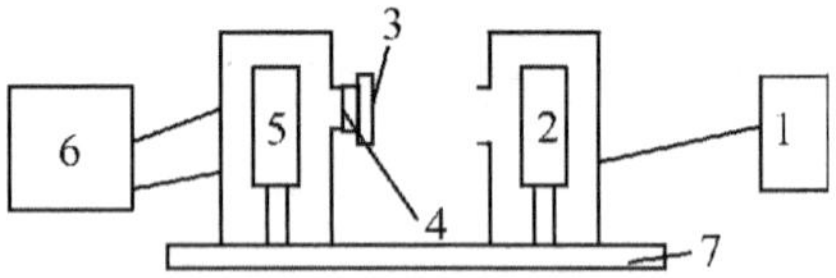

1. 汞灯电源　2. 汞灯　3. 滤光片　4. 光阑　5. 光电管　6. 光电效应测试仪　7. 基座

图 5　仪器结构图

实验内容

一、必做部分

（1）选择手动模式测量截止电压。用“零电流法”和补偿法，分别测量五种波长的光对应的截止电压 U_0。

数据记录参考表　　　　**光阑 Φ =____mm**

λ（nm）	365	405	436	546	577
ν（$\times 10^{-14}$ Hz） U_0（V）	8.22	7.41	6.88	5.49	5.20
零电流法					
补偿法					

（2）选择自动模式测定伏安特性。自拟数据记录表格，测定光电管同一波长不同光强的伏安特性曲线，验证饱和光电流 I_m 的大小与入射光的强度 P 成正比。

（3）用图示法和最小二乘法分别求出 $U_0-\nu$ 直线的斜率 k 后，算出普朗克常数，并与公认值 h_0 比较，求出相对误差。比较图示法和最小二乘法的差异，分析入射光频率与光电管截止频率间的关系。

提示：①根据线性回归理论，$U_0-\nu$ 直线的斜率 k 的最佳拟合值为：

$$k=\frac{\overline{\nu\cdot U_0}-\bar{\nu}\cdot\overline{U_0}}{\overline{\nu^2}-\bar{\nu}^2}$$

其中：$\overline{\nu\cdot U_0}=\frac{1}{n}\sum_{i=1}^{n}(v_i\cdot U_{0i})$ 表示频率 ν 与截止电压 U_0 的乘积的平均值。

②电子电量和普朗克常数的公认值分别为：

$e=1.603\times10^{-19}$ C　　$h_0=6.626\times10^{-34}$ J·S

(4) 做出光电管同一波长不同光强的伏安特性曲线（不同光强的伏安特性曲线画在同一坐标系内），分析光电管的饱和光电流与入射光强的关系。

二、选做部分

(1) 自选测量方式、自拟数据记录表格，测量光电管不同波长同一光强的伏安特性曲线。

(2) 改变光源到光电管间的距离，重复测量1的内容后，比较测量结果。

注意事项

(1) 测试前认真阅读说明书。

(2) 测试仪及汞灯电源接通前，将汞灯及光电管暗箱遮光盖盖上。

(3) 每次实验仪开机或改变电流量程后都要调零。

(4) "电流量程"选择：测定伏安特性时用 10^{-10} A，测定截止电压时用 10^{-13} A。

(5) 安装、更换光阑或滤光片时，要将汞灯的遮光盖盖好，以免强光直射光电管阴极，缩短光电管寿命。

思考题

1. 实验过程中为什么要固定光源与光电管之间的距离？

2. 什么是金属材料的逸出功？如果一种物质的逸出功为2.0电子伏特，那么它做成光电管阴极时其截止频率是多少？为什么随着电压的增大，光电流会达到某个饱和值？

4.13 核磁共振

在强磁场的作用下，光谱的谱线会发生分裂（即原子的能级在磁场中分裂），这一现象被称为“塞曼效应”。当入射电磁波的频率所对应的能量与由于磁场引起塞曼分裂的能级差相同时，原子体系的吸收最大，这种现象称为“磁共振”。当入射电磁波的频率所对应的能量与核能级的塞曼分裂的能级差相同时，该原子核系统对这种电磁波的吸收最大，这种现象称为“核磁共振”。

美国物理学家拉比（I. I. Rabi）因观察到核磁共振现象，并用于测量核磁矩而获得1944年诺贝尔物理学奖。1946年以美国物理学家珀塞尔（Purcell）和布洛赫（Bloch）为首的两个小组几乎同时采用不同方法（吸收法、感应法）、各自独立地在水和石蜡样品中发现了物质的核磁共振现象，提出了精确测量核磁矩的新方法。为此，他们分享了1952年的诺贝尔物理学奖。

核磁共振方法是测量原子的核磁矩和研究核结构的直接而又准确的方法，同时，也是测磁场的最准确的方法之一。应用核磁共振技术不仅能够研究物质微观结构获得核运动状况的知识，还可以得到核所在环境的相关信息。1977年研制成功的人体核磁共振断层扫描仪（NMR－CT）因能获得人体软组织的清晰图像而成功用于许多疑难病症的临床诊断。目前核磁共振已成为物理、化学、生物学研究中确定物质分子结构、组成和性质的一项重要的实验方法，成为医学临床诊断、遗传学、计量科学、石油分析与勘探等许多应用学科的重要研究工具。

本实验采用计算机模拟的方法观察氢核（^1H）和氟核（^{19}F）的核磁共振现象，并测量磁场和氟核的朗德因子 g，从而加深对核自旋和核磁共振现象的认识。

实验原理

核磁共振（nuclear magnetic resonance，NMR）是指自旋磁矩不为零的原子核，在外磁场中，其核能级将发生分裂。若再有一定频率的电磁波作用于它，分裂后的核能级之间将发生共振跃迁的现象。

原子核基态的重要特性表明原子核不是一个质点而有电荷分布，还有自旋角动量和磁矩，据此才会发生核磁共振现象。

一、相关概念

（1）核自旋角动量：原子核和电子一样自旋，其自旋角动量的大小为：

$$p = \sqrt{I\ (I+1)}\ \hbar$$

式中 $\hbar = h/2\pi$。$h = 6.626 \times 10^{-34}$ J · S。I 为核自旋量子数，只与核的种类有关（取整数或半整数），本实验涉及的氢核（^{1}H，质子）和氟核^{19}F 的自旋量子数 I 为 1/2。

原子核的自旋角动量在空间某一方向，例如 z 方向的分量也不能连续变化，只能取离散的数值：

$$p_z = m\hbar$$

式中 m 称为核自旋磁量子数，只能取 I，$I-1$，…，$-I+1$，$-I$ 共（$2I+1$）个数值。

（2）核磁矩：因核内存在电荷分布，具有自旋角动量 p 的原子核，还具有与之相联系的核自旋磁矩 μ，其大小为：

$$\mu = g\frac{e}{2M}p$$

式中 e 为质子的电荷；M 为质子的质量；g 称为原子核的朗德因子。

g 由原子核结构决定，对不同种类的原子核，g 的数值不同（可能是正数，也可能是负数）。因此，核磁矩的方向可能与核自旋角动量方向相同，也可能相反。

由于核自旋角动量在任意给定的 z 方向只能取（$2I+1$）个离散的数值，因此核磁矩在 z 方向也只能取（$2I+1$）个离散的数值：

$$\mu_z = g\frac{e}{2M}p_z = gm\frac{e\hbar}{2M}$$

式中$\frac{e\hbar}{2M} = \mu_N = 3.15 \times 10^{-14}$ Mev · T^{-1}，称为核磁子。

原子核的磁矩通常用核磁子作为单位，故

$$\mu_z = gm\mu_N$$

核磁矩的大小为：

$$\mu = \sqrt{I\ (I+1)}\ \mu_N$$

(3) 核的旋磁比：原子核的磁矩与自旋角动量之比，称为核的旋磁比。其大小和符号决定于核的内部结构和特性。

$$\gamma = \frac{\mu}{p} = g\frac{e}{2M}\ (\text{或}\ \gamma = \frac{\mu_z}{p_z})$$

氢核（^1H）的旋磁比 $\gamma = 2.675 \times 10^8 S^{-1} \cdot T^{-1}$

二、实现核磁共振的条件

核磁共振是原子核在外磁场 B_0 和与之垂直的射频磁场 B_1 同时作用下，且满足一定条件时所发生的共振。这个条件就是

$$\Delta E = h\nu_1 = \gamma\hbar B_0$$

即射频场的频率满足的共振条件是：

$$\nu_1 = \frac{\gamma}{2\pi}B_0$$

如果用角频率 $\omega = 2\pi\nu$ 表示，共振条件可写成

$$\omega_1 = \gamma B_0 = \omega_0$$

ω_0 为共振频率，其大小决定于核的旋磁比 γ 和外磁场 B_0 的强弱。

若已知原子核的 γ，测出共振时相对应的射频场频率 ν_1，就可求出待测磁场

$$B_0 = \frac{2\pi}{\gamma}\nu$$

反之，若 B_0 已知，通过测量未知原子核的共振频率，便可求出待测原子核的 γ 值和 g 因子

$$\gamma = 2\pi\frac{\nu}{B_0}$$

$$g = \frac{h}{\mu_N}\frac{\nu}{B_0}$$

以氢核为例：

因其核自旋磁量子数 $m = \pm 1/2$，若原子核处在外磁场 B_0 中，原有的核能级 E 就分裂为两个子能级 E_- 和 E_+，两个子能级间的能量间隔为 $\Delta E = \gamma\hbar B_0$。磁场越大，能级差越大。如果在垂直于 B_0 的方向同时再加一交变射频磁场 B_1，即 $B_1(t) = B_1\cos\omega_1 t$，并且其量子能量 $\hbar\omega_1$ 刚好等于原子核两相邻子能级

的能级差 ΔE，根据量子力学的选择定则，处于低子能级上的原子核就将吸收交变磁场的能量，跃迁到高子能级，即发生核磁共振。已知氢核 γ 的值，测出射频场的频率 ν_1 值，就可求出待测磁场 B_0。

三、观测核磁共振信号的方法

研究核磁共振有两种方法。用连续的射频场 B_1 作用到核系统上，观察核对频率的响应信号，称为连续波法或称稳态方法。用射频脉冲作用在核系统上，观察到核对时间的响应信号，称为脉冲方法。脉冲法有较高的灵敏度，测量速度快，但需要进行快速傅里叶变换，技术要求高。

响应信号分为色散信号和吸收信号，吸收信号比较容易分析理解。对信号的检测又可分为感应法、平衡法和吸收法。当共振时，测量核磁矩吸收射频能量而在附近线圈中感应到信号，则为感应法；测量由于共振使电桥失去平衡而输出的电压即为平衡法；直接测量由于共振使射频振荡线圈中负载发生变化的为吸收法。本实验用连续吸收法通过示波器来观察核磁共振现象。

为了用示波器观测核磁共振的吸收信号，就必须对共振条件中的量进行扫描，使核磁共振信号交替出现。这里有两种完全等效的方法，一种是扫频法，即保持外磁场 B_0 不变，连续改变交变射频场的频率 ω_1，从而使共振条件得到满足；另一种是扫场法，即固定交变射频场的频率 ω_1，连续改变外磁场的大小，使共振条件得到满足。扫描时，若示波器仍使用内部的锯齿波扫描信号，称内扫法（等间距法）。此时调节射频频率或外磁场，可观察到等间距的共振信号。若示波器与调制场进行同步扫描，称外扫法（对称法）。此时调节射频频率或外磁场，可观察到对称的共振信号。

实验时，样品放在边限振荡器的探测线圈中（见实验装置图）。探测线圈既向样品提供交变射频磁场 B_1（其方向与待测磁场方向相互垂直），又能探测样品对交变场的能量吸收。

在共振状态附近，由于样品吸收交变场的能量发生核磁共振，样品的磁化率分量的大小发生了变化，这就使探测线圈的电感 L 也跟着发生变化，从而使探测线圈的品质因数 Q 值（取决于电路参数 R、L、C 的大小）有所改变，结果导致边限振荡器的输出幅度发生变化。通过探测电路将此变化在示波器上显示出来，就可观测到核磁共振的吸收信号。

实验装置

实验的装置由永磁铁、边限振荡器、探头及样品、频率计、示波器等组成

(见图1)。

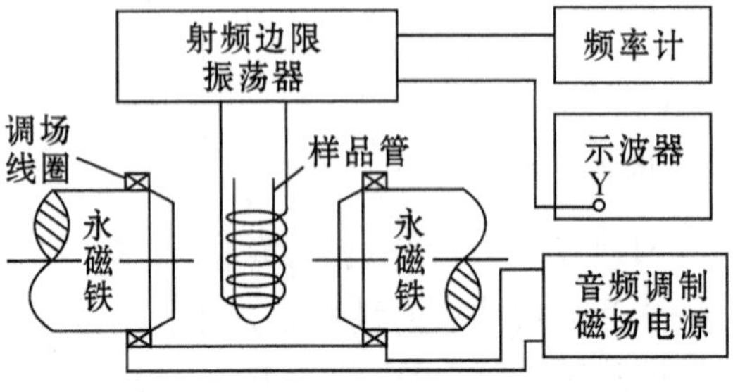

图1　核磁共振实验装置原理图

永磁铁由磁头及主线圈和扫场线圈组成，主线圈通以稳恒电流产生 B_0，改变电流大小或磁极间距离，可以改变 B_0 的大小。扫场线圈通以 50 Hz 交流电流，产生一个方向与 B_0 平行、幅度可调的交变低频调制磁场（扫描磁场）B'，用于观察共振信号。扫场的幅度可通过可调变压器调节。因此样品所在的实际磁场为 $B = B_0 + B'$。如射频场的角频率 ω_1 是在 ω_0 的变化范围内，当 B'变化使 $B_0 + B'$扫过 ω_1 所对应的共振磁场 $B = \frac{\omega_1}{\gamma}$时，则发生共振，从示波器上观察到共振信号。改变 B_0 或 ω_1 都会使信号位置相对移动。

在本实验中，提供两个探头，其中一个的样品为硫酸铜水溶液，另一个为固态的聚四氟乙烯。探头由电路盒和样品盒组成，在样品盒中液态样品装在玻璃管中，固态样品做成棒状。在玻璃管或棒状固态样品上绕有线圈，这个线圈就是一个电感。可兼作探测共振信号的线圈。

将线圈置于磁隙间且使轴线垂直于 B_0，线圈两端的引线与电路盒中的元件组成振荡电路。当电路振荡时，线圈中即有射频场产生并作用于样品上。电路盒中的振荡器不是工作在振幅稳定的状态，而是工作在刚刚起振的边际状态，因此称为边限振荡器。这时电路参数的任何改变都会引起工作状态的变化。当共振发生，样品要吸收射频场的能量，使振荡线圈的品质因数 Q 值下降，Q 值的下降将引起振荡幅度的较大变化。表现为振荡波形包络线发生变化，这种变化就是共振信号，经过检波、放大，经由“检波输出”端与示波器连接，即可从示波器上用“等间距法”或“对称法”观察到共振信号。振荡器未经检波的高频信号经由“频率输出”端直接输出到数字频率计，从而可直接读出射频场的频率。

电路盒正面面板除了电源开关外，还有频率调节和幅度调节旋钮，适当调节旋钮可以使共振吸收的信号最大。电路盒背面的“频率输出”与数字频率计连接，“检波输出”与示波器连接。

实验内容

一、必做部分——用核磁共振稳态吸收法测量磁场强度

（1）了解核磁共振的基本原理和实验方法。

（2）连接实验线路，进行仪器调整。

（3）观察 NMR 现象，掌握测量共振频率的实验方法。

（4）用频率计测出^{1}H 核和^{19}F 核的共振频率 ν_H 和 ν_F。

（5）计算 B_0，作 B_0-D（D 为磁极间隙）曲线，并与参考图线进行比较。

二、选做部分

计算氟核^{19}F 的旋磁比 γ_F、核磁矩 μ_F 和朗德因子 g_F，并与参考数据进行比较。

注意事项

（1）必须完成“接线训练”和“仪器调整”才能进行测量。

（2）依次进行仪器调整时，磁极间隙 D 取 11 mm、调制电流取 100 mA、频率测量选 A 通道。

思考题

1. 何谓核磁共振现象？在哪些物质中可以产生核磁共振现象？
2. 如何确定对应于磁场为 B_0 时核磁共振的共振频率 ν_0？
3. B_0、B_1、B'的作用是什么？如何产生？它们有什么区别？

4.14 非线性电路的混沌现象

混沌现象是一种普遍存在的复杂的运动形式，混沌是确定论系统随机行为的总称，它的根源在于非线性的相互作用。混沌不是混乱，它不同于平衡态，是一种序，是貌似无序的序。自然界中最常见的运动形态，往往既不是完全确定的，也不是完全随机的，而是介于两者之间，这就是研究确定论系统中随机行为的重要意义所在。

混沌理论是近年来国际上兴起的新理论，它广泛应用于物理学、化学、生物学、医学、天文学、经济学、社会学以及管理科学等研究领域。本实验通过对一种含非线性电阻的 *RLC* 电路混沌现象的实验分析，让我们从感性上更加清晰地了解混沌现象产生的机理，熟悉混沌现象产生的条件，掌握电路中混沌状态的基本规律，使我们对电路中的混沌现象具有更具体、更形象的认识。

实验原理

人们在讨论湍流发生机制及生态学等问题时，研究了一些完全确定的微分方程，发现这些方程在某些参数条件下会出现非常复杂的行为，进一步从理论上分析这些方程，得到倍周期分岔（次谐波分岔或分频）序列和混沌区域，并且找到一些普适常数，发现存在有无穷嵌套的自相似结构，使得这方面工作获得很大进展。目前较多的实验工作是计算机的模拟实验，然而分岔与混沌决不只是一种数学现象。在不少领域，如电子电路（非线性 *RLC* 电路）、流体（贝纳德对流）、化学反应（碘时钟）等实际系统的实验研究中，不断地揭示出非平衡相变的丰富行为，尤其以非线性 *RLC* 电路实验最为成功，由它获得的现象较丰富，并且易于观察和测量，特别是实验的条件便于实现和控制。

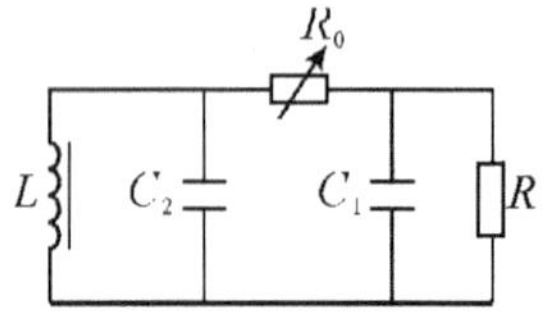

图 1　*RLC* 振荡电路原理图

非线性 *RLC* 电路的非线性器件，可以是非线性电容（如变容二极管）、非线性电阻（如压控电阻、光敏电阻），也可以是非线性电感（自感或互感，共同点是具有非线性的铁芯或磁芯）。本实验使用电容 C、电感 L 和非线性电阻 R 并联构成一个 *RLC* 振荡电路，实验原理如图 1 所示。

根据电路的电阻、电容、电感上的电压、电流关系，可以得出 *RLC* 混沌电路状态方程：

$$
\begin{aligned}
&C_2\frac{dU_{C_2}}{dt}=G\ (U_{C_1}-U_{C_2})\ \ +I_L\\
&C_1\frac{dU_{C_1}}{dt}=G\ (U_{C_2}-U_{C_1})\ \ -gU_{C_1}\\
&L\frac{dI_L}{dt}=-U_{C_2}
\end{aligned}
\tag{1}
$$

这是一个非线性微分方程组。其中，U_{C_1}、U_{C_2}是电容 C_1、C_2 上的电压，I_L 是电感 L 上的电流，$G=1/R_0$ 是电导，g 为 R 的伏安特性函数。实验表明，这个微分方程组在一定参数条件下，会出现倍周期分岔序列、准周期、混沌、混沌中的周期窗口及吸引子现象。

如果 R 是线性的，g 是常数，电路就是一般的振荡电路，得到的解是正弦函数。电阻 R_0 的作用是调节 C_1 和 C_2 的位相差，把 C_1 和 C_2 两端的电压分别输入到示波器的 X、Y 轴，显示的图形是椭圆。

本实验电路中的 R 是非线性电阻，它的伏安特性如图 2 所示，是一个分段线性的电阻，整体呈现出非线性。gU_{C_1} 同样是一个分段线性函数。由于 g 总体是非线性函数，三元非线性方程组（1）没有解析解，我们可以使用计算机编程进行数值计算，取适当电路参数时，在显示屏上观察模拟实验的混沌现象，也可以使用示波器直接观察实验现象。

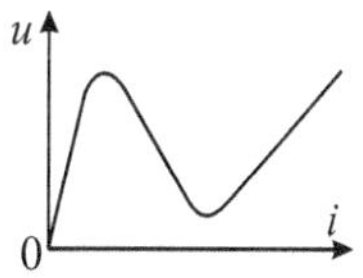

图 2　非线性电阻的伏安特性

用示波器来观察混沌现象，非线性电阻 R 是电路的关键，实验中它是通过一个双运算放大器和六个电阻组合加以实现的，实验电路如图 3 所示。从 C、D 两点看，双运算放大器 TL082 与六个电阻等效于一个非线性电阻，它的伏安特性如图 2。电路中，LC 并联构成振荡电路，R_0 的作用是分相，使 A、B 两处输入示波器的信号产生位相差，可在示波器上得到 X、Y 两个信号的合成图形。双运算放大器 TL082 的前级和后级正、负反馈同时存在，正反馈的强弱与 R_3/R_0、R_6/R_0 的比值有关，负反馈的强弱与 R_2/R_1、R_5/R_4 的比值有关。当正反馈大于负反馈时，振荡电路才能维持振荡。调节 R_0，正反馈就发生变化，TL082 处于振荡状态，表现出非线性。

混沌现象表现了非周期有序性，看起来似乎是无序状态，但呈现一定的统计规律，其基本判据有：

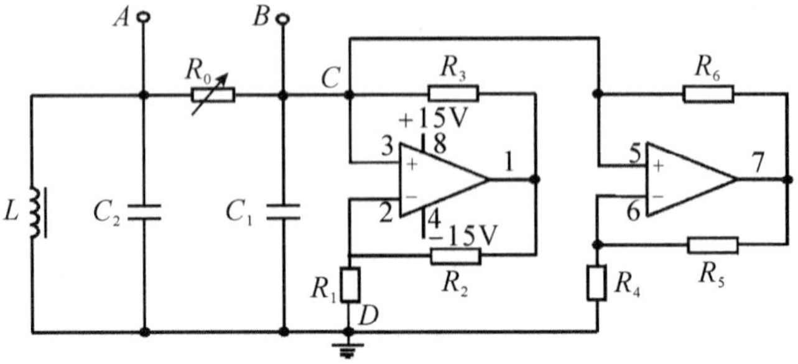

图 3　实验电路图

(1) 频谱分析：R_0 很小时，系统只有一个稳定的状态（对应一个解），随 R_0 的变化系统由一个稳定状态变成在两个稳定状态之间跳跃（两个解），即由一周期变为二周期，进而两个稳定状态分裂为四个稳定状态（四周期，四个解），八个稳定状态（八周期，八个解），…，直至分裂进入无穷周期，即为连续频谱，接着进入混沌，系统的状态无法确定；分岔是进入混沌的途径。

(2) 无穷周期后，由于产生轨道排斥，系统出现局部不稳定。

(3) 奇怪吸引子（Strange Attractor）存在。奇怪吸引子有一个复杂但明确的边界，这个边界保证了在整体上的稳定，在边界内部具有无穷嵌套的自相似结构，运动是混合和随机的，它对初始条件十分敏感。

实验装置

电源、实验接线板、数字万用电表、非线性电阻、电容、电感和可调电位器、示波器。

元件参数如下：

$C_1=22\ \mu F$，$C_2=0.1\ \mu F$，$R_1=2\ k\Omega$，$R_2=R_3=10\ k\Omega$，$R_4=1\ k\Omega$，$R_5=R_6=100\ \Omega$，R_0 由两个多圈电位器串联组成，可以进行粗调和细调，500 匝线圈一只。

实验内容

一、必做部分

(1) 测量非线性电阻的伏安特性并画出伏安特性图。由于非线性电阻是含源的，测量时不用电源，用电阻箱调节，伏特表并联在非线性电阻两端，再和安培表、电阻箱串在一起构成回路。对于非线性电阻要尽量多测数据点。

（2）倍周期现象、周期性窗口、单吸引子和双吸引子的观察、记录和描述。

将电容 C_1、C_2 上的电压输入到示波器的 X、Y 轴，先把 R_0 调到最小，示波器屏上可观察到一条直线，调节 R_0，直线变成椭圆，到某一位置，图形缩成一点。增大示波器的倍率，反向微调 R_0，可见曲线作倍周期变化，曲线由一周期增为二周期，由二周期倍增至四周期……直至一系列难以计数的无首尾的环状曲线，这是一个单涡旋吸引子集。再细微调节 R_0，单吸引子突然变成了双吸引子，只见环状曲线在两个向外涡旋的吸引子之间不断填充与跳跃，这就是混沌研究文献中所描述的“蝴蝶”图像，也是一种奇怪吸引子，它的特点是整体上的稳定性和局域上的不稳定性同时存在。

利用这个电路，还可以观察到周期性窗口，仔细调节 R_0，有时原先的混沌吸引子不是倍周期变化，却突然出现了一个三周期图像，再微调 R_0，又出现混沌吸引子，这一现象称为出现了周期性窗口。观察并记录不同倍周期时 $U_{C_1}-t$ 图。

二、选做部分

自拟实验方案，研究电路参数（电感 L、电容 C_1、C_2）对产生混沌现象的影响。

注意事项

（1）连线前要先画出电路图。通电前要对照电路图仔细检查电路。

（2）观察混沌现象时，电路的调节要缓慢。

思考题

1. 分析讨论你所观察到的混沌现象的主要特征。
2. 列举一些你所了解的混沌现象，以及发生混沌现象的途径。

4.15 多普勒效应实验

当波源与接收器相对运动时，接收器接收到的信号频率与波源的频率不同，这种现象称为多普勒效应。多普勒效应是波动过程的共同特征，不仅适用于声波，也适用于电磁波（包括光波）。

多普勒效应在科研、工程、医疗、交通等各方面有着广泛的应用，如天文学家通过测量星球光谱的多普勒“红移”，计算出了它们的退行速度，得出了宇宙正在膨胀的结论；利用多普勒效应，既可以监测公路上疾驰的汽车速度，也可以跟踪在天空中飞行的人造地球卫星，还可以检查人体内脏的活动情况以及血液的流速等。

本实验将通过研究超声接收器的运动速度与接收频率之间的关系，验证多普勒效应，并用多普勒效应测量声速等物理量，以加深对多普勒效应的物理原理及其应用的了解。

一、实验原理

根据声波的多普勒效应公式，当声源与接收器之间有相对运动时，接收器接收到的频率 f 为：

$$f=f_0\ (u+V_1\cos\alpha_1)\ /\ (u-V_2\cos\alpha_2) \tag{1}$$

式中：

f_0 为声源发射频率，u 为声速，V_1 为接收器运动速率，α_1 为声源与接收器连线与接收器运动方向之间的夹角，V_2 为声源运动速率，α_2 为声源与接收器连线与声源运动方向之间的夹角。

若声源保持不动，运动物体上的接收器沿声源与接收器连线方向以速度 V 运动，则从（1）式可得出接收器接收到的频率为：

$$f=f_0\ (1+V/u) \tag{2}$$

当接收器向着声源运动时，式中的 V 取正，反之取负。

若声源频率 f_0 保持不变，接收器的运动速度由电机控制，并由仪器对接收器接收到的频率自动计数，根据（2）式，作 $f-V$ 关系图可直观验证多普勒效应，且由实验点作直线，其斜率应为 $k=f_0/u$，由此可计算出声速 $u=f_0/k$。

由（2）式可推出接收器的运动速度：

$$V = u\ (f/f_0 - 1) \qquad (3)$$

若已知声速 u 及声源频率 f_0，通过设置使仪器以某种时间间隔对接收器接收到的频率 f 采样计数，由（3）式计算出接收器运动速度 V，通过查询有关测量数据，即可得出物体在运动过程中的速度变化情况，进而实现对物体运动状况及规律进行研究的目的。

实验装置

多普勒效应综合实验仪（具体使用见实验室内的仪器使用说明书）。

实验内容

一、必做部分

1. 对实验仪进行预调节

在超声应用中，使发生器与接收器的频率匹配，并将驱动频率调到谐振频率，才能有效地发射与接收超声波。

实验仪开机后，要对信号发生器的输出频率进行调谐。调谐时将所用的发射换能器连接到信号输出，接收换能器连接到放大器输入，放大器输出连接到频率计的输入端。将信号发生器的输出幅度调节到最大，将放大增益也调节到最大，以接收到的信号幅度最大点处频率最大作为谐振的判据。然后将时间频率计的时间闸门设置成 0.5 s 或者 1 s。此时时间频率计上显示接收到的声波频率。

需要记录连续测量的数据时，按下右下角的"开始/停止"键，此时时间频率计按设置好的闸门时间间隔进行频率测量并作记录。当小车经过每个光电门时，仪器内的毫秒计自动记录下小车离开光电门的时刻。若再按一下时间频率计右下角的"开始/停止"键，仪器内的毫秒计将停止计时。

要进入查询状态，先按右上方的查询键，然后按下光电门位置键，下面的显示窗显示的是小车经过光电门时的时刻值除以 10，即 $t/10$（ms）。若要上面的显示窗显示那时的信号频率，则需要下面的显示窗显示取整后的记录号（即时间 t/闸门时间）。

2. 验证多普勒效应并由测量数据计算声速

调节小车运动方向为倒退，按下运行键后，使小车移动到左边光电门 1 附近。

切换小车的运动方向为前进。调节小车速度为 20 mm/s。按下运行键，小车开始向前移动。当小车通过光电门 4 以后，按“开始/停止”键让小车停车。记录小车移动过程中接收器的信号频率。

依次调节小车速度为 30 mm/s、40 mm/s、50 mm/s、60 mm/s，分别记录小车向前移动和向后移动时的接收信号频率。

用作图法计算 $f-V$ 关系直线的斜率 k，由 k 计算声速 u 并与声速的理论值比较［声速理论值由 $u_0=331\ (1+T/273)^{1/2}$（米/秒）计算，T 表示室温］。

多普勒效应的验证与声速的测量数据记录参考表格

f_0 =　　　　室温 T =　　　　频率测量闸门时间设置 =

小车速度 V_n（mm/s）					
经过 2、3、4 光电门时刻（t/10 ms）					
f_n（kHz）					

注意：小车每次相靠近运动时的测量数据 t/10、f_n 填在斜线的左侧，相背离运动时的测量数据 t/10、f_n 填在斜线的右侧。

3. 研究匀速直线运动

匀速直线运动的速度公式为：

$$v=L/s \tag{4}$$

将小车移动到左边光电门 1 位置。运动速度依次调节为 10 mm/s、20 mm/s、30 mm/s，加速度保持 0 mm/s²，切换小车的运动方向为前进。按下时间频率计的光电门计时开始键，毫秒计开始计时。然后按下小车运行键，小车开始做匀速直线运动。当小车运动到右边顶端自动停止时，按下时间频率计的“开始/停止”键，毫秒计停止计时。按下光电门位置键，记录小车经过各光电门的时间值。研究小车的运动规律。

匀速直线运动的测量参考表格

光电门编号	1	2	3	4	速度的设置值（mm/s）
光电门位置（mm）					
光电门时刻（t/10 ms）					
光电门时刻（t/10 ms）					
光电门时刻（t/10 ms）					

二、选做部分

研究匀变速直线运动：

（1）写出匀变速直线运动的加速度公式。

（2）自拟实验步骤和数据记录表格。

（3）讨论小车在运动过程中的速度变化情况。

注意事项

（1）使用仪器前，要认真阅读仪器使用说明书。

（2）调谐及实验进行时，超声发射器和接收器之间不能有任何遮挡物。

（3）设置频率测量闸门时间时，0.1 s 太短，容易引起数据跳动，选择 0.2 ~ 1 s 为宜。

（4）两个换能器可以互换使用，都可以作为发射器或者接收器，但互换时谐振频率需要重新调整。

（5）当接受器显示的数值稳定时方可读数。

思考题

在测量过程中，引起误差的原因有哪些？

附 录

表1 与国际单位制并用的我国部分法定计量单位

量的名称	单位名称	单位符号	
时 间	分	min	1 min = 60 s
	[小] 时	h	1 h = 60 min = 3 600 s
	天 (日)	d	1 d = 24 h = 86 400 s
[平面] 角	度	(°)	1° = 60′ = (π/180) rad
	[角] 分	(′)	1′ = 60″ = (π/10 800) rad
	[角] 秒	(″)	1″ = (π/648 000) rad
旋转速度	转/每分	r/min	1 r/min = (1/60) s^{-1}
质 量	吨	t	1 t = 10^3 kg
体 积	升	L, (l)	1 L = 1 dm^3 = 10^{-3} m^{-3}
能	电子伏	eV	1 eV ≈ 1.602 177 × 10^{-19} J

表2 用于构成十进倍数和分数单位的词头

词头名称（符号）	所表示的因数	词头名称（符号）	所表示的因数	词头名称（符号）	所表示的因数
艾 [可萨] (E)	10^{18}	百 (h)	10^2		
拍 [它] (P)	10^{15}	十 (da)	10^1	纳 [诺] (n)	10^{-9}
太 [拉] (T)	10^{12}	分 (d)	10^{-1}	皮 [可] (p)	10^{-12}
吉 [咖] (G)	10^9	厘 (c)	10^{-2}	飞 [母托] (f)	10^{-15}
兆 (M)	10^6	毫 (m)	10^{-3}	阿 [托] (a)	10^{-18}
千 (k)	10^3	微 (μ)	10^{-6}		

表3 部分物理常数

名 称	符号	数值	单位
真空中的光速	c	2.997 924 58 × 10^8	m · s^{-1}
真空磁导率	μ_0	4π × 10^{-7}	N · A^{-2}
普朗克常量	h	6.626 075 5 × 10^{-34}	J · s
基本电荷	e	1.602 177 33 × 10^{-19}	C
电子质量	m_e	9.109 389 7 × 10^{-31}	kg
重力加速度（广州地区）	g	9.788	m · s^{-2}

参考文献

1. 中华人民共和国国家计量技术规范，JJF1059－1999：测量不确定度评定与表示．北京：中国计量出版社，1999

2. 沈元华，陆申龙．基础物理实验．北京：高等教育出版社，2003

3. 吕斯骅等．新编基础物理实验．北京：高等教育出版社，2006

4. 丁慎训，张连芳．物理实验教程．北京：清华大学出版社，2002

5. 霍剑青等．大学物理实验．北京：高等教育出版社，2001

6. 成正维．大学物理实验．北京：高等教育出版社，2002

7. 何元金等．近代物理实验．北京：清华大学出版社，2003

8. 吕斯骅．全国中学生物理竞赛实验指导书．北京：北京大学出版社，2006

9. 赵凯华．光学．北京：高等教育出版社，2004

10. 程守洙等．普通物理学．5版．北京：高等教育出版社，1998

11. 马文蔚改编．物理学．4版．北京：高等教育出版社，1999

12. 郭奕玲，沈慧君．物理学史．2版．北京：清华大学出版社，2005